Armin Hermann

Karl Wirtz – Leben und Werk

Armin Hermann

Karl Wirtz – Leben und Werk

»Eine weit überragende physikalische Begabung«

Schattauer Stuttgart New York

Forschungszentrum Karlsruhe
Hermann-von-Helmholtz-Platz 1
76344 Eggenstein-Leopoldshafen

Bibliografische Information der Deutschen Bibliothek
Die Deutsche Bibliothek verzeichnet diese Publikation in der Deutschen Nationalbibliografie; detaillierte bibliografische Daten sind im Internet über <http://dnb.ddb.de> abrufbar.

E-Mail: info@schattauer.de
Internet: http://www.schattauer.de
Printed in Germany

Umschlagabbildung: Karl Wirtz (aus Privatbesitz: Frau Christiane Clarenbach, Lina-Oetker-Str. 2, 33615 Bielefeld)
Satz: Satz-Druck-Service, 69181 Leimen
Druck und Einband: fgb – freiburger graphische betriebe GmbH & Co. KG,
Bebelstraße 11, 79108 Freiburg

ISBN-10: 3-7945-2518-3
ISBN-13: 978-3-7945-2518-8

Inhalt

1. Kapitel
»Das haben wir getan«

Karl Wirtz saß im Büro des diensthabenden britischen Offiziers. Es war der 6. August 1945 und Bank Holiday in Großbritannien. Major T. H. Rittner hatte den BBC Home Service eingeschaltet, und um 18 Uhr kam die große Nachricht:

> President Truman has announced a tremendous achievement by Allied scientists. They have produced the atomic bomb. One has already been dropped on a Japanese army base. It alone contained as much explosive power as two-thousand of our great ten-tonners. The president has also foreshadowed the enormous peace-time value of this harnessing of atomic energy.[1)]

Karl Wirtz war (neben Carl Friedrich von Weizsäcker) der engste Mitarbeiter von Werner Heisenberg im sogenannten »Uran-Verein« gewesen. Wahrscheinlich war jetzt sein erster Gedanke: »Wie bin ich froh, daß wir uns auf die Bombe nicht eingelassen haben.« Jedenfalls hat er sich wenige Minuten später in diesem Sinne geäußert.

Auch die deutschen Physiker hatten sich mit der technischen Nutzung der Atomenergie befaßt. Ihr Ziel war aber nicht die Bombe, sondern der Energie liefernde Reaktor gewesen, »etwas, womit man ganz Württemberg mit Strom versorgen könnte«, wie Werner Heisenberg gesagt hatte. Nach den Anweisungen, die am Nachmittag aus London gekommen waren, hätte auch Otto Hahn die Nachricht mithören sollen. Jetzt nahm der Major eine Flasche Gin, ging über den Gang zum Zimmer Hahns und informierte ihn. Otto Hahn brach fast zusammen. Sechs Jahre zuvor hatte er die Kernspaltung am Uran entdeckt, und nach ein paar Monaten war ihm klar, daß sich dieser Effekt zur Konstruktion einer verheerenden Bombe verwenden läßt. Noch wußte er nichts Genaueres, aber es gab kaum einen Zweifel, daß es bei der angegebenen Sprengwirkung von 20.000 Tonnen TNT zu schrecklichen Verwüstungen mit einer Unzahl von Toten und Verletzten gekommen sein mußte. Schon 1939 hatte er an Selbstmord gedacht, und jetzt überfielen ihn erneut Schuldgefühle. Major Rittner versuchte den großen Chemiker zu beruhigen und schenkte ihm ein Glas Gin ein.

Karl Wirtz ging in den Speisesaal hinunter; bald danach kamen auch Otto Hahn und Major Rittner. Inzwischen hatten sich die deutschen Physiker zum Abendessen versammelt. Sie alle waren unmittelbar nach Kriegsende von den britischen und amerikanischen Siegern in Gewahrsam genommen worden. Nach mehreren Zwi-

Das Landhaus Farm Hall in der Grafschaft Huntingdonshire (Südostengland). Gartenansicht

schenstationen in Nordfrankreich und Belgien hatten die Alliierten die zehn deutschen Wissenschaftler schließlich im ehemaligen Gutshof Farm Hall in Godmanchester in der Grafschaft Huntingdonshire (Südostengland) interniert.

Karl Wirtz war 35 Jahre alt und gehörte zu den Jüngsten der Gruppe. Man konnte es durchaus als Auszeichnung ansehen, daß die Alliierten auch ihn als »key figure« im deutschen Uranprojekt interniert hatten. Jetzt erfuhren die Schicksalsgenossen von ihm, daß ein neues Zeitalter angebrochen war, das Zeitalter des Atoms. »Wir sitzen schon am Abendbrottisch«, notierte einer von ihnen* in seinem Tagebuch, »als er mit dieser Sensationsmeldung unsere Tafelrunde in Erstaunen versetzt.«

Zum ersten Mal hatten Menschen die Atomenergie als Waffe eingesetzt und dem Kriegsgegner Tod und Zerstörung gebracht. Nach einem Augenblick der Sprachlosigkeit waren die ersten Reaktionen der zehn deutschen Wissenschaftler Äußerungen des Entsetzens, daß die Alliierten die Atombombe gebaut und gegen Japan eingesetzt hatten.

Im Sturm ihrer Gefühle sprachen die zehn deutschen Forscher offener als sonst und hielten nicht zurück mit ihren Hoffnungen und Befürchtungen. Darauf hatte der britische Geheimdienst gewartet. Mit Hilfe der eingebauten Abhöranlagen woll-

* Erich Bagge

Farm Hall. Frontansicht

ten die Alliierten erfahren, wie weit die Deutschen mit ihrem Uran-Projekt gekommen waren und welche Absichten sie verfolgt hatten.

In den Berichten an seine Vorgesetzten hat Major Rittner regelmäßig über die ohne Wissen der Deutschen abgehörten Gespräche berichtet und einen Überblick über ihre Gefühle und Gedanken gegeben. Auch auf das Verhalten und den Charakter der Gefangenen ist er eingegangen. In seinen Berichten nannte er die zehn Deutschen »die Gäste«. Sie selbst sprachen von sich als den »Detainden«, weil der Major gesagt hatte, sie seien »detained at his majesty's pleasure«.

Die Reports wurden in den alliierten Archiven unter dem Codenamen »Epsilon« aufbewahrt. Auf der Titelseite war vermerkt: »This document is of historical interest and must not be destroyed.« 1964 hat der amerikanische General Leslie R. Groves, der Leiter des Atombombenprojektes, in seinen Lebenserinnerungen Ausschnitte zitiert und darin auch Karl Wirtz erwähnt. Freigegeben wurden die Farm-Hall-Transcripts dann aber erst sehr viel später, im Februar 1992, fast ein halbes Jahrhundert nach der Internierung. Nicht lange danach folgte die Publikation. Die englische Fassung ist von Charles Frank herausgegeben worden, dem treuen Freund von Karl Wirtz, und dieser hat sie noch vor seinem Tod kennengelernt.

Für uns sind die Transcripts von größtem Interesse. Wir lernen Karl Wirtz sozusagen authentisch kennen, sein Verhalten in der Gruppe, seinen Charakter und seine politischen Ansichten.

Farm Hall. Blick aus den Zimmern im 1. Stock

Sympathien für das Regime besaß er jedenfalls nicht. Heisenberg hat über ihn gesagt, daß er »politisch stets auf der guten Seite« stand. Während die meisten Deutschen behaupteten, von den Greueltaten der Nationalsozialisten nie etwas erfahren zu haben, empfand Wirtz eine Mitschuld und sprach mit Abscheu von den Verbrechen:

> Wir haben Dinge getan, die einzig auf der Welt sind. Wir gingen nach Polen und ermordeten nicht nur die Juden in Polen, sondern die SS fuhr beispielsweise auch vor einer Mädchenschule vor, holte die gesamte oberste Klasse heraus und erschoß sie, nur weil die Mädchen Schülerinnen einer Oberschule waren und die Intelligenz ausgerottet werden sollte. Stellen Sie sich mal vor, die wären nach Hechingen gekommen, wären vor der Mädchenschule vorgefahren und hätten alle Mädchen erschossen! Das haben wir getan.[2)]

Für die Verfolgten hat sich Wirtz, wo er konnte, eingesetzt. Nach Beginn des Westfeldzuges im Mai 1940 wurde der niederländische Mathematiker Professor Bartel Leendert van der Waerden von der Gestapo verhaftet. Wirtz kannte ihn gut aus seiner Leipziger Zeit. Zusammen mit Geheimrat Eduard Sethe, einem Beamten des Auswärtigen Amtes, hat Karl Wirtz seine Freilassung erreicht.

Die politischen Ansichten der Internierten gingen weit auseinander. Kurt Diebner, das frühere Parteimitglied, berichtete von seinem »Rückversicherungsvertrag«

mit Karl Wirtz. Sollten die Nazis den Krieg gewinnen, werde er Wirtz zur Seite stehen. Wenn es andersherum komme, müsse Wirtz ihm helfen: »Das haben wir damals vereinbart.«

»Unsere Gesellschaft ist zwar insofern homogen, als alle Physiker sind«, hat Karl Wirtz konstatiert: »Aber als Menschen können zehn Individuen natürlich nicht homogen sein.« Das gilt auch für die altersmäßige Zusammensetzung. Die beiden ältesten, Otto Hahn und Max von Laue, beide Jahrgang 1879, besaßen einen großen Namen in der Wissenschaft. Mehr als dreißig Jahre jünger waren Karl Wirtz, Jahrgang 1910, Erich Bagge, Carl Friedrich von Weizsäcker und Horst Korsching, alle 1912 geboren. Im Alter dazwischen standen Walther Gerlach (Jahrgang 1889), Werner Heisenberg (1901), Paul Harteck (1902) und Kurt Diebner (1905). Acht der zehn Internierten waren Physiker, einer Radiochemiker (Otto Hahn) und einer Physikochemiker (Paul Harteck). Otto Hahn bezeichnete sich selbst als einen »der Physik in gewisser Weise nahestehenden Kernchemiker«. Auch Hartecks Fach, die Physikalische Chemie, war mit der Physik eng verbunden. Es mag deshalb erlaubt sein, summarisch von den zehn internierten Physikern zu sprechen.

Die vier ältesten und angesehensten Männer hatten ein Zimmer für sich allein; die anderen teilten sich jeweils zu zweit einen Raum. Zimmergenosse von Wirtz war der befreundete Carl Friedrich von Weizsäcker. Diebner und Bagge sowie Harteck und Korsching teilten sich ebenfalls ein Zimmer.

Der bedeutendste unter den zehn internierten Gelehrten war Werner Heisenberg. Man zählt ihn nach Einstein und Bohr zum größten Physiker des von der Physik geprägten 20. Jahrhunderts. Die mit ihm internierten Carl Friedrich von Weizsäcker und Karl Wirtz waren seine engsten Mitarbeiter. Zwischen den drei Männern bestand ein besonderes Vertrauensverhältnis, und Weizsäcker erinnerte sich, daß er mit Heisenberg und Wirtz »immerfort alles mögliche beredet habe«. Während aber Weizsäcker und Heisenberg schon damals auf Du standen, errang Wirtz dieses Privileg erst in den späteren Lebensjahren.

Auch in seinem persönlichen Verhalten verschaffte sich Heisenberg die Anerkennung seiner Kollegen und der alliierten Offiziere. Er sei »von allen am vernünftigsten«, urteilte Major Rittner. Trotzdem wurde nicht er, sondern Otto Hahn von den Kollegen als oberste Respektsperson angesehen. »Im Kreise der zehn gefangenen Atomphysiker besaß Otto Hahn durch die Anziehungskraft seiner Persönlichkeit und durch seine ruhige und besonnene Haltung in schwierigen Lagen von selbst das Vertrauen jedes einzelnen unserer kleinen Gruppe«, schrieb Werner Heisenberg in seinen Lebenserinnerungen. Auch Karl Wirtz berichtete, daß Otto Hahn »unausgesprochen eine Doyen-Stellung einnahm«:

> Heisenberg war stets sehr still und vielleicht der einzige, dessen geheime Gedanken man nicht durchschaute.[3)]

Merkwürdigerweise wollte Werner Heisenberg zunächst gar nicht glauben, daß die Amerikaner wirklich eine Atombombe zur Explosion gebracht hatten: »Vielleicht haben sie einen neuen Sprengstoff mit atomarem Wasserstoff oder Sauerstoff oder so etwas Ähnliches!« In diesem Kreise konnte eine solche These nicht unwidersprochen bleiben. Sofort schätzte der Physikochemiker Paul Harteck ab, daß eine solche Bombe höchstens die zehnfache Brisanz haben könne, als die bisher bekannten. Es mußte also doch eine Atombombe gewesen sein.

Gewißheit brachten dann die 21 Uhr-Nachrichten mit weiteren Einzelheiten. »Wir hören die Namen der wichtigsten Mitarbeiter, wir hören, daß etwa 180.000 Mann daran beschäftigt waren, daß jetzt noch 64.000 damit befaßt sind, daß die Kosten 500 Millionen Pfund = 2 Milliarden Dollar betragen haben. Ein Zweifel ist nicht mehr möglich. Der Major und der Hauptmann entfernen sich taktvollerweise.«

Was Otto Hahn für Takt gehalten hatte, war die strikte Anweisung der Vorgesetzten. Die deutschen Physiker sollten ohne Hemmungen miteinander sprechen und ihre verborgenen Gedanken offenbaren. Sie alle waren bereits kurz nach ihrer Festnahme ausführlich über ihre Arbeiten befragt worden. Dabei hatten die Alliierten einen ungerechtfertigten Stolz auf ihre vermeintliche wissenschaftliche Überlegenheit registriert. Die Gespräche, die sie jetzt miteinander führten, bestätigten den Alliierten diesen Eindruck:

> Weizsäcker: Wenn wir die Sache rechtzeitig genug angefangen hätten, hätten wir es irgendwie schaffen können. Wenn die [Amerikaner] die Sache im Sommer 1945 zum Abschluß bringen konnten, hätten wir vielleicht das Glück gehabt, damit schon im Winter 1944/45 fertig zu sein. Wirtz: Die Folge wäre gewesen, daß wir London ausgelöscht, aber noch immer nicht die Welt erobert hätten, und dann hätten sie die Dinger auf uns abgeworfen.[4)]

Dem stimmte von Weizsäcker vorbehaltlos zu: » Es wäre für die Welt ein viel größeres Unglück gewesen, wenn Deutschland die Uranbombe gehabt hätte. Stellen Sie sich mal vor, wenn wir London mit Uranbomben zerstört hätten!« Noch deutlichere Worte fand Otto Hahn: »Ich danke Gott auf den Knien, daß wir keine Uranbombe gebaut haben.«

Die physikalische Hauptfrage, die sich jetzt den Internierten stellte, war: Wie haben die Alliierten den Kernsprengstoff erzeugt? Sie dachten dabei in erster Linie an Uran 235, dessen Trennung vom schwereren Isotop 238 die Deutschen gar nicht versucht hatten. Harteck und Heisenberg glaubten an die Verwendung von Massenspektrographen. Korsching und Wirtz hielten dagegen eine Isotopentrennung mittels Diffusion für wahrscheinlich, und Wirtz wollte sogar eine Wette darauf eingehen. Damit stellte er (wieder einmal) sein physikalisches Verständnis unter Beweis. »Wenn Dein Ziel wirklich eine Bombe gewesen wäre«, sagte von Weizsäcker zu Heisenberg, »hätten wir uns wahrscheinlich mehr auf die Isotopentrennung beim Uran konzentriert und weniger auf das Schwere Wasser.«

Es gab noch eine zweite Möglichkeit, spaltbares Material zu erzeugen. Schon im Jahre 1940 hatte Carl Friedrich von Weizsäcker darauf hingewiesen, daß beim Betrieb eines Atomreaktors mit Natururan das Isotop 238 sich durch Neutroneneinfang in Uran 239 verwandelt und dieses durch zweimaligen Betazerfall in das Element mit der Ordnungszahl 94 übergeht. Dieser Atomkern (Plutonium 239) müßte ganz ähnliche Eigenschaften besitzen wie der Kernsprengstoff Uran 235.

Diese Entdeckung hat Werner Heisenberg und seine engsten Mitarbeiter sehr beunruhigt. »Wir sahen eigentlich«, sagte er später zum Publizisten David Irving, »vom September 1941 eine freie Straße zur Atombombe vor uns«.

> Wir waren in Deutschland wegen dem Uran 235 gar nicht beunruhigt, weil wir sagten, das ist ein Riesenaufwand, den sich im Krieg kein Mensch mehr leisten kann. Das ist keine Gefahr. Dagegen der Weg über's Plutonium, da sagten wir, das ist etwas, da kann man was machen. Das ist gefährlich.[5)]

Jetzt in der Internierung war es Walther Gerlach, der es für möglich hielt, daß die Alliierten den Kernsprengstoff durch den Betrieb eines Reaktors erzeugt hatten. Auch Gerlach traf das Richtige. Die Alliierten besaßen sowohl die Uran- wie die Plutoniumbombe.*

Erst durch den Atombombenabwurf auf Hiroschima begriffen die Deutschen den Sinn ihrer Internierung. Erich Bagge schrieb in sein Tagebuch: »Jetzt wird auch verständlich, warum der Major ausgerechnet am Sonntag, den 5. August, zu uns kam und uns mitteilte, daß bald ... klar würde, was mit uns geplant sei.«

Die Internierten schätzten Major Rittner und die übrigen britischen und amerikanischen Offiziere, mit denen sie zu tun hatten. Wirtz nannte den Major »das Vorbild eines englischen Gentlemans in seiner idealsten Form«.

> Daß unsere Gefangenschaft besonders in der ersten Zeit erträglich war, ist ihm vor allem zu danken, seiner Ruhe, Ausgeglichenheit, Höflichkeit, die durch *nichts* zu erschüttern war, seiner großen persönlichen Teilnahme an unserem Geschick, das er, obwohl er es nicht sagte, doch für eine große Ungerechtigkeit hielt, und dies in vielen rücksichtsvollen Handlungen bewies... Rittner hatte viele Jahre in Deutschland gelebt und sprach fließend Deutsch.[6)]

Der Vertreter Rittners war Hauptmann Brodie, ein junger Schotte, den Wirtz als »eckiger« beschrieb. Mit ihm habe es gelegentlich Meinungsverschiedenheiten gegeben, die aber stets »in der liebenswürdigsten Weise geregelt wurden«. Von bei-

* Die Alliierten hatten über Hiroschima eine Uranbombe abgeworfen. Eine Plutioniumbombe war am 16. Juli in der Wüste von New Mexico zu Testzwecken explodiert; eine zweite wurde am 9. August über Nagasaki gezündet.

den Offizieren sprach Wirtz mit höchster Anerkennung: »Alle waren«, berichtete er, »menschlich hochstehende, ernste Leute, die ein wirkliches Interesse und Mitgefühl für uns und die Probleme Europas zeigten.«

> Verglichen mit den Angelschsen sind wir impulsive, laute, voreilige und oft unüberlegte Typen, mit weniger Takt und sozialen Gaben.[7)]

Überheblich war Karl Wirtz also nicht. Uns scheint die Selbstkritik sogar überpointiert. Wahrscheinlich dachte Wirtz dabei an die Spannungen zwischen den Internierten und die Reibereien, die immer wieder zu Tage traten.

Über das amerikanische Atomenergieprojekt sagte Horst Korsching: »Das beweist jedenfalls, daß die Amerikaner zu wirklicher Zusammenarbeit in ungeheurem Maßstab fähig sind. In Deutschland wäre das unmöglich gewesen. Jeder behauptete, der andere sei inkompetent.« Das betrachtete Walther Gerlach, in den letzten eineinhalb Jahren der organisatorische Leiter des deutschen Uranprojektes, als Kritik an seiner Autorität:

> Gerlach: Sie können das wirklich so nicht sagen, was die Urangruppe betrifft. Sie können sich keine größere Zusammenarbeit, kein größeres Vertrauen vorstellen, als es in dieser Gruppe herrschte. Man kann einfach nicht sagen, daß einer von ihnen behauptet hätte, der andere sei inkompetent. Korsching: Nicht offiziell natürlichGerlach (brüllend) : Auch nicht inoffiziell. Widersprechen Sie mir nicht. Es gibt zu viele Leute hier, die Bescheid wissen.[8)]

Ein paar Minuten später kam es nochmals zu einem Zusammenstoß zwischen Korsching und Gerlach. In den Transcripts heißt es:

> Korsching: Wenn man nicht den Mut hat, ist es besser, sofort aufzuhören. Gerlach: Machen Sie doch nicht immer so aggressive Bemerkungen. Korsching: Die Amerikaner konnten es eben besser als wir, das ist mal klar. (Gerlach verläßt den Raum.)[9)]

Gerlach ging in sein Schlafzimmer, von wo man ihn schluchzen hörte. Major Rittner kommentierte: »Er schien sich in der Lage eines besiegten Generals zu sehen, dem nur noch die Wahl bleibt, sich zu erschießen.«

In der Diskussion, die anschließend Hahn und Heisenberg miteinander führten, erklärte Hahn, daß er die deutschen Kriegsanstrengungen sabotiert hätte, wenn er dazu in der Lage gewesen wäre. Er liebe sein Land, und gerade aus diesem Grund habe er dessen Niederlage erhofft. Warum Gerlach sich so aufgeregt habe, könne er wirklich nicht verstehen.

> Heisenberg erwiderte, er könne das schon verstehen. Gerlach sei der einzige unter ihnen, der einen deutschen Sieg wirklich gewollt habe.[10)]

An diesem Abend kamen viele Themen zur Sprache, und die Diskussionen liefen nicht so geordnet, wie sie es vom Physikalischen Kolloquium gewohnt waren. Wir erwähnen nur noch eine Episode aus dem Jahr 1944, die tödliche Folgen hätte haben können. Heisenberg berichtete seinen Kollegen, damals wäre ihm vom Auswärtigen Amt eine sonderbare Nachricht zugegangen. Die Amerikaner hätten mit dem Abwurf einer Atombombe auf Dresden gedroht, wenn Deutschland nicht binnen kürzester Zeit kapitulieren würde:

> Damals wurde ich gefragt, ob ich dies für möglich hielte, und ich antwortete in voller Überzeugung: nein.[11)]

An dieser Stelle erschrickt man noch heute. Was wäre geschehen, wenn die Amerikaner mit der Atombombe ein paar Monate früher fertig geworden wären, oder wenn der Krieg in Europa entsprechend länger gedauert hätte? Zweifellos wären dann die Bomben auf deutsche Städte gefallen, denn der Hauptfeind war das Dritte Reich und nicht Japan. Und dann hätten Gestapo und SS die Schuldigen gesucht und gefunden – die Physiker. Hitler hätte Rache genommen und mit den Mitarbeitern des Uran-Vereins kurzen Prozeß gemacht wie mit den Männern des 20. Juli.

Ein Glück also, daß Heisenberg die Amerikaner unterschätzt hat. Wenn er den Einsatz von Atombomben gegen Deutschland für möglich gehalten hätte, wäre er nicht umhin gekommen, das Regime auf die Gefahr aufmerksam zu machen. Und was wäre dann geschehen? Darüber haben sich in den letzten Kriegsjahren unabhängig voneinander zwei mit dem Uran-Projekt befaßte hohe NS-Funktionäre Gedanken gemacht. Die Folge einer solchen Information wäre gewesen, daß sie sich alle »in einem umzäunten Bereich wiederfinden« mit dem Auftrag, eine Bombe zu entwickeln. Was es sonst nicht mehr gebe, hätten sie hier im Überfluß. Aber wehe, wenn die Bombe nicht in einem Jahr fertig geworden wäre!

Als sich nach den langen Diskussionen Max von Laue um ein Uhr früh zurückzog, sagte er:

> Als ich jung war, wollte ich Physik treiben und Weltgeschichte erleben. Die Physik habe ich getrieben, und daß ich Weltgeschichte miterlebt habe, wahrhaftig, das kann ich jetzt in meinen alten Tagen wohl sagen.[12)]

Die Physik selbst war zur Weltgeschichte geworden.

Am nächsten Tag »verschlangen unsere Gäste förmlich die neuesten Zeitungen«, notierte Major Rittner. Die Physiker ärgerten sich über die oft falschen, oberflächlichen und reißerisch aufgemachten Berichte, die – dem Zeitgeist entsprechend – auch viele törichte Bemerkungen über die Absichten der Deutschen enthielten.

»In den Zeitungen steht«, notierte Gerlach, »wir hätten in Bornholm eine Atombombenfabrik gehabt.« Dabei gab es keine deutsche Atombombe und auch keinen Versuch, eine zu bauen, worüber sie alle glücklich waren. Auf Anregung des Majors legten sie in einem Memorandum dar, wie weit sie tatsächlich gekommen waren:

> Die wissenschaftlichen Vorarbeiten hatten gegen Ende1941 zu dem Ergebnis geführt, daß es möglich sein werde, die Kernenergie zur Wärmeerzeugung und damit zum Betrieb von Maschinen zu benutzen. Dagegen schienen die Voraussetzungen für die Herstellung einer Bombe im Rahmen der technischen Möglichkeiten, die Deutschland zur Verfügung standen, damals nicht gegeben zu sein. Die weiteren Arbeiten konzentrierten sich daher auf das Problem der Maschine, für die außer Uran Schweres Wasser notwendig ist.[13)]

Eine wichtige physikalische Frage, die sich jetzt den Internierten stellte, war die nach der kritischen Masse. Schon am 6. August hatte Hahn von Heisenberg wissen wollen, wie viel Uran für eine Atombombe mindestens benötigt wird. »Ich habe das, um ehrlich zu sein, nie ausgerechnet«, war die Antwort, »da ich nie annahm, man könne reines 235 herstellen.« Für sein Buch über das deutsche Uran-Projekt hat David Irving ein Interview mit Heisenberg durchgeführt, und dieser berichtete:

> Ich weiß, daß ich mich an dem Abend noch hingesetzt habe und meine alten Akten und Aufzeichnungen hervorgeholt habe und mir ausgerechnet habe, wie groß diese Atombombe etwa sein kann... Dann habe ich am nächsten Nachmittag wieder in einem von unseren Kolloquien vorgetragen und habe dann die Theorie dieser Atombombe, auch die wahrscheinliche Gewichtszahl aufgrund unserer Daten, ausgerechnet. Wenn ich mich recht erinnere, habe ich angegeben: »Gewicht war, wenn es reines Uran 235 war, 14 Kilogramm.«[14)]

Aus den Farm Hall-Transcripts ergibt sich, daß Heisenberg seine Berechnungen erst am 8. August durchgeführt hat und sein Kolloquiumsvortrag am 14. August stattfand.

Um sich selbst einen Halt zu geben und das Leben in der Internierung sinnvoll zu gestalten, hatten sie schon im Mai, als sie noch in Belgien waren, ein »Physikalisches Kolloquium« ins Leben gerufen. Wer etwas von Interesse berichten konnte, trug seinen Kollegen seine Überlegungen vor, woran sich dann eine Diskussion anschloß. Dieser Brauch wurden an allen deutschen Universitäten gepflegt, und die *Deutsche Physikalische Gesellschaft*, der sie wohl alle angehörten, war sogar aus einem solchen Kolloquium in Berlin hervorgegangen.

Die Eintönigkeit des Tagesablaufes und das Eingesperrtsein bedeutete eine starke Belastung. »Was soll man nun wieder den ganzen lieben, langen Tag tun«, klagte

Max von Laue schon am Morgen. Nach Meinung von Erich Bagge war Otto Hahn von allen immer noch der normalste, »obwohl es auch bei ihm unter der Bettdecke schon gehörig glimmt«.

Die Internierten machten sich Sorgen um ihre Familien, von deren Wohlergehen sie zunächst nur gerüchteweise erfuhren. »Bagge war den Tränen nahe«, heißt es in den Aufzeichnungen der alliierten Offiziere, »als er das Schicksal schilderte, das seiner Frau und den Kindern von seiten der marokkanischen Truppen widerfuhr«. Lediglich Carl Friedrich von Weizsäcker, Paul Harteck und Horst Korsching waren unbesorgt: Weizsäcker, weil seine Frau zu ihren Eltern in die Schweiz übersiedeln konnte, und Harteck und Korsching, weil sie noch Junggesellen waren.

Karl Wirtz war seit 1941 mit Ottoni verheiratet. Er hatte sie in Dahlem kennengelernt, wo sie am Kaiser-Wilhelm-Institut für Biochemie als Medizinisch-Technische Assistentin tätig gewesen war. Karl Wirtz fand besonders drastische Worte:

> Falls ich jemals mit Fallschirmjägern in England landen sollte, würde ich alle Männer sofort verhaften lassen und zwei Monate lang von ihren Frauen trennen, um ihnen zu zeigen, wie so was ist.[15)]

Unglücklich und unsicher fühlten sich die zehn Deutschen auch, weil sie trotz mancher Versprechungen nicht erfuhren, wie lange ihre Internierung noch dauern sollte. Carl Friedrich von Weizsäcker war berühmt für seine Limericks, und mit dem folgenden hat er allen aus dem Herzen gesprochen:

> Es waren zehn Forscher in Farm Hall,
> die galten für fürchterlich harmvoll.
> Beim Jüngsten Gericht
> erschienen sie nicht,
> denn sie saßen noch immer in Farm Hall.[16)]

Wirtz hielt die Aussichten für nicht schlecht, daß sie in absehbarer Zeit in die Freiheit entlassen würden:

> Es besteht eine 25%ige Chance, daß wir noch vor dem 1. Dezember zurückkommen. Die Aussicht, zwischen dem 1. Dezember und Ende nächsten Jahres zurückzukommen, möchte ich mit 70% angeben.[17)]

Heisenberg hielt diese Abschätzung zu Recht für »viel zu pessimistisch«. Tatsächlich verbrachten sie acht Monate in Gefangenschaft, davon sechs in Farm Hall. Rein objektiv betrachtet ging es ihnen nicht schlecht. Während die Menschen in Deutschland hungerten, führten die Internierten ein geradezu luxuriöses Leben.

> Wir werden gut verpflegt und versorgt in jeder Hinsicht, und ich habe mich völlig von den großen Anstrengungen der letzten Jahre erholt. Nach einigem Ortswechsel leben wir jetzt in einem Landhaus, hinter dem ein schöner Garten mit einem Rasen ist, auf dem wir fast täglich Sport treiben und in der Sonne liegen. Abends wird Bridge und Skat gespielt. Ich arbeite hauptsächlich mit den Büchern, die ich mitgenommen habe.[18)]

Die Internierten hatten strikte Anweisung, in ihren Briefen keine Hinweise auf den Aufenthaltsort zu geben. Den Zensoren ist entgangen, daß die Deutschen schönen Rasen immer mit England in Verbindung bringen. Aus dem Brief ihres Mannes zog Frau Wirtz sofort den Schluß auf England als Aufenthaltsort.

Schon um sich zu beschäftigen, führten die Internierten fast alle Tagebuch. »Manch einer gäbe viel darum«, konstatierte Karl Wirtz, »einmal wie wir ein solches englisches Landhaus bewohnen zu können.« Später, nach dem Ende seines Berufslebens, hat er einige Teile daraus veröffentlicht. Die folgende Beschreibung des Tagesablaufes ist unpubliziert geblieben:

> Morgens Punkt 8 Uhr weckt der Bursche Wolf das ganze Haus. Wenn er klopft, schläft alles noch fest, da man nie vor Mitternacht ins Bett geht. C. F. [Carl Friedrich von Weizsäcker], der mit mir das Zimmer teilt, weigert sich, mit »ja« zu antworten, so daß ich es tun muß... Man steht noch lange nicht auf um 8 Uhr (aus den Betten mit schönster, wöchentlich gewechselter Bettwäsche), sondern sucht es so einzurichten, daß man allenfalls um 9 Uhr beim Frühstück ist. Bei mir wird es meist später, da ich den Hauptandrang im Badezimmer abwarte... Die Unterhaltung nimmt ihre glücklichen Wendungen – beim Frühstück und bei anderen Mahlzeiten – wenn Hahn eine gute Geschichte aus seinem Leben erzählt. Z. B. berichtete er mit Anschaulichkeit die Geschichte seines Laubfrosches, der über zehn Jahre lang in seiner Familie lebte und von Fliegen (und zwar nur von Fliegen) sich ernährte, die für ihn im ganzen Institut gefangen wurden. Möbbi sollte nach Brehm höchstens fünf Jahre alt werden. – Alles ist dann guter Stimmung.[19)]

Nach dem Beispiel der britischen Offiziere erschienen die Internierten zum Mittag- und Abendessen korrekt gekleidet. »Zum Frühstück und Kaffee ist das nicht notwendig.« Nach sportlicher Betätigung am Vormittag und dem ausgezeichneten Lunch zogen sich alle zur Mittagsruhe zurück: »Seit drei Monaten holen wir... den im Krieg verlorenen Schlaf auf.« Als Frau Wirtz davon erfuhr, erinnerte sie ihren Mann: »Weißt Du noch, wie Du mir damals sagtest, ich möchte mich mal nach dem Krieg ein halbes Jahr ausschlafen!«

> Zwischen der Vesper und dem Abendessen zieht sich der Tag hin. In dieser Zeit kann man wirklich arbeiten, da meist keine bessere Beschäftigung da ist.

> Bessere Beschäftigungen sind Schachspiel, Lesen eines Buches aus der vorhandenen englischen Bibliothek (Books rather Victorian), Radiohören etc. Zweimal in der Woche, Dienstags und Freitags, sind nach dem Tee Kolloquien, in denen neben neuen Arbeiten, die aus den uns zur Verfügung stehenden englischen und amerikanischen Zeitschriften genommen werden, auch »Lebenserinnerungen« der Senioren vorgetragen werden.[20)]

Am 18. August erhielten die Internierten Besuch von Sir Charles Darwin, einem bekannten Physiker und Enkel des berühmten Biologen. »Ein baumlanger, körperlich kräftiger Mann«, notierte Bagge, »in seiner äußeren Erscheinung ein würdiger Sproß einer berühmten Familie.« Mit Darwin kam Lieutenant Commander Eric Welsh, den sie schon von Hechingen kannten. Hahn und Heisenberg wurden in das Zimmer Darwins gebeten. Und dann kam die Enttäuschung:

> Der Tod Roosevelts, Trumans neue Regierung, die Wahlniederlage Churchills, Attlees neue Regierung – diese Ereignisse hätten so viele personelle und sachliche Veränderungen mit sich gebracht, daß schnelle Entscheidungen [über das Schicksal der Internierten] nicht zu erwarten seien.[21)]

Welsh zeigte ihnen den von Henry DeWolf Smyth verfaßten offiziellen amerikanischen Bericht über die Atombombe, der bereits sechs Tage nach Hiroschima in hektographierter Form erschienen war.* Daraus erfuhren sie definitiv, daß die Amerikaner in Oak Ridge zur Isotopentrennung eine gigantische Gasdiffusionsanlage gebaut hatten. Wenige Nachrichten hätten ihn derart beeindruckt wie diese, sagte Wirtz später: »Das industrielle Zeitalter trat in neue Dimensionen ein.«

Am 20. August brachten die Amerikaner die Briefe nach Hechingen, die die Internierten Anfang des Monats geschrieben hatten. »Ich bin so aufgeregt über die Nachricht und kann vor lauter Freude gar nicht schreiben«, heißt es in der Antwort von Frau Wirtz. Die Amerikaner fuhren weiter nach Tailfingen zu Edith Hahn und wollten in einer halben Stunde wiederkommen, um die Briefe der Frauen mitzunehmen.

> Wir haben hier immer noch unser Schild vom Pash an der Tür und das hat uns bisher vor Einquartierungen verschont. Das Gartentor ist immer abgeriegelt. Sonst hat jedes Haus Soldaten.[22)]

* Im September 1945 edierte die Princeton University Press den Report als Buch unter dem Titel »Atomic Energy for Military Purposes«. Bis November erschienen fünf Auflagen.

Ein amerikanischer Leutnant brachte die Briefe am 28. August nach Farm Hall. Otto Hahn erfuhr, daß er »zum Präsidenten der Kaiser-Wilhelm-Gesellschaft gewählt worden sei«.

Ursprünglich wollte die Sowjetische Militäradministration in Berlin einen ihr genehmen Gelehrten als »Leiter« einsetzen. Die Versuche scheiterten, als Max Planck durch das Husarenstück eines amerikanischen Astrophysikers von Rogätz an der Elbe, wo er das Kriegsende erlebt hatte, nach Göttingen gebracht wurde. Hierhin war in den letzten Kriegsmonaten ein Teil der Generalverwaltung verlagert worden. Max Planck, der bereits von 1930 bis 1937 als Präsident gewirkt hatte, erklärte sich bereit, das Amt erneut kommissarisch wahrzunehmen, bis ein neuer Präsident gewählt sein würde. Die Institutsdirektoren sprachen sich einmütig für Otto Hahn aus.

Am 8. September erhielten die Internierten abermals Besuch. Es kam Patrick Blackett, ein Schüler Rutherfords und alter Freund Heisenbergs. Blackett sprach sich für die baldige Freilassung der internierten Physiker aus. Ob es möglich sein würde, weiter über Kernphysik zu forschen, wußte er nicht. Er konnte auch nicht sagen, wo sie künftig arbeiten würden. »Wir waren nicht sehr gut auf den Krieg vorbereitet«, erklärte Blackett, »aber wir waren vermutlich besser auf den Krieg vorbereitet, als jetzt auf den Frieden.« »Genau, was Darwin gesagt hat«, kommentierte Heisenberg.

Dann sprachen die beiden über die Qualifikationen und Zukunftspläne der Internierten. »Es gibt in Deutschland Tausende, die sich eine neue Beschäftigung suchen müssen«, konstatierte Blackett. »Wir haben eine Art wissenschaftlicher Verantwortung für die guten Leute.« Nachdem Heisenberg sehr positiv über Erich Bagge Auskunft gegeben hatte, kam er auf Karl Wirtz:

> Er ist ein viel besserer Physiker; er weiß wirklich in der gesamten Physik Bescheid. Er ist ein Experimentator und ist für die Organisation sehr nützlich gewesen. Er ist der Typ, der weiß, wie man ein Institut aufbaut und einrichtet. Wenn Wirtz nicht in unserem Institut gewesen wäre, wären wir in der Uransache und all den anderen Dingen sicherlich nicht so weit gekommen. Besonders, wenn wir versuchen mußten, irgendwelche Apparaturen zu beschaffen, war er der Mann, der die Sache in die Hand nahm. In gewisser Hinsicht ist er vielleicht der wichtigste der jüngeren Leute in meinem Institut. Er hatte die ganze Sache wirklich geleitet; ich könnte ein experimentelles Institut überhaupt nicht leiten. Wirtz ist sehr tüchtig. Er hat bei seinen Experimenten nie einen wirklichen Fehler gemacht.[23)]

Für den Fall, daß Heisenberg länger festgehalten werden würde als die anderen, wollte er Wirtz die Leitung des Kaiser-Wilhelm-Instituts für Physik anvertrauen. Formal war Max von Laue immer noch der stellvertretende Direktor; für die Spitzenposition hielt ihn Heisenberg jedoch für ungeeignet. Wenn es notwendig werden würde, wollte er Laue das auf freundliche Art und Weise beibringen: »Offiziell sind Sie der Leiter, aber ich empfehle, daß Sie vorübergehend alles Wirtz machen lassen.«

Nur eine Woche brauchte eine wieder von amerikanischen Offizieren überbrachte Nachricht bis Hechingen. In ihrer Antwort berichtete Ottoni Wirtz von ihrem Besuch bei den Schwiegereltern in St. Märgen bei Freiburg:

> Weißt Du, Schatz, ich habe es einfach nicht mehr in Hechingen vor Heimweh nach Dir ausgehalten, und ich mußte deshalb zu den Eltern, weil es *Deine* Eltern sind... Ach, ich war so schrecklich glücklich dort und wir sprachen immerfort von Dir. Mama ist so lieb und der Papa reizend. Ich hab' nun mal für meine Schwiegereltern eine ganz besondere Schwäche. Du bist ihm doch schrecklich ähnlich, und Mamachen und ich haben viel über »unsere« Männer gelacht.[24)]

Für die Internierten boten die Autoausflüge in die Umgebung eine willkommene Abwechslung. Dazu wurden sie zu dritt von Major Rittner eingeladen. Auch Hauptmann Brodie stellte sich zur Verfügung. »Ich habe im ganzen drei derartige sight-seeingtrips gemacht«, berichtete Wirtz:

> Den Gesamteindruck, den England macht, faßt man unwillkürlich immer wieder in dem Ausruf zusammen: Wie vollendet europäisch! Es ist europäisch in der höchsten Form; in seiner Strenge und Ordnung, in seiner Kultur und seinen Schönheiten, in seiner Landschaft, in seinem Geschmack, in seiner Tradition und in seinem Alter.[25)]

Leider war Major Rittner lange krank und wurde durch Captain Brodie vertreten. Einmal provozierte Karl Wirtz unbeabsichtigt eine Verärgerung des Hauptmanns. Wirtz verglich die Physikalische Chemie in Deutschland mit der in Großbritannien und konstatierte zu Recht eine Spitzenstellung der Deutschen, während in der Kernphysik die Briten und Amerikaner überlegen seien. »Bilden Sie sich nur nichts ein«, polterte der Captain. »Worauf?«, fragte Wirtz. »Auf gar nichts, meine ich, auf gar nichts überhaupt.« – »Nun gut, das muß man in solchen Fällen eben einstekken«, kommentierte Bagge. »You are Germans, you have lost the war«, wurde ihnen oft vorgehalten. Das Kriegsende lag erst wenige Monate zurück, und die bitteren Gefühle waren noch sehr lebendig.

Zwei Mal konnte Wirtz London besuchen. Am 2. November kamen sie nur in einen Vorort. Dabei gewann er keine besonderen Eindrücke, außer, daß er ein paar durch die V 2 zerstörte Häuser sah. Am 14. Dezember wurde er zu einem Zahnarzt im Zentrum gebracht.

> Diesmal kamen wir tief ins Herz von London hinein, und anschließend wurde auf unsere Bitte hin eine einstündige Autofahrt durch London gemacht, da ich es noch nicht kannte. Wir fuhren durch alle berühmten Straßen wie Picadilly Circus, Strand, Fleetstreet, Trafalgar Square, Oxford Street, Marble Arch u.s.w., warfen einen Blick auf Downing Street, sahen St. Pauls, House of Parliament, Law Court, Mansion House, das Zeitungsviertel mit Reuters Büro, Buckingham Palace, in dem der King an diesem Tage seinen 50. Geburtstag feierte.[26)]

Auf der Fahrt am 2. November holten Brodie und Wirtz den englischen Physikochemiker Charles Frank von seiner Wohnung im Norden Londons ab. Wirtz lernte dabei dessen Frau kennen, »eine sehr sympathische Tschecho-Finnin«. Frank hatte vor dem Krieg zwei Jahre als Gast am Kaiser-Wilhelm-Institut für Physik in Berlin gearbeitet, und in dieser Zeit waren Frank und Wirtz Freunde geworden:

> Wir hatten Arbeiten zusammen publiziert, hatten mehrere Reisen zusammen gemacht, u.a. eine abenteuerliche Skipartie im Walsertal im März 1938, an der u.a. Gundi [die Frau Carl Friedrich von Weizsäckers] teilgenommen hatte. Später war Frank auch einmal bei uns in Köln. Er hat sofort nach Kriegsende begonnen, mit Hilfe von persönlichen Beziehungen bei der RAF sich in Deutschland nach mir zu erkundigen... Seine Beziehungen ermöglichten es ihm durchzusetzen, daß er uns besuchen durfte.[27)]

Bei den Internierten stellte sich »die übliche Freude ein, die ihnen Kontakte mit der Außenwelt bereiteten«. Dr. Frank sprach fast nur mit Karl Wirtz, der, wie es in den Farm Hall-Protokollen heißt, »der Held des Tages« war. Frank erklärte, was in Farm Hall gemacht werde, sei völlig sinnlos: »Die falschen Leute werden festgehalten; fast alles, was man überhaupt wissen kann, ist bereits veröffentlicht.«

Eine frohe Neuigkeit gab es am 16. November. Als die Physiker nach dem Frühstück in ihrem Salon saßen, Rimskij-Korssakow hörten und die neuesten Zeitungen durchblätterten, sagte Heisenberg plötzlich: »Herr Hahn, da lesen Sie mal«, und reichte ihm den *Daily Telegraph*. »Ich hab' jetzt gar keine Zeit«, erwiderte Hahn zerstreut. »Das ist aber sehr wichtig für Sie, da steht nämlich drin, daß Sie den Nobelpreis erhalten sollen.«

Am Abend wurde gefeiert. Der Captain stiftete eine Flasche Gin, zwei Flaschen Rotwein und zwei Torten. Max von Laue hielt die Festrede auf seinen Freund und zitierte Theodor Fontane:

> Gaben, wer hätte sie nicht?
> Talente, Spielzeug für Kinder.
> Erst der Ernst macht den Mann,
> erst der Fleiß das Genie.[28)]

Hahn wurde verlegen. »Den Fleiß gebe ich zu«, kommentierte er, »aber die Genialität durchaus nicht.« Am Ende seiner Rede sprach Laue von Frau Edith Hahn im fernen Tailfingen und wie es ihr heute wohl zu Mute sei. Weder Hahn noch Laue konnten die Tränen zurückhalten. »Dann machten wir einigen Ulk«, berichtete Wirtz, »wenn er auch die etwas bedrückte Stimmung nicht ganz vertreiben konnte.«

Die Einladung nach Stockholm zur Entgegennahme des Preises durfte Otto Hahn nicht annehmen. Das veranlaßte Carl Friedrich von Weizsäcker zu einem Limerick, den er dann später bei der Silvesterfeier unter großem Jubel vortrug:

> Es war ein Kollegium in Schweden,
> Das verlieh seinen Preis nicht an jeden.
> Doch kriegt man ihn mal,
> So ist's auch noch fatal,
> Denn man kommt nicht von Farm Hall nach Schweden.[29)]

Ein Bericht über die Internierung wäre unvollständig, hat Wirtz gemeint, wenn nicht auch die fünf deutschen Männer erwähnt würden, die den Wissenschaftlern alle Hausarbeit abnahmen, »vom Kochen bis zum Zimmermachen und Waschen«.

> Es waren Kriegsgefangene, die zum Teil in elendem und ausgehungertem Zustande zu uns stießen, in der ersten Zeit viel zu schwach zum arbeiten waren, aber dann alle unsere Privilegien hinsichtlich Ernährung und Unterbringung mit uns teilten und im Laufe der Zeit dick und sehr leistungsfähig wurden. Es wurde gute Freundschaft mit ihnen gehalten, und durch sie wurde das wohltuende Volksgemüt in die Kühle der akademischen Welt gebracht.[30)]

Am 22. Dezember, zwei Tage vor Weihnachten, erhielten die Internierten endlich die ersehnte Mitteilung. Darauf hob sich schlagartig ihre Stimmung. »Hurra, wir kommen nach Deutschland«, heißt es im Tagebuch Bagges: »In unser altes, liebes Deutschland! Wie soll man diese Freude beschreiben, die uns alle erfaßte?« Auch Karl Wirtz berichtete von der erheblich verbesserten Gemütslage:

> Gerlach hatte in großer Mühe lange vorher eine sehr schöne Krippe gebastelt und Christbaumschmuck angefertigt aus allerhand primitiven Materialien. Ein Baum wurde beschafft, und jeder bekam schließlich ein kleines Geschenk von unserem Captain Brodie, bestehend aus einem Buch und einem Taschenkalender. Unser amerikanischer Stab in London schickte Zigaretten. Es wurde ein Weihnachtslied gesungen, C.F. [Carl Friedrich von Weizsäcker] hielt eine kleine Ansprache und zum Schluß spielte Heisenberg zwei Sätze aus einer Sonate von Beethoven (Appassionata).[31)]

Zur besonderen Freude der Internierten erhielten sie einen Anruf aus London, daß Briefe aus Deutschland mit guten Nachrichten gekommen seien. Die Post wurde noch in der Nacht gebracht, »und am ersten Feiertag morgens im Bett bekamen alle ihre Briefe«. Karl Wirtz erfuhr, daß es in Hechingen lieben Besuch gegeben hatte:

> Jetzt war Frau Heisenberg acht Tage bei mir. Wir waren so unglaublich glücklich hier zusammen, hatten uns gern, verstanden uns und konnten mal gegenseitig alles vom Herzen loswerden... Wir leben hier unter den Franzosen sehr gut und können nicht klagen... Die ganze untere Etage bewohnt ein Leutnant mit Familie, durch die ich nur Gutes habe, und die sehr freundlich zu uns sind. Es ist natürlich von Vorteil, daß ich französisch spreche und überall der Dolmetscher bin.[32)]

Frau Heisenberg hatte damals schon sechs Kinder. Für das Jüngste, die Tochter Christine*, war Ottoni Wirtz die Patin.

Wie Elisabeth Heisenberg im November 1945 nach Hechingen kam, ist eine Geschichte für sich. Die Frau des großen Physikers lebte damals in Urfeld am Walchensee. Zur Sorge um ihren Mann kamen noch finanzielle Probleme, und sie entschloß sich, im Hauptquartier der amerikanischen Besatzungstruppen in Frankfurt vorstellig zu werden. Nach einer Fahrt in chaotisch überfüllten Zügen, die drei Tage und zwei Nächte dauerte, kam Elisabeth Heisenberg völlig erschöpft nach Frankfurt. Sie wurde zu Professor Charles E. Robertson geführt, der sich rührend um sie kümmerte. Er beruhigte sie über das Wohlergehen ihres Mannes und ließ sie durch einen britischen Colonel nach Hechingen bringen, wo ihr vom Institut die rückständigen Gehälter ausbezahlt wurden.

In den letzten Tagen der Internierung ist Wirtz den britischen Offizieren durch ein paar bissige Bemerkungen aufgefallen, wie aus den Farm Hall-Protokollen hervorgeht. Seine Erinnerungen bestätigen diesen Eindruck. Er sei eigentlich den ganzen Silvester-Abend »ziemlich einsilbig« herumgesessen. Merkwürdigerweise seien die Schicksalsgenossen kaum fröhlicher gewesen:

> Ich hatte irgendeinen Anlaß, mich über die Alliierten zu ärgern, und konnte den ganzen Abend nicht von dem Gedanken loskommen, welche unglaublichen Fehler die amerikanischen und englischen Politiker in den letzten 25 Jahren gemacht haben und nun immer noch machen, um langsam aber sicher Europa zu ruinieren... Wir wissen, welchen Anteil Deutschland an der Geschichte der letzten Jahrzehnte hat, und sind erfüllt von Schuldgefühl. In England hat man nie das Gefühl von Schuld. Alle sind

* Christine Heisenberg heiratete 1966 Frido Mann, den Lieblingsenkel des Dichters.

> sehr selbstgefällig und zufrieden mit sich. Das kann ungeheuer aufreizend wirken.[33)]

Um Mitternacht, als »der Glockenschlag zwölf von Big Ben verklungen war, schlug die Stimmung um«. Das Schweigen der Gesellschaft wurde durch ein sehr ruhiges Anstoßen auf das Jahr 1946 mit naheliegenden Wünschen für Frieden, Aufbau, Freilassung unterbrochen:

> Dann gab es plötzlich eine Unruhe an der Türe unseres Wohnzimmers, und herein kamen unsere paar Soldaten von der englischen Wachmannschaft (die guards) und riefen »happy new year«. Dann gaben sie jedem die Hand, bewunderten unsere Krippe und den Weihnachtsbaum, und plötzlich war eine herzliche und warme Stimmung da, die... bis ½ 4 morgens anhielt. Heisenberg ging an's Klavier und spielte aus einem Song-Book englische Volkslieder, die die guards sangen. Dann sangen unsere [fünf] Burschen auf Wunsch der Engländer deutsche Lieder. Dann gab es plötzlich allerhand erheiternde Darbietungen, von Weizsäcker eingeleitet durch neue Limericks, fortgeführt von den Burschen durch allerhand Witze und Ulk. Zum Schluß begannen die guards richtig zu fraternisieren.[34)]

Die intensiven Kontakte mit Engländern und Amerikanern hatten ihnen allen in den vergangenen acht Monaten eine neue Welt eröffnet. Insbesondere Karl Wirtz war (trotz seiner bissigen Bemerkungen) ausgesprochen anglophil geworden. Die Vereinigten Staaten, über die er so viel erfahren hatte, faszinierten ihn, und er dachte ernsthaft an Auswanderung. Im Grunde aber war die Entscheidung für Deutschland schon gefallen. Werner Heisenberg, sein verehrter Chef im Uranverein, fühlte sich verpflichtet, nach den katastrophalen Zerstörungen seine ganze Kraft auf den Wiederaufbau zu richten. Er wollte unter allen Umständen zurück in die Heimat und die Arbeit mit seinen alten Mitarbeitern fortsetzen. Viele wichtige Themen waren im Kriege liegen geblieben, und er sah aufregende neue Aufgaben vor allem in der Kernphysik. In den letzten Jahren hatten die Physiker alle Anstrengung auf die technische Nutzung konzentriert; jetzt war die Zeit gekommen, sich mit der Theorie der Kernkräfte zu beschäftigen. Vielleicht würden – wie nach dem Ersten Weltkrieg – begabte junge Männer von den faszinierenden Problemen angezogen werden, und die Physik würde einen neuen Aufschwung erleben. Gerade hatte er seinen 44. Geburtstag gefeiert, und er fühlte sich jung genug, noch einmal ein Institut aufzubauen. Dazu brauchte er seine bewährten Mitarbeiter Weizsäcker und Wirtz, und die beiden hatten ihm, wie sich Wirtz ausdrückte, »in gewisser Weise versprochen«, an seiner Seite zu bleiben.

Wie war es Karl Wirtz in den letzten Tagen in Farm Hall zumute? Sicher gingen seine Gedanken nach Deutschland zu seiner jungen Frau, und er versuchte, sich die Zukunft vorzustellen. Zunächst würde das Leben in dem geschundenen Land gewiß nicht leicht sein. Viele Freunde und Kollegen waren gefallen; niemand wußte, ob die alten deutschen Städte je wieder aufgebaut werden könnten. Köln bestand nur noch aus Ruinen. Das Elternhaus im Stadtteil Bayenthal war bei dem Bombenangriff am 28. Oktober 1944 völlig zerstört worden. Auch sein Geburtshaus in der Rolandstraße 70 existierte nicht mehr. Hier war er am 24. April 1910 unter dramatischen Umständen zur Welt gekommen.

Während der Geburt hatte es Komplikationen gegeben, und die Hebamme mußte einen Arzt zu Hilfe rufen. Der stellte den Vater vor die Wahl: »Die Mutter oder das Kind.« Natürlich entschied sich der Rechtsreferendar Carl Wirtz für das Leben seiner Frau. Schließlich konnte das Neugeborene aber doch noch gerettet werden.

2. Kapitel
»Eine weit überragende physikalische Begabung«

Im Jahre 1910 arbeitete der Vater im Vorbereitungsdienst bei einer Anwaltskanzlei mit Notariat in Köln. Zwei Jahre später bestand Carl Wirtz sen. auch die zweite (große) juristische Staatsprüfung mit dem Prädikat »gut« und wurde am 9. Oktober 1912 zum Gerichtsassessor ernannt. Seit 11. Juni 1909 war er verheiratet mit Frau Hildegard, einer Tochter des Bankiers Dr. Eugen Krebs. Das Jahr 1913 verbrachte Carl Wirtz als Volontär beim Bankhaus J. A. Krebs in Freiburg, um sich »in die Technik des Bankbetriebes einzuarbeiten«. Möglicherweise gab es Pläne, ihn als Justitiar in den Familienbetrieb aufzunehmen.

Daraus aber wurde nichts. Schon am 31. Mai 1912 war Dr. Eugen Krebs verstorben und hatte zehn erwachsene Kinder hinterlassen. Die Erbauseinandersetzung nötigte die bereits als Teilhaber tätigen Söhne Adolf und Eugen Krebs Kommanditisten aufzunehmen, um die Bank weiterführen zu können. Das Erbe von Frau Hil-

Die Brüder Karl (rechts) und Hans 1913

degard Wirtz (und das ihrer Geschwister) wurde durch Unterschlagungen eines Kassiers von über 100.000 Mark empfindlich geschmälert. Ein zweites Unglück war ihre Erkrankung an Wochenbettfieber bei der Geburt des ersten Kindes am 24. April 1910:

> Ein hiervon zurückgebliebenes schweres Nierenleiden machte bei den beiden folgenden Geburten ihre Aufnahme in eine Klinik erforderlich; bei der zweiten Geburt dauerte allein die klinische Behandlung vier Monate.[1)]

Als Karl Wirtz bereits Professor in Karlsruhe war und sein Name in den Zeitungen auftauchte, ist er nach dem Ursprung seines Familiennamens gefragt worden:

> Der Name Wirtz, wie ich ihn führe, ist in Köln und Umgebung sehr häufig. Er füllt im Kölner Telefonbuch mehrere Seiten. Er stammt zweifelsohne von dem Wort Wirt im Sinne von Gastwirt. In unserem speziellen Fall können wir nachweisen, daß der Name aus dem kleinen Ort Niederzieher bei Köln stammt und zwar aus einer Gastwirtschaft.[2)]

Beim Ausbruch des Ersten Weltkrieges war er vier Jahre alt. Das Kindermädchen zeigte seinem Bruder und ihm das Telegramm, das an der Post angeschlagen war: »Seine Majestät der Kaiser und König haben die Mobilmachung befohlen. Der 2. August 1914 gilt als erster Mobilmachungstag.«

Der Assessor Carl Wirtz vertrat beim Landgericht und der Staatsanwaltschaft Köln zu den Fahnen gerufene Richter und Staatsanwälte, bis er selbst am 23. November 1915 als Unteroffizier zur Feldartillerie eingezogen wurde. Kurz darauf erfolgte die Ernennung zum Leutnant der Reserve und zum Amtsrichter in Bergheim (Erft). Die Richterstelle konnte er erst nach dem Kriege antreten. Er erhielt aber sogleich die entsprechenden Beamtenbezüge, was ihn von den drückendsten finanziellen Sorgen befreite.

Der Filius besuchte von Ostern 1916 an für eineinhalb Jahre die Volksschule in Köln.

> Aus meinem ersten oder zweiten Schuljahr erinnere ich mich deutlich, daß Kaisers Geburtstag in der Schule durch Aufstellen seines Bildes auf dem Katheder begangen wurde. Ein besonderer Eindruck aus dem Krieg war der Besuch meines Vaters bei uns in St. Märgen im Schwarzwald, wo wir den Sommer verbrachten. Ich sehe ihn noch in seiner Uniform aus dem Wagen steigen. Deutliche Erinnerungen habe ich an meinen Ehrgeiz, der sich besonders meinen Geschwistern gegenüber auswirkte.[3)]

Das Abitur legte Karl Wirtz im Februar 1929 mit knapp 19 Jahren am Friedrich-Wilhelm-Gymnasium in Köln ab. Gleichzeitig mit ihm bestand sein um ein Jahr jüngerer Bruder Hans in der gleichen Klasse die Reifeprüfung, was Karl wohl keine reine Freude bereitete.

Der Ehrgeiz blieb ein wesentlicher Zug seines Charakters. Bei den Vernehmungen durch Samuel Goudsmit Ende April 1945 hatte Wirtz (wie ein Kollege in Farm Hall berichtete) immer herausgestrichen, was *er* geleistet hatte: »*Ich* habe das gemacht.«

> Glauben Sie etwa, Wirtz würde vor Mr. Goudsmit mit Bescheidenheit auftreten? Nein, er sagt: »*Ich* habe dies gebaut; *ich* habe die Verhandlungen mit den Firmen geführt; *ich* habe das dort bauen lassen, und *ich* habe die experimentelle Arbeit geleistet.[4)]

1917 bis Anfang 1919 wohnte die Familie mit den damals drei (später vier) Kindern bei den Geschwistern der Mutter in Freiburg im Bankhaus Krebs am Münsterplatz 4. Karl und Hans besuchten eine private Erziehungsanstalt, die Pfeiffer-Schule. Aus dieser Zeit ist ein Lausbubenstreich der beiden überliefert. Als an einem Wintertag nasser Schnee gefallen war, stauten sie damit am Münsterplatz das in kleinen offenen Kanälen, den »Bächle«, durch die Stadt fließende Wasser. Passanten alarmierten die Feuerwehr. Wahrscheinlich haben Karl und Hans erst sehr viel später erfahren, daß sich ihr Großvater Eugen Krebs als Stadtrat und stellvertretender Vorsitzender des Bürgenvereins große Verdienste um die Kanalisation der Stadt erworben hatte.

Mit acht Jahren beschäftigte sich Karl engagiert mit seinem Märklin-Metallbaukasten und erwarb sich seine Geschicklichkeit und Umsicht bei experimentellen Arbeiten. Bald faszinierte ihn der Rundfunk, und er entwickelte sich zum Radiobastler.

Um seine Stelle als Amtsgerichtsrat in Bergheim (Erft) etwa 30 km westlich von Köln antreten zu können, brauchte Carl Wirtz eine Einreisegenehmigung der britischen Militärbehörden. Aufgrund des Versailler Vertrages war die Region von britischen Truppen besetzt. Der Ort (mit historischer Bezeichnung »Stadt«) hatte damals 2.182 Einwohner und war Sitz der Kreisverwaltung.

Die Familie bezog eine Dienstwohnung im Amtsgericht. Über das Leben in Bergheim wissen wir fast nichts. Eine Tante berichtete in einem späteren Brief von der »goldenen, sorglosen Kinderzeit« der vier Geschwister Karl, Hans, Hildegard und Rudolf. Am Ende des Zweiten Weltkrieges sei dann das Amtsgericht durch Luftangriffe fast völlig zerstört worden »und das Gefängnis dahinter überhaupt verschwunden«.

Karl Wirtz besuchte die »höhere Knabenschule« in Bergheim, ein altsprachliches Gymnasium, das bis zur Untersekunda führte. In sechs Klassen wurden insgesamt 143 Zöglinge unterrichtet. Der Knabe war von zarter Konstitution. Einige Monate verbrachte er in einem Internat auf Amrum zur Kräftigung der Gesundheit.

Wahrscheinlich hat er dann auf der höheren Knabenschule ein Jahr wiederholt, und Bruder Hans kam zu ihm in die Klasse.

Der Schulleiter war ein katholischer Priester, und es ist denkbar, daß sich die Bemerkung in der Autobiographie auf diese Zeit bezieht: »Uns wurde ein gewisser Gegensatz zur protestantischen Religion beigebracht.«

Das gesamte linksrheinische Gebiet war damals von alliierten Truppen – Engländern, Franzosen, Belgiern und Amerikanern – besetzt. Einige Eltern forderten deshalb eine Ausweitung des Unterrichts in der französischen und englischen Sprache, was aber von der Schulbehörde abgelehnt wurde. Wahrscheinlich hat Karl Wirtz in Bergheim kein Englisch, sondern neben Latein und Griechisch nur noch Französisch gelernt.

»Mein Elternhaus war katholisch«, berichtete Wirtz, »und noch heute [1988] habe ich die Erinnerung an eine gewisse Geborgenheit, die das Elternhaus und die Kirche uns gaben.«

> Im Alter von etwa 13-14 Jahren fiel mir auf dem Bergheimer Gymnasium ein Religionsbuch in die Hand, das in einer höheren Klasse benutzt wurde. Darin las ich etwas von einem Gottesbeweis. Noch heute ist mir deutlich in Erinnerung, wie enttäuscht ich war, daß der Beweis kein logischer Beweis im üblichen Sinn war. In dieser Zeit ging langsam die Naivität der Jugend verloren.[5)]

Karl erlebte Ende Januar 1926 den Abzug der britischen Besatzung. In der großen Feier vor dem Kölner Dom in der Nacht vom 31. Januar auf 1. Februar sprach Oberbürgermeister Konrad Adenauer im nationalen Pathos der Zeit: »Schweres haben wir erdulden müssen durch die harte Faust des Siegers in sieben langen Jahren. Heute, in dieser weihevollen Stunde, laßt uns davon schweigen.« Am 21. März 1926 besuchte Reichspräsident Paul von Hindenburg das befreite Köln. Dem knapp 16jährigen Karl Wirtz gelang es zur Überraschung des Vaters, die Ansprachen des Reichspräsidenten und des Oberbürgermeisters in die Bergheimer Wohnung zu übertragen. Zwei Tage später, am 23. März, konnte man im »Amtlichen Kreisblatt« auf der Titelseite vom Besuch Hindenburgs lesen:

> Der Reichspräsident, gerührt von den herzlichen Ovationen, welche die Massen der Bevölkerung auf dem Augustinerplatz darbrachten, hielt vom Balkon des Kasinos eine Ansprache an »seine lieben Kölner«, die wegen ihrer Herzlichkeit stürmischen Beifall fand und zu brausendem Jubel anschwoll, als er mit den Worten »Alaaf Köln« schloß.[6)]

Am gleichen 23. März 1926 bestanden am Bergheimer Gymnasium zwölf von siebzehn Untersekundanern die Abschlußprüfung und erwarben die »Reife für Obersekunda«.* Karl und Hans traten in die weiterführende Rheinische Ritterakademie zu Bedburg über. Sie konnten weiterhin bei den Eltern in Bergheim wohnen.

Bedburg liegt ebenfalls an der Erft, etwa acht Kilometer flußabwärts. Die Ritterakademie war 1842 von den katholischen Mitgliedern der Rheinischen Ritterschaft zur standesgemäßen Erziehung ihrer Söhne gegründet worden. Bereits knapp ein Jahrzehnt später entschloß sich der Ritterrat, auch bürgerliche Zöglinge aufzunehmen. Gute Umgangsformen blieben weiterhin ein Anliegen der Schule.

Nach dem Ersten Weltkrieg wurde die Gemeinde Bedburg Unterhaltsträger und die Schule konnte mit hohen Zuschüssen des Preußischen Staates und der Bedburger Industrie weitergeführt werden. Allerdings kam es zur (sukzessiven) Umwandlung der bis dahin altsprachlichen Anstalt in ein Realgymnasium. Karl und Hans Wirtz, die beide von Ostern 1926 bis Herbst 1927 die Ritterakademie (»Gymnasium in Umwandlung zum Städtischen Realgymnasium«) besuchten, waren davon aber nicht betroffen.

Im Schuljahr 1926/27 wurde die Anstalt von 155 Gymnasiasten besucht. Die beiden Brüder gingen zunächst in die Obersekunda, abgekürzt O II, mit fünf Stunden Latein, sechs Stunden Griechisch und zwei Stunden Französisch. Englisch wurde nur als Wahlfach angeboten. Wahrscheinlich haben sich Karl und Hans am Unterricht beteiligt. Vernachlässigt waren Biologie, Chemie und Physik, die im Lehrplan summarisch als »Naturwissenschaft« zusammengefaßt waren. In der O II und U I gab es jeweils nur zwei Stunden Unterricht.

Am Ende des Schuljahres fand am 25. März 1927 eine große Schulfeier »vor breiter Öffentlichkeit« anläßlich des 100. Todestages von Ludwig van Beethoven statt. Die »großangelegte Festrede« des Musiklehrers erreichte eine bei Schulfeiern seltene geistige Höhe, wie der Jahresbericht vermerkt.

In dieser Zeit vertrat der Vater als Hilfsrichter einen beurlaubten Oberlandesgerichtsrat in Köln. Vom Vorsitzenden des 4. Zivilsenates wurde Carl Wirtz sen. hervorragend beurteilt. Er verbinde »mit umfassendem Wissen einen klaren Blick, rasche Auffassungsgabe, großen Fleiß und Gründlichkeit«. Diese Eigenschaften ermöglichten es ihm, »auch in umfangreichen und schwierigen Prozessen schnell und richtig zu entscheiden«. Er könne »unbedenklich auch zur vorzugsweisen Beförderung zum Oberlandesgerichtsrat empfohlen werden«.

Die drei Bewerbungen des Amtsgerichtsrats Carl Wirtz um eine Landgerichtsdirektorenstelle in Aachen, Bonn und Köln wurden vom Landgerichtspräsidenten in Köln positiv aufgenommen. Carl Wirtz sei sehr gut befähigt, sehr fleißig und energisch: »Ein vorzüglicher Aufsichtsrichter.«

Die Ernennung zum Landgerichtsdirektor beim Landgericht in Köln erfolgte zum 1. April 1927. Die polizeiliche Abmeldung ist von der Bürgermeisterei Bergheim unter dem 4. Oktober 1927 registriert.

* Heute mittlere Reife genannt.

> Als wir 1927 Bergheim verließen, um nach Köln zu ziehen, war mein ganzes Zimmer mit einer Art Sammlung zu transportieren: Märklin-Modelle, Elektromotoren, Radiogeräte usw., die sogenannte Ausstellung, die unter meinen Schulfreunden bekannt war. In Köln änderte sich diese Richtung vollständig in Kurzwellentätigkeit (Senden ohne Erlaubnis), die sich erst während meines Studiums wieder verlor.[7)]

Die Familie mit den vier Kindern bezog eine Wohnung in der Volksgartenstraße 12 im 3. Stock. Hier teilten sich Karl und Hans Wirtz ein großes Zimmer. Sie besuchten beide das humanistische Friedrich-Wilhelm-Gymnasium in der Severinstraße, ein halbes Jahr bis Ostern 1928 die Unterprima und dann bis Ostern 1929 die Oberprima. Das Gymnasium besaß 522 Zöglinge, 280 katholische, 210 evangelische, 27 jüdische und 5 bekenntnislose. In der Oberprima waren es im gymnasialen Zweig zwanzig Schüler.

Das Friedrich-Wilhelm-Gymnasium hatte seit seiner Gründung 1825 immer lutherische Schulleiter gehabt. Erst der im Januar 1921 berufene Oberstudiendirektor Dr. Heinrich Deckelmann war katholisch, was in evangelischen Kreisen Entrüstung hervorrief.

Für die Schüler der drei Oberklassen gab es »Freie Arbeitsgemeinschaften« unter der Leitung der entsprechenden Fachlehrer. Im Deutschen behandelte der Oberstudiendirektor ausführlich Thomas Mann. Wir glauben aber nicht, daß Wirtz zu den zwölf Teilnehmern gehört hat. Später hat er einmal in einem Brief bemerkt, daß er Thomas Mann »an sich nicht leiden« könne. Dessen Rede über »Deutschland und die Deutschen« (gehalten Ende Mai 1945 in der Library of Congress in Washington D.C.) sei das einzige, was ihm imponiert habe. In späteren Jahren hat Wirtz sehr wahrscheinlich auch seinen Kölner Landsmann Heinrich Böll nicht positiv beurteilt. Wir kennen jedoch nur einen Brief seines Bruders Hans, der einmal (nach der Verleihung des Nobelpreises an Böll) geschrieben hat, daß er »den Burschen nicht schätze«.

Dagegen nahm Wirtz an der physikalischen Arbeitsgemeinschaft teil, in der es um Themen ging, in denen er bereits Meister war: »Allgemeines über den Funkempfang; verschiedene Schaltungen des Detektorempfängers; Eigenschaften der Elektronenröhre.« Wahrscheinlich hat sich Studienrat Eduard Böhmer in dieser Arbeitsgemeinschaft von den hervorragenden physikalischen Kenntnissen seines besten Schülers überzeugt.

Die Reifeprüfung ist im Jahresbericht unter dem 1. März 1929 registriert. Wahrscheinlich fand an diesem Tag das Mündliche statt, während die schriftlichen Prüfungen (Deutscher Aufsatz, Übersetzung aus dem Lateinischen, Übersetzung aus dem Griechischen und Mathematik) in den Tagen davor abgenommen wurden. Im deutschen Aufsatz standen folgende Themen zur Wahl:

(1) Eltern und Kinder in Lessings »Emilia Galotti«, Schillers »Kabale und Liebe« und Hebbels »Maria Magdalena«
(2) Völkerbund und Völkerbundgedanke
(3) Der Mensch und seine Umwelt in einigen Bildern der Romantik und neueren Zeit
(4) Welche sozialen Fragen unserer Zeit sind mir besonders bewußt geworden, und wie urteile ich über sie?[8)]

Karl Wirtz hat sicher weder das literarhistorische noch das kunstgeschichtliche Thema gewählt, sondern ein politisches. Nach den Jahren des Boykotts gab die Aufnahme Deutschlands in den Völkerbund am 8. September 1926 Anlaß zu vielen Diskussionen. Durch einen Ministerialerlaß war es der Schule zur Pflicht gemacht, »sich im Unterricht eingehend mit Wesen, Arbeit und Zielen des Völkerbundes zu befassen«. Es ist also durchaus denkbar, daß er über den Völkerbund geschrieben hat. Wahrscheinlicher scheint uns jedoch, daß er sich für das letzte Thema entschied, die »sozialen Fragen«. Jedenfalls hat er sich im späteren Leben immer für die Belange seiner Mitarbeiter und deren Angehörige engagiert, wie die Tochter erzählte:

> War z. B. in einer Familie jemand krank oder wurde ihm berichtet, daß jemand schlecht versorgt war oder keine Besserung in Sicht war, telefonierte er solange mit Freunden und Bekannten, bis die Sache in den Griff kam und forschte auch noch tagelang hinterher. Zur Not schickte er zum Helfen oder Besuchen meine Mutter los.[9)]

»Meine Schulzeit verlief ohne besondere Aufregungen«, resümierte Karl Wirtz in seiner Autobiographie:

> Ich war zunächst ein guter Schüler und wurde während der Entwicklungsjahre weniger gut, machte aber schließlich an dem humanistischen Friedrich-Wilhelm-Gymnasium ein ganz befriedigendes Abitur.[10)]

Was ist ein »ganz befriedigendes Abitur«? Das Historische Archiv der Stadt Köln hat glücklicherweise die Abiturzeugnisse aufbewahrt. Im Deutschen und in drei Fremdsprachen (Latein, Griechisch, Französisch) erhielt er »genügend«, im Englischen »gut«. Ein »gut« gab es auch in Religion, in »Zeichnen und Kunstunterricht«, den Leibesübungen und in der Mathematik. Den fünf »gut« stehen insgesamt sieben »genügend« gegenüber. Außer den schon genannten Sprachen sind dies: Geschichte (Staatsbürgerkunde), Erdkunde und Musik. Insgesamt ergab sich ein Notendurchschnitt von 2,46. Zur Beurteilung muß man noch wissen, daß es nur vier Noten gab: sehr gut, gut, genügend und nicht genügend.

Zierde des Zeugnisses ist das »sehr gut« in Physik mit der Bemerkung: »Er besitzt eine weit überragende physikalische Begabung.«*

Bruder Hans erhielt ein ganz ähnliches Zeugnis. In Physik war er eine Notenstufe schlechter, in Erdkunde eine Stufe besser. Die Schule unterschied zwischen »Reifeprüfung bestanden«, »Reifeprüfung gut bestanden« und »Reifeprüfung mit Auszeichnung bestanden«. Die beiden Brüder gehörten zum Gros der 15 (von 20) Abiturienten mit einem einfachen »bestanden«. Ein »mit Auszeichnung bestanden« kam in dieser Klasse nicht vor. – Gegenüber heutigen Zeugnissen fällt auf, daß Chemie und Biologie fehlen. Das Durchschnittsalter der Schüler betrug (am 1. Februar 1929) 19,1 Jahre. Karl Wirtz lag mit 18,8 Jahren knapp darunter, während Bruder Hans mit 17,7 Jahren der Jüngste in der Klasse war.

Am Schluß des Reifezeugnisses vom 1. März 1929 hieß es: »Karl Wirtz will Physik studieren«. Zugeredet hatte ihm vor allem ein Onkel, Walter Steubing, der mit einer jüngeren Schwester seines Vaters verheiratet war. Steubing hatte nach seinem Physikstudium eine Assistentenstelle in Aachen bei dem späteren Nobelpreisträger Johannes Stark angenommen. Hier hatte er Maria Wirtz kennengelernt. 1927 erhielt Steubing ein Ordinariat für angewandte Physik an der Universität Breslau.

In seinen beiden ersten Semestern studierte Wirtz an der Universität Bonn, wo er vor allem die Experimentalphysik bei Heinrich Konen hörte. Im Praktikum lernte er den Kommilitonen Julius Hiby kennen, mit dem ihn dann eine lebenslange Freundschaft verband. Wirtz wohnte weiterhin zu Hause und erteilte Nachhilfeunterricht an Schüler zur Aufbesserung des Taschengeldes. Der Vater, der für ihn noch eine Kinderbeihilfe zu seinen Bezügen als Landgerichtsdirektor erhielt, sah sich zu einer Mitteilung an den Oberlandesgerichtspräsidenten veranlaßt: Sohn Karl habe »in den Monaten Juli, September, Oktober, November 1929 und Januar, Februar, März 1930 durch Erteilung von Unterricht ein eigenes Einkommen von mehr als 40 RM monatlich gehabt«.

Daß er mit dieser zeitaufwendigen Beschäftigung nicht auf dem richtigen Wege war, bemerkte er »auf unangenehme Weise durch eine Fleißprüfung«, die er nicht bestand. Die Studenten zahlten damals Semestergebühren und Hörergelder, die aufgrund einer sogenannten »Fleißprüfung« erlassen werden konnten. Nach der fulminanten Bemerkung im Reifezeugnis über seine »weit überragende physikalische Begabung« muß das Erlebnis wie ein (heilsamer) Schock gewirkt haben.

Otto Robert Frisch, der Neffe von Lise Meitner und Pionier der Kernphysik, erzählt in seiner Autobiographie »What little I remember«, daß er im Krieg als Emigrant in Liverpool am geheimen »Manhattan Project« mitgearbeitet habe. Eines Tages wurde die ganze Gruppe nach Los Alamos transferiert. Die Überfahrt erfolgte auf einem Schnelldampfer, der in Newport News anlegte, im Süden der Hauptstadt

* Von den Abiturienten erhielt nur Karl Wirtz eine »Eins« in Physik. Acht hatten die Note »Zwei«, elf eine »Drei«

Washington. Hier mußten sie ein paar Tage auf General Groves warten. Frisch nutzte die Zeit, um die jüngste Schwester seiner Mutter zu besuchen, die in New York lebte. Daraufhin wurde er von seinen Physikerfreunden, die natürlich alle die in Stockholm tätige Lise Meitner kannten, scherzhaft als »Mann mit einer Tante in jedem Hafen« bezeichnet.

Mit gleichem Recht können wir Karl Wirtz den »Mann mit einem Onkel an jeder deutschen Hochschule« nennen. Nach dem zweiten Semester wechselte Wirtz nach Freiburg, wo er wahrscheinlich bei Geschwistern seiner Mutter wohnte. Onkel Engelbert Krebs, der Bruder seiner Mutter, gehörte zur katholisch-theologischen Fakultät und war Ordinarius für Dogmatik. Als Priester der Erzdiözese hatte er Martin Heidegger getraut.

In Freiburg hörte Karl Wirtz die Experimentalphysik bei Gustav Mie. Er besuchte auch Vorlesungen Martin Heideggers, dessen Hauptwerk über »Sein und Zeit« drei Jahre zuvor erschienen war. Nach dem Urteil von Kennern bildet es einen philosophischen Höhepunkt des 20. Jahrhunderts. In die Gedankenwelt des großen Philosophen ist der junge Wirtz aber nicht eingedrungen: »Heideggers Vorlesung blieb ohne Wirkung auf mich, da seine Begriffe meinem Empfinden nach nicht auf logischen Voraussetzungen beruhten.«

In der Freiburger Zeit verschärfte sich die Weltwirtschaftskrise. Zur Jahresmitte 1930 näherte sich die Zahl der Arbeitslosen den drei Millionen. Da sind Gespräche mit seinen beiden Onkeln, den Bankiers Adolf und Eugen Krebs, über den Kurssturz an der Wallstreet am »Schwarzen Donnerstag«, die Kündigung der amerikanischen Kredite und das Arbeitslosenproblem durchaus denkbar.

Onkel Engelbert Krebs hatte eine Broschüre über seinen Vater (Karls Großvater) Dr. Eugen Krebs geschrieben. Onkel Engelbert mag dem Studenten aus dessen Leben erzählt haben. Der 1912 verstorbene Bankier hatte in Freiburg Mathematik und Physik studiert und war in Aachen Privatdozent für Maschinenbau mit dem Spezialgebiet Bergwerksmaschinen geworden. Ende 1874 aber starb sein Bruder, der das väterliche Bankhaus leitete.

> Vater liebte seinen Beruf mit ganzer Seele. Seine jung angetraute Frau hatte mit süßer Freude ihre Wohnung in Aachen eingerichtet, wo sie... glückliche Jahre zu verbringen hoffte. Nun aber hieß es: Soll die Bankfirma J. A. Krebs aufhören oder kann der Ingenieur und Privatdozent es über sich bringen, den Beruf zu wechseln und Bankier werden? In achttägigem Kampfe mit sich selber brachte Vater, wie er manchmal gesagt hat, in sich den Ingenieur ums Leben.[11)]

Auch an der Universität Freiburg wurde Karl Wirtz nicht heimisch. Es kann kein anderer als Walter Steubing gewesen sein, der ihm schließlich empfohlen hat, nach Breslau zu gehen. Steubing war hier durch seine Schlichtheit und Sachlichkeit hoch angesehen. Er führte seinen Neffen bei Clemens Schaefer ein, dem Breslauer Experimentalphysiker und Direktor des Physikalischen Instituts. Schaefer wurde für den jungen Wirtz der väterliche Freund und Mentor. »Er war mir durch zahlreiche Ratschläge und Anleitungen beim Eindringen in die Physik eine wirkliche Hilfe«, resümierte Karl Wirtz in seiner Autobiographie. Später erinnerten sich die Studenten mit Dankbarkeit an ihren Professor und seine stets brennende Zigarre, wenn er durch die Übungssäle ging. Er habe es verstanden, berichteten sie, an seinem Institut eine herzliche und schöne Atmosphäre zwischen allen Mitgliedern zu schaffen, daß der jüngste Doktorand sich ebenso wohlfühlte wie der Assistent und Dozent.

Das von den Jesuiten errichtete barocke Hauptgebäude der Schlesischen Friedrich-Wilhelms-Universität mit den vielen Vorlesungssälen lag malerisch mitten in der Altstadt und direkt an der Oder. Das Physikalische Institut war etwa zehn Minuten entfernt, und wie Generationen von Studenten vor ihm pilgerte Karl Wirtz durch die Altstadt zum Institut auf der anderen Seite der Oder und wieder zurück zum Hörsaalgebäude.

> In den Pausen zwischen den Vorlesungen bewegte sich ein Strom von Studenten das Ufer entlang, über eine Brücke zur Kreuz-Insel, vorbei an der malerischen Kreuzkirche, über eine weitere Brücke in die stille Domäne des Kardinalfürstbischofs, die voller schöner alter Gebäude war, von frühgotischen (Dom) bis zu spätbarocken (Bischofspalast). Aus dieser verschlafenen mittelalterlichen Welt von engen Gassen, Palastfassaden, altmodischen Gärten, geheimnisvollen Winkeln mit Kruzifixen und den Statuen heiliger Mär-

»An den Kasernen«. Studentenbude in Breslau, Juni 1932

tyrer bog man um eine Ecke und trat auf einen freien Platz mit den nüchternen, modernen Gebäuden, welche den Naturwissenschaften gewidmet waren.[12)]

So hatte es Max Born, ein gebürtiger Breslauer, schon dreißig Jahre vor Karl Wirtz erlebt und später für seine Enkel beschrieben. Das Physikalische Institut war zur Jahrhundertwende als schlichter Backsteinbau errichtet worden, kurz bevor Born sein Studium begann.

Der junge Karl Wirtz dürfte öfter von seiner Tante zum Essen eingeladen worden sein. Prof. Steubing mag dann von seinen Studien- und Assistentenjahren erzählt haben und von seinem damaligen Chef in Aachen, dem sonderlichen Johannes Stark. Mit seinem Stark-Effekt, der Aufspaltung der Spektrallinien im elektrischen Feld, war ihm ein wichtiger Beweis für die Richtigkeit des Bohrschen Atommodelles gelungen. Die Genugtuung darüber nahm sich Stark in fast unbegreiflicher Weise. Er hatte sich zu einem wütenden Gegner der modernen Physik entwikkelt, die er unqualifiziert als »dogmatisch-jüdisch« bekämpfte.

An der Universität Breslau wirkte als Vertreter der theoretischen Physik Professor Fritz Reiche. »Er war es, von dem ich zum ersten Mal die Namen Heisenberg und Schrödinger hörte, von deren Arbeiten er mit Begeisterung sprach.« Reiche hatte als einer der ersten die Bedeutung Einsteins erkannt und ihm seine 1907 bei Max Planck angefertigte Dissertation zugeschickt. Einstein dankte mit Separata seiner frühen, schnell berühmt gewordenen Veröffentlichungen: »Mein kostbarster Schatz«, sagte Reiche, »den ich hüte wie Fafner den Nibelungenhort.«

Bei Reiche hörte Wirtz im Wintersemester 1932/33, seinem 8. Studiensemester, die vierstündigen »Prinzipien der Quantenmechanik«. Wahrscheinlich besuchte er danach im Sommersemester 1933, falls es noch zustande gekommen ist, Reiches Seminar über Quantentheorie. In positiver Erinnerung behalten hat Wirtz auch die Mathematiker Johann Radon und Hans Rademacher. Bei Radon hörte er die Vorlesung über Variationsrechnung, die ihm tiefen Eindruck machte.

Ebenfalls eine prägende Wirkung hatten die Chemiker Heinrich Biltz und Julius Meyer. Wirtz besuchte ihr gemeinsam durchgeführtes »Chemisches Praktikum in der unorganischen Abteilung des chemischen Instituts«, wie es im Vorlesungsverzeichnis hieß. »Das Praktikum beeindruckte mich so, daß ich beinahe zur Chemie übergewechselt wäre.«

> Während meines ganzen Lebens war ich, dank des chemischen Praktikums in Breslau ..., in allen chemischen Fragen verhältnismäßig sicher.[13)]

In die Breslauer Zeit fällt die Machtergreifung. Am 7. April 1933 trat das sogenannte »Gesetz zur Wiederherstellung des Berufsbeamtentums« in Kraft, das die schein-legale Handhabe zur Entlassung der jüdischen Staatsdiener bot. Viele bedeutende Gelehrte mußten das Land verlassen. In einem Brief an Niels Bohr informierte Werner Heisenberg am 14. Oktober 1933 seinen dänischen Freund und Kollegen, daß auch Fritz Reiche seine Stellung in Breslau verloren habe.

Ein Jahr lehrte Reiche als Gastprofessor an der deutschen Universität in Prag und lebte dann ganz zurückgezogen in Berlin. 1941 konnte er mit seiner Familie in die Vereinigten Staaten auswandern, wo sich Rudolf Ladenburg und Albert Einstein seiner annahmen.

»Im Institut wird keine Wissenschaft mehr betrieben«, berichtete Wirtz seinem Vater Ende Oktober 1933: »Die Doktoranden verbringen den Tag damit, darüber zu beraten, ob sie in die SA eintreten sollen. Die Assistenten ebenso.«

Am 15. Januar 1934, also in seinem zehnten Studiensemester, meldete sich Karl Wirtz zur Doktorprüfung. Dem Gesuch beigefügt war die Dissertation. Im Kurzlebenslauf heißt es: »Im Jahr 1932 begann ich unter der Leitung von Herrn Prof. Dr. Cl. Schaefer die vorliegende Arbeit.« Er hat also für die Dissertation etwa eineinhalb Jahre gebraucht. Das Thema lautete: »Das ultrarote Reflexionsspektrum von Silikaten (8μ bis 20μ)«.

Die mündliche Prüfung fand am 21. Februar in Physik als Hauptfach sowie Physikalischer Chemie und Mathematik als Nebenfächern statt. Unter dem Vorsitz des Dekans prüfte Clemens Schaefer anderthalb Stunden, Julius Meyer und Hans Rademacher je eine halbe Stunde. Für das Protokoll haben die Prüfer die Gegenstände festgehalten. In der Physik waren dies:

> Die Elektrizitätskonstante, Drudesche Methode, Maxwellsche Relation, Hagen-Rubenssche Beziehung, Elektronentheorie, Dispersionstheorie, spezifische Wärme, Strahlung, lichtelektrischer Effekt; Relativitätsprinzip, Strahlungsgesetze des schwarzen Körpers, Strahlungsdruck, Eulersche Gleichung des starren Körpers, Wellenmechanik.[14)]

Es handelt sich also um durchaus anspruchsvolle Themen aus dem Bereich der modernen Physik, der theoretischen wie der experimentellen. Clemens Schaefer gab dem Kandidaten die beste Note »magna cum laude«. Julius Meyer erteilte »cum laude« und der Mathematiker Hans Rademacher wie Clemens Schaefer »magna cum laude«. Als Vorsitzender stellte der Dekan als Ergebnis der mündlichen Prüfung »magna cum laude«, also »sehr gut«, fest. Die Bewertung der Dissertation durch Clemens Schaefer lautete ebenfalls »magna cum laude«:

> Der Verfasser hat... mit großer Umsicht und Sachkenntnis die in Frage kommenden Silikate ausgewählt und mit großem Fleiß die recht anstrengenden Messungen ausgeführt... Die Erörterungen... in §6 der Arbeit über die Eigenschwingungen der Si 0_4-Gruppe zeugen von Selbständigkeit und gesunder Kritik... Die Arbeit ist gut und klar geschrieben, an einzelnen Stellen – ein seltener Fall bei Dissertationen – zu kurz...[15)]

Zweitgutachter war Walter Steubing, der sich auf die Feststellung beschränkte: »Ich schließe mich obigen Ausführungen an.« Der Dekan vermerkte: »Schriftlich: eine sehr wertvolle wissenschaftliche Leistung.«

An deutschen Universitäten müssen die Doktoranden ihre Dissertation drucken lassen. Clemens Schaefer erreichte die Aufnahme in die »Zeitschrift für Physik«, die damals international als führendes Journal auf dem Fachgebiet galt. Das war eine Ehre und sparte die Druckkosten.

Nun sollte aber Wirtz (wahrscheinlich auf Schaefers Empfehlung) eine Stelle bei Adolf Smekal in Halle erhalten; Voraussetzung war die abgeschlossene Promotion. An der Universität Breslau hatte jeder Doktorand nach Annahme der Dissertation noch drei weitere Promotionsleistungen zu erbringen: Er mußte erstens das Rigorosum, die mündliche Doktorprüfung, bestehen, zweitens die vorgeschriebene Anzahl der gedruckten Dissertationen, die sogenannten »Pflichtexemplare«, abliefern und schließlich noch einen Promotionsvortrag halten. Also beantragte Wirtz, noch vor der Veröffentlichung seiner Doktorarbeit, seinen Promotionsvortrag halten zu dürfen. Der Antrag wurde genehmigt, und der Doktorvater Schaefer verpflichtete sich gegenüber der Fakultät »für schnellste Drucklegung und Ablieferung der Pflichtexemplare zu sorgen.«*

So konnte der Promotionsvortrag am Ende des Semesters, am 28. Februar 1934, stattfinden. Mit diesem Vortrag stellte sich der neue Doktor der akademischen Öffentlichkeit vor und erhielt im Anschluß daran aus den Händen des Dekans die Promotionsurkunde:

> Die Philosophische Fakultät der Universität Breslau verleiht unter dem Rektorat von Gustav Adolf Walz durch ihren Dekan Ludolf Malten dem Herrn Karl Wirtz aus Köln a. Rh. für die von ihm eingereichte sehr wertvolle wissenschaftliche Leistung »Das ultrarote Reflexionsspektrum von Silikaten (8μ bis 20μ)« nach sehr gut bestandener Prüfung heute am achtundzwanzigsten Februar 1934 Würde und Rechte eines Doktors der Philosophie.[16)]

Thema des Vortrages war »Das schwere Wasser«. Aus der 1988 veröffentlichten Autobiographie gewinnt man den Eindruck, daß sich Wirtz erst seit seiner Zeit am Institut von Karl Friedrich Bonhoeffer in Leipzig, also erst seit 1935, mit dem Thema befaßt hat. Aus den Promotionsakten der Universität Breslau geht jedoch hervor, daß sein Interesse mindestens bis ins Jahr 1933 zurückreicht.

Die Wirtschaftskrise hatte Hitler die Wählermassen zugeführt. Die Zahl der Arbeitslosen war Anfang 1933 auf 6,1 Millionen gestiegen. Jetzt wurden durch die Vertreibung der jüdischen Beamten viele Stellen frei. Auch Karl Wirtz hat davon profitiert. In den Monaten Januar und Februar 1934 wurde er Verwalter einer wissen-

* Am 23. Juni 1934 übersandte Karl Wirtz die vorgeschriebenen 25 Exemplare an die Philosophische Fakultät der Friedrich-Wilhelms-Universität Breslau.

schaftlichen Assistentenstelle. Hedwig Kohn, Assistentin und Privatdozentin am Physikalischen Institut, war am 7. September 1933 entlassen worden, und gleichzeitig hatte man ihr die Lehrberechtigung entzogen.* Das freigewordene Gehalt kam jetzt für zwei Monate Karl Wirtz zugute. Er ließ sich aber nicht korrumpieren. Das Regime hat er nach wie vor abgelehnt.

Mit Clemens Schaefer blieb Wirtz in freundschaftlicher Verbindung. 25 Jahre nach der Promotion erinnerte sich Wirtz an eine Unterhaltung über die weniger schönen Aspekte des Gelehrtenlebens. Schaefer hatte ihm mit auf den Weg gegeben, »daß die akademische Karriere ein Glücksspiel sei und zwar ein unanständiges, da es keine Regeln gäbe«.

Voraussetzung für die Habilitation war damals die Staatsprüfung für das höhere Lehrfach. Dieses Examen legte er am 27. Juli 1934 vor dem Breslauer Wissenschaftlichen Prüfungsamt in den Fächern Physik, Mathematik, Chemie und Philosophie ab und erhielt das Gesamtprädikat »Gut«.

Schon zuvor war er nach Halle zu Adolf Gustav Smekal gegangen. Er arbeitete dort über die »Querschnittsabhängigkeit der Zerreißfestigkeit homogener Glasstäbe«. Seine Ergebnisse veröffentlichte er wieder in der *Zeitschrift für Physik*. Der junge Doktor konnte bei einer Tante wohnen. Er erinnerte sich später an schöne Ausflüge mit Freunden, die einen kleinen BMW besaßen.

Das Verhältnis zu Gustav Adolf Smekal entwickelte sich leider unerfreulich; er mußte sich sagen, daß er »unmöglich auf die Dauer mit Prof. Smekal persönlich auskommen könnte«. Wirtz erhielt zunächst als Hilfsassistent 50 RM im Monat und dann vom 1. Mai 1934 bis Ende des Jahres eine Sachbeihilfe der »Notgemeinschaft der Deutschen Wissenschaft« von monatlich 120 RM. Nach neun Monaten kündigte er seine Stellung.

> Es wurde mir Undankbarkeit und Untreue gegen die Sache vorgeworfen ... Die persönliche Feindseligkeit drückte sich z.B. darin aus, daß mir beim letzten Besuch nicht die Hand gegeben wurde etc.[17)]

Die damalige »Notgemeinschaft der Deutschen Wissenschaft« und heutige »Deutsche Forschungsgemeinschaft« hatte seit ihrer Gründung im Jahre 1920 eine segensreiche Wirkung entfaltet. Gerade in Wirtz' Hallenser Zeit, im Juni 1934, vollzog sich der Wechsel im Präsidium. Friedrich Schmidt-Ott, der Gründer und Präsident, wurde von Bernhard Rust, dem neuen Reichsminister für Erziehung, Wissenschaft und Volksbildung, zum Rücktritt gezwungen. Max von Laue sprach vom »Auftakt zu schweren Zeiten für die deutsche Wissenschaft«. An Schmidt-Otts

* Hedwig Kohn blieb weiter im Institut tätig und wurde in einem rückwärts gelegenen kleinen Zimmer untergebracht. Clemens Schaefer verschaffte ihr Forschungsaufträge der Firma Osram. Im Juli 1940 konnte sie über Schweden und die Sowjetunion in die Vereinigten Staaten emigrieren.

Stelle wurde ausgerechnet Johannes Stark zum Präsidenten eingesetzt, der grimmige Gegner der modernen Physik, dem die Entlassung der jüdischen Kollegen aus ihren Stellungen noch nicht genügte. Es müßten die »Geistesjuden« wie Max von Laue, Arnold Sommerfeld und Werner Heisenberg ebenso verschwinden wie die Juden selbst.

Wer dagegen etwas von der Sache verstand und keine ideologischen Scheuklappen besaß, der begeisterte sich für die neuen Ergebnisse in der Atom- und Kernphysik. Neben Göttingen, Berlin und München war damals durch Werner Heisenberg und Peter Debye auch Leipzig ein Zentrum der modernen Forschung. Bei der ersten Gelegenheit fuhr Wirtz in die Messestadt und besuchte das Seminar »Struktur der Materie«, das Werner Heisenberg und Friedrich Hund gemeinsam abhielten. Zum Amüsement der Studenten war es im Vorlesungsverzeichnis unter »Heisenberg mit Hund« angekündigt.

»Für mich war der Eindruck überwältigend«, berichtete Wirtz, »weil für jeden, der offene Augen und Ohren hatte, die Wirksamkeit und das Fluidum der genialen Begabung Heisenbergs spürbar war.«

> Es wurde einem ad oculos demonstriert, daß die Natur ihre Gaben in verschiedener Weise austeilt. Hier das Genie und dort die Normalität. Dazwischen gibt es Klüfte, und es ist gut, wenn man sich ein- für allemal klarmacht, daß diese Klüfte unübersteigbar sind.[18)]

Erst wenige Monate zuvor hatte Heisenberg den Nobelpreis für seine Quantenmechanik erhalten. Jetzt beschäftigte er sich mit der Theorie der Atomkerne. Grundlage seiner Arbeiten war die Einsicht, daß neben den Protonen nicht die Elektronen die Kernbausteine sind, wie man bisher glaubte, sondern die erst 1932 entdeckten Neutronen.

Wahrscheinlich hat Karl Wirtz erst sehr viel später erfahren, daß sich der von ihm bewunderte Werner Heisenberg damals in einer Lebenskrise befand. Er wollte Adelheid von Weizsäcker heiraten, die Schwester seines Mitarbeiters, aber ihre Eltern wünschten die Verbindung nicht. Zudem geriet er immer tiefer in politische Auseinandersetzungen. Nach der Emeritierung seines akademischen Lehrers Arnold Sommerfeld in München sollte Heisenberg nach dem Willen Sommerfelds und der Universität die Nachfolge antreten, aber die Partei lehnte ihn kategorisch ab. Im »Schwarzen Korps«, der Zeitung der SS, richtete Johannes Stark scharfe Angriffe gegen Heisenberg, den »Statthalter des Einsteinschen Geistes im neuen Deutschland«. Schließlich zerschlugen sich die beiden großen Hoffnungen Heisenbergs, die Ehe mit Adelheid und die Berufung nach München. »Leipzig scheint mir wie eine große Einöde«, schrieb er im März 1936 an seine Mutter.

Wirtz wußte davon nichts. »Von meinem ersten Besuch an hatte ich nur einen Gedanken, wie ich aus Halle heraus und nach Leipzig kommen könne.« Das ging nur über eine Assistentenstelle. Die bei Heisenberg war mit Carl Friedrich von

Weizsäcker besetzt; auch im Nachbarinstitut bei Peter Debye gab es keine Vakanzen. Die Tür in die Welt der Wissenschaft öffnete ihm Karl Friedrich Bonhoeffer, der neue Ordinarius für Physikalische Chemie.

Bonhoeffer war eine bemerkenswerte Persönlichkeit. Werner Heisenberg beschrieb ihn als einen »ungewöhnlich freien, offenen und von seiner Sache erfüllten jungen Gelehrten«. Bonhoeffer entstammte einer Professorenfamilie; zwei seiner Brüder und sein Schwager schlossen sich dem Widerstand an.

Zum 1. Januar 1935 übertrug Bonhoeffer dem knapp 25jährigen Karl Wirtz eine außerplanmäßige Assistentenstelle. »Sie wurde mit monatlich 189 Mark bezahlt, was für die damalige Zeit, in der ein möbliertes Zimmer noch 30 Mark im Monat kostete, gerade zum Leben reichte.«

Die Physikalische Chemie war von Wilhelm Ostwald begründet worden, der 1887 nach Leipzig kam und im gleichen Jahr die einschlägige *Zeitschrift für physikalische Chemie, Stöchiometrie und Verwandtschaftslehre* ins Leben rief. Er propagierte die Physikalische Chemie als »Chemie der Zukunft« und erreichte, daß das von ihm geleitete Zweite Chemische Laboratorium in das »Institut für physikalische Chemie« als erstes seiner Art umgewandelt wurde. Im Institut gab es eine sorgfältig gepflegte Bibliothek. Zu den Beständen gehörten die gesammelten Schriften Ostwalds, die Wirtz, wie er in seiner Autobiographie sagte, von »A bis Z« las. Wenn das stimmt, hat er eine beachtliche Leseleistung erbracht, denn Ostwald war (für Naturwissenschaftler ungewöhnlich) ein Vielschreiber.

Von Bonhoeffer wurde Wirtz gründlich in die Physikalische Chemie eingeführt. Nach dem Kriege hat er, als Rufe auf entsprechende Professuren an ihn gelangten, ernsthaft überlegt, sich »wieder richtig zur Physikalischen Chemie zu bekennen«.

Als er im Februar 1937 von seinem Professor zu einem Kostümfest eingeladen wurde, gehörten auch Werner Heisenberg und die junge Elisabeth Schumacher zu den Gästen. Wirtz war der erste, der von der Verlobung erfuhr. Als er mit ihr tanzte, sagte er spontan: »Sie bekommen den wunderbarsten Mann.« Diese Worte hat Elisabeth Heisenberg ihr ganzes Leben nicht vergessen.

In der Leipziger Zeit hat sich Wirtz mit zwei Teilnehmern des Heisenbergschen Seminars angefreundet, mit Hans Euler und dem Finnen Berndt Olof Grönblom. Mit beiden unternahm er in den Sommern 1936 und 1937 eine vier- und eine fünfwöchige Fahrt nach Finnland, wo Grönbloms Vater große Fabriken besaß. Die Reisen führten über Dänemark und Schweden und auf dem Rückweg über Estland. Einmal kamen sie sogar bis Petsamo, dem finnischen Hafen am Nordmeer. Es waren, wie Wirtz später auf Befragen mitteilte, Studienreisen, bei denen er mit seinem Faltboot die vielen Gelegenheiten zum Wassersport ausgiebig nutzte.

Seit Gründung der Kaiser-Wilhelm-Gesellschaft im Jahre 1911 gab es in Deutschland neben den der Forschung und Lehre dienenden Universitätsinstituten auch reine Forschungsinstitute. Zu diesen Kaiser-Wilhelm-Instituten gehörte seit 1917 auch ein Institut für Physik mit Albert Einstein als Direktor und Max von Laue als Stellvertreter. Dieses existierte aber nur im juristischen Sinne; es gab einen eigenen Etat,

Karl Wirtz 1938

aber kein Gebäude. Schließlich übernahm die Rockefeller-Foundation den Bau, und Ende 1936 konnte das neue Institut in Berlin-Dahlem eingeweiht werden. Einstein war inzwischen in die Vereinigten Staaten emigriert, und die Kaiser-Wilhelm-Gesellschaft berief Peter Debye zum neuen Direktor. Max von Laue blieb Stellvertreter. Hier erhielt Karl Wirtz zum 1. März 1937 eine Assistentenstelle.

> Berlin übte als Hauptstadt eine große Anziehungskraft aus, und schließlich schien es, daß ein Wissenschaftler, der der Partei ferner stand, im Schoß der »Kaiser-Wilhelm-Gesellschaft zur Förderung der Wissenschaften« in den kommenden turbulenten Jahren eher überleben würde als an einer Universität.[19)]

Sorgen machte sich Wirtz damals um eine jüdische Freundin, die er wahrscheinlich noch aus der Schulzeit kannte. Wie er zu diesem Mädchen stand, wissen wir leider nicht. »Du mußt abhauen«, sagte er ihr; sie folgte schließlich seinem Rat und rettete damit ihr Leben.

Wirtz war nicht Mitglied der NSDAP. In einem Gespräch mit Walther Gerlach in Farm Hall behauptete Erich Bagge, Wirtz habe der SA angehört. Das ist nicht richtig. Er war lediglich von 1934 bis 1937 Mitglied der NSKK, des Nationalsozialistischen Deutschen Kraftfahrerkorps, und gehörte, wie später die Spruchkammer feststellte, »ebenfalls ohne Amt oder Rang einigen Berufsorganisationen an«.

Mitglied der Partei war seit 1. Mai 1933 der Vater Carl Wirtz. Wie es später im Entlastungszeugnis eines juristischen Kollegen hieß, habe sich Carl Wirtz »niemals von dem Gefühl erholt, daß er einer unehrenhaften Sache seine Unterstützung geliehen habe«.

> Er hat mir auch erzählt, daß seine erwachsenen Söhne sein Nachgeben dem Zwang gegenüber auf's schärfste mißbilligt hätten.[20)]

Zu seinem Parteieintritt hat Carl Wirtz sen. später, nach dem Kriege, folgende Erklärung abgegeben:

> In der bekannten Versammlung des Richtervereins in Köln im April 1933 lagen die Formblätter für die Eintrittserklärung auf dem Tisch, und die Mehrzahl der Anwesenden hat sie am Schluß der Versammlung unterzeichnet. Ich habe dies nicht getan, sondern habe die Eintrittserklärung erst nach tagelangen inneren Kämpfen am letzten Tage vor der Eintrittssperre, am 30. April abends, durch meinen Sohn Dr. med. Hans Wirtz (St. Märgen) bei dem Rechtsanwalt Paris abgeben lassen. Ich habe mich also nicht, wie heute oft von den damals Eingetretenen gesagt wird, zum Eintritt gedrängt... Mein Beweggrund war die Sorge für meine Familie. Meine Mutter, meine Frau und ich hatten in der Zeit der Geldentwertung den größten Teil unseres Vermögens verloren.[21)]

Karl Wirtz beschäftigte sich 1937/38, d.h. in seinen beiden ersten Jahren am Kaiser-Wilhelm-Institut für Physik, mit der Anfertigung seiner Habilitationsschrift »Über den Mechanismus der elektrolytischen Wasserstoffabscheidung«. Es ging um den Zusammenhang zwischen der elektrochemischen Überspannung bei der Abscheidung von Wasserstoff und den molekularen Vorgängen:

> Ich hatte eine sorgfältige Übersicht über alle damals bekannten experimentellen und theoretischen Arbeiten ausgearbeitet und war dabei zu Schlußfolgerungen gelangt, die über die damalige Erkenntnis des Abscheidungsmechanismus ein wenig hinausgingen... Da meine Arbeit eine physikalisch-chemische Komponente hatte, bat ich als Referenten außer Max von Laue... auch den Berliner Physiko-Chemiker Paul Günther, der ein wohlwollendes Urteil über die Arbeit abgab.[22)]

Günther beurteilte in seinem Gutachten nicht nur die Habilitationsschrift, sondern das gesamte Oeuvre. Man könne die Arbeiten des Habilitanden in drei Gruppen einteilen:

> Die erste Gruppe (Nr. 1-10)* behandelt Austauschreaktionen zwischen Deuterium- und Wasserstoffionen... [Sie] scheint mir die Verleihung des Dr. habil. an den Verfasser völlig zweifelsfrei zu begründen... Die Habilitationsschrift ist eine von tiefem Verständnis getragene Darlegung und Durchführung des Gedankens, daß an aktiven und inaktiven Elektroden ganz verschiedenartige Entladungsmechanismen bestehen. Dazu kommt als originale Leistung eine qualitativ richtige Ausdeutung der Abhängigkeit des Trennfaktors für die H-D-Trennung von der Aktivität der Elektrode. [23)]

Auch Max von Laue äußerte sich außerordentlich positiv über den Habilitanden.

> Aus dem persönlichen Umgang mit ihm weiß ich, daß Hr. Wirtz für fast alle Gebiete der neueren Physik lebhaftestes Interesse und ausgezeichnetes Verständnis hat. Ich... befürworte deshalb von ganzem Herzen die Zulassungen zu den weiteren Habilitationsleistungen.[24)]

Die »Wissenschaftliche Aussprache« fand am 27. Mai 1938 statt. Die Fragen stellten die Professoren Max von Laue, Paul Günther, Peter Debye und Herbert Stuart. Prüfungsvorsitzender war als Dekan der Mathematiker Ludwig Bieberbach.

> Dr. Wirtz zeigte auf allen angeschnittenen Gebieten gute Übersicht und wußte sich in seinen zusammenfassenden Ausführungen gut und verständlich auszudrücken.[25)]

Der Führer des Dozentenbundes erhob keine Einwendungen, und so wurde am 1. August 1938 die Urkunde auf Verleihung der Würde eines Dr. phil. habil. ausgefertigt. Die Ermächtigung, an der Friedrich-Wilhelms-Universität zu lehren, war nach damaligem Recht jedoch mit der Habilitation nicht verbunden. Dazu bedurfte es einer eigenen »Lehrbefugnis«. Um dieses Ziel zu erreichen, mußte die politische Konstellation bedacht werden.

Für die Mitarbeiter der Kaiser-Wilhelm-Institute in Dahlem war das Harnack-Haus ein Ort der Begegnung. In der gepflegten Klubatmosphäre konnten sie täglich zu Mittag essen und in der Halle oder im Garten ihren Kaffee trinken. Hier lernte Karl Wirtz die am Kaiser-Wilhelm-Institut für Biochemie als Medizinisch-Technische Assistentin tätige Ottoni von Ziegner kennen. Die 23 Jahre alte Ottoni arbeitete für Adolf Butenandt und war als Cousine von Frau Erika Butenandt mit der ganzen Familie befreundet. Ottoni war 1916, mitten im Ersten Weltkrieg, geboren und hieß mit ihrem zweiten Vornamen »Bringfriede«. Die Hoffnung der Eltern hatte sich aber nicht erfüllt; ihr Vater war 1918 als Major bei Château Thierry gefallen.

* Die Nummern beziehen sich auf das Verzeichnis seiner Publikationen.

Im Januar 1939 traf Wirtz beim Tee im Harnack-Haus seinen ebenfalls am Institut von Debye tätigen Kollegen Wilfried Wefelmeier. Von ihm erfuhr er von den Versuchen Hahns und Straßmanns am Kaiser-Wilhelm-Institut für Chemie. Nach der Bestrahlung von Uran mit Neutronen hatten die beiden Chemiker ganz unerwartet Barium nachgewiesen. Der Atomkern war sozusagen in der Mitte gespalten worden.

> Ich hatte mich [bisher] nicht mit derartigen Fragen befaßt, und erst durch die Erzählung von Wefelmeier wurde mir die Tragweite... bewußt... Ich erinnere mich deutlich, daß wenige Tage später während des Mittagessens über die Hahnsche Entdeckung gesprochen wurde und ... Arnold Flammersfeld, der später Professor der Physik in Göttingen wurde, erneut die Bedeutung hervorhob.[26)]

Im Laufe von wenigen Monaten stellten die Physiker zweifelsfrei fest: Erstens: Bei jeder Uranspaltung wird eine große Menge Energie frei und zweitens: Der Prozeß wird durch ein Neutron ausgelöst; gleichzeitig entstehen zwei bis drei neue Neutronen. Danach sollte es möglich sein, im Uran eine Kettenreaktion in Gang zu setzen. Wie in einem Schneeballsystem sollte sich die Zahl der Neutronen steigern – und ebenso die Zahl der gespaltenen Atomkerne: 1, 2, 4, 8, 16, 32, 64... Binnen Sekundenbruchteilen mußten dann alle vorhandenen Atomkerne des Urans gespalten werden. Das war – im Prinzip – ein Sprengstoff von ungeheurer Gewalt, oder, wenn es gelänge, die Kettenreaktion zu »zähmen«, ein Kraftwerk von phantastischer Leistungsfähigkeit.

Es gibt aus der damaligen Zeit eine treffende Feststellung über die Bedeutung der Physik im 20. Jahrhundert. Sie stammt von keinem geringeren als Thomas Mann. Der Schriftsteller lebte damals in Princeton, wo auch Albert Einstein eine neue Wirkungsstätte gefunden hatte. Am 28. Januar 1939 erhielt der Dichter in den Räumen der Universitätsbibliothek die »Einstein-Medal for humanitarian Services«. In seiner Dankrede sagte er mit Blick auf den ebenfalls anwesenden Einstein:

> Ich bin fähig, wenigstens zu ahnen, daß in der modernen Physik... Dinge vor sich gehen, phantastischer als alles, was Dichtung ersinnen könnte, und wichtiger, verändernder für den Menschen und sein Weltbild als alles, was Literatur zu leisten vermag.[27)]

Ende Januar 1939 wußte Thomas Mann nichts von den neuen Entdeckungen, und auch Einstein war noch ahnungslos. Erst Mitte Juli 1939 erfuhr er von Leo Szilard und Eugene Wigner, was sich in der Kernphysik abgespielt hatte. Am 2. August unterschrieb Einstein den berühmten Brief an den amerikanischen Präsidenten Franklin D. Roosevelt.

In diesem Brief gab Einstein zwei Empfehlungen. Er riet erstens, die belgischen Uranvorräte beizeiten in Sicherheit zu bringen. Er war überzeugt, daß die Deutschen keine Skrupel haben würden, das kleine Land abermals zu überfallen. Und Einstein riet zweitens, die einschlägigen Forschungen möglichst rasch anlaufen zu lassen.

> Es wurde mir mitgeteilt, daß Deutschland den Verkauf von Uran aus den übernommenen tschechoslowakischen Bergwerken eingestellt hat. Daß diese Aktion so frühzeitig erfolgte, mag dadurch zu erklären sein, daß der Sohn des Staatssekretärs im Auswärtigen Amt von Weizsäcker mit dem Kaiser-Wilhelm-Institut in Berlin verbunden ist, wo einige der amerikanischen Uranexperimente jetzt wiederholt werden.[28)]

»Peace for our time« wollte der britische Premierminister Neville Chamberlain mit dem Münchener Abkommen im Herbst 1938 schaffen. Durch den Einmarsch deutscher Truppen in Prag wurde der Vertrag schon ein halbes Jahr später von Hitler gebrochen. Das ließ sich Chamberlain nicht ein zweites Mal bieten. Als im Frühjahr 1939 das Deutsche Reich Forderungen an Polen stellte, erklärte die britische Regierung: Das Land sei entschlossen, lieber einen Krieg auf sich zu nehmen, als weiteren Aggressionen tatenlos zuzusehen.

Die Sommerferien 1939 verbrachte Karl Wirtz mit einem Freund in St. Märgen im Schwarzwald. Schon sein Großvater Eugen Krebs hatte hier mit seiner Frau und den zehn Kindern oft Urlaub gemacht.

Karl Wirtz 1939

Wie der britische Botschafter Nevile Henderson beobachtete, war »die allgemeine Stimmung in Berlin von äußerster Düsterheit und Depression geprägt«. Anders als 25 Jahre zuvor beim Ausbruch des Ersten Weltkrieges gab es keinen Jubel. Der Publizist Erich Kuby notierte am 2. September in seiner verdunkelten Wohnung: »Es ist eine so seltsame Atmosphäre. Bei Kranzler war's wie im Leichenhaus.«

Werner Heisenberg verbrachte den Sommer mit der Familie in Urfeld am Walchensee, wo er kürzlich ein kleines Haus aus dem Besitz des Malers Lovis Corinth erworben hatte. In den Gesprächen im Familienkreis erfuhr auch die Schwägerin von der Atomzertrümmerung:

> Ungeheure Energien würden dabei frei. Vielleicht gelingt es in einiger Zeit, eine größere Quantität von diesem Explosivstoff herzustellen; dann kann man eine Stadt wie New York in Weißglut versetzen... Wer das findet (vielleicht die Franzosen?), der kann die Welt erpressen!![29)]

Karl Wirtz kehrte auf dem schnellsten Wege nach Berlin zurück. An den Tankstellen gab es bereits am ersten Kriegstag »große Schwierigkeiten«:

> In Berlin teilte uns Debye mit, daß er die wissenschaftlichen Mitarbeiter des Instituts von der Einberufung zur Armee freigestellt habe. Ich erinnere mich lebhaft, daß ich diese Nachricht skeptisch aufnahm. Der psychische Schock, den die Kriegserklärung von Frankreich und England auf uns ausübte, war unvorstellbar... Allen war klar, daß es in den nächsten Jahren um das nackte Leben gehen würde. Schon in den ersten Tagen des polnischen Krieges erreichte uns die Nachricht, daß Weizsäckers Bruder Heinrich in Polen gefallen sei. Bald stellte sich heraus, daß die Hoffnung, das Kaiser-Wilhelm-Institut für Physik würde vom Krieg unberührt bleiben, in der Tat trügerisch war.[30)]

3. Kapitel
Mit dem Fahrrad ins Atomzeitalter

Im September 1939 wollte Wirtz an einer Physikertagung in Zürich, einer Tagung der Faraday Society in Cambridge und anschließend noch an einem Kongreß in Frankreich teilnehmen. Alle Veranstaltungen wurden abgesagt. Merkwürdigerweise erhielt er noch drei Tage nach Kriegsbeginn eine Postkarte seines Freundes Charles Frank aus England mit Informationen über die Tagung in Cambridge.

Am 8. September wurde Erich Bagge, der Assistent Heisenbergs in Leipzig, mit einem Gestellungsbefehl ins Heereswaffenamt nach Berlin gerufen. Es ging um die Frage, ob in Deutschland ein Forschungs- und Entwicklungsprojekt zur technischen Nutzung der Kernenergie in Angriff genommen werden sollte. Auf zwei Sitzungen, am 16. und 26. September, erörterten die führenden deutschen Kernphysiker die Chancen und Risiken.

An der zweiten Sitzung nahm auch Werner Heisenberg teil. Er erhielt den Auftrag: »Überlegen Sie sich doch mal, ob Sie überhaupt glauben, daß... eine Kettenreaktion möglich ist und wenn ja, dann schreiben Sie doch bitte auf, wie Sie sich das denken.«

Heisenbergs Hauptinteresse galt stets den prinzipiellen Problemen der Physik. Karl Wirtz hat es bewundert, daß es Heisenberg »scheinbar mühelos« möglich war, sich so rasch und gründlich in die Physik der Kernspaltung einzuarbeiten. Bereits am 6. Dezember legte er seine ersten Ergebnisse vor:

> Die von Hahn und Straßmann entdeckten Spaltungsprozesse an Uran können nach den bisher vorliegenden Daten auch zur Energieerzeugung im Großen verwendet werden. Die sicherste Methode zur Herstellung einer hierzu geeigneten Maschine besteht in der Anreicherung des Isotops U 235. Je weiter die Anreicherung getrieben wird, desto kleiner kann die Maschine gebaut werden. Die Anreicherung von U 235 ist die einzige Methode,... um Explosivstoffe herzustellen, die die Explosionskraft der bisher stärksten Explosivstoffe um mehrere Zehnerpotenzen übertreffen. Zur Energieerzeugung kann man aber auch das normale Uran ohne Anreicherung von U 235 benutzen, wenn man Uran mit einer anderen Substanz verbindet, die die Neutronen von Uran verlangsamt.[1)]

Zur Durchführung der Arbeiten beschlagnahmte das Heereswaffenamt das neue und hervorragend ausgestattete Kaiser-Wilhelm-Institut für Physik. Wie im Ersten Weltkrieg das KWI für Physikalische Chemie als Forschungs- und Entwicklungszentrum für die Giftgaskriegführung gedient hatte, wurde jetzt die Atomenergieforschung am KWI für Physik konzentriert. In einem Gespräch mit dem Institutsdirektor Peter Debye brachte Wirtz zum Ausdruck, daß damit »die Basis für ein Überleben des Instituts in den kommenden Jahren« gewährleistet sei. Debye mißbilligte diesen Pragmatismus. Als Niederländer war es ihm unmöglich, sich an kriegswichtigen Arbeiten zu beteiligen. Das Heereswaffenamt legte ihm nahe, die deutsche Staatsangehörigkeit anzunehmen, was Debye jedoch ablehnte.

Im Januar 1940 verließ der Nobelpreisträger Deutschland. Er ging über Italien und Portugal in die Vereinigten Staaten, um die Baker-Lectures an der Cornell University zu übernehmen. Wahrscheinlich hatte er gar nicht die Absicht, nach Berlin zurückzukehren. Formal war er jedoch von der Kaiser-Wilhelm-Gesellschaft lediglich »zur Wahrnehmung einer Gastprofessur beurlaubt«, weshalb Kurt Diebner, der vom Heereswaffenamt vorgesehene Direktor, nur kommissarisch berufen werden konnte. Diebner brachte ein paar Wehrphysiker mit, was im Institut auf Unwillen stieß. Wirtz äußerte sich gegenüber Weizsäcker abfällig, daß sie nun »Nazis im Institut« hätten.

Die Kaiser-Wilhelm-Gesellschaft legte immer den größten Wert darauf, nur Spitzenwissenschaftler zu Institutsdirektoren zu berufen. In diese Kategorie gehörte Diebner gewiß nicht. Er war nicht einmal habilitiert.

Weizsäcker und Wirtz hatten Heisenberg in Leipzig als Institutsdirektor erlebt und wußten, wieviel besser er sich als Chef eignen würde. Wirtz faßte einen kühnen Gedanken: Könnte man nicht Heisenberg sozusagen als Dauergast an das Kaiser-Wilhelm-Institut bringen? Wäre er dann erst einmal installiert, würde sich das weitere von selbst ergeben. Seine intellektuelle Überlegenheit würde ihm sozusagen automatisch die Führungsrolle sichern, und dann könnte er über Diebner hinweg zum Direktor gemacht werden. Als Weizsäcker gegenüber Diebner für eine ständige Mitarbeit Heisenbergs plädierte, ahnte Diebner nicht, was vorging, sondern erteilte zur Überraschung Weizsäckers sofort sein Einverständnis. Diese Darstellung geht auf David Irving und sein Buch über das deutsche Uran-Projekt zurück. Sie ist jedoch nach Wirtz nur zum Teil richtig:

> Auch Diebner empfand, daß es für das Überleben des Instituts und damit auch für sein eigenes von größter Bedeutung sein würde, einen Mann wie Heisenberg am Institut zu haben... Ich habe Diebner stets hoch angerechnet, daß er sich dieser Entwicklung nicht entgegenstellte. Trotzdem war es auch in den nächsten Jahren nicht zu vermeiden, daß zwischen den eingesessenen Wissenschaftlern und der neuen Gruppe Gegensätze erhalten blieben.[2)]

Bereits in seiner ersten einschlägigen Arbeit hatte Heisenberg gesagt, daß man einen Atomreaktor mit Natururan betreiben kann. Man muß nur »das Uran mit einer anderen Substanz verbinden, die die Neutronen verlangsamt«. Solche Substanzen, heute Moderatoren genannt, sind Graphit (reiner Kohlenstoff) und Schweres Wasser, D_2O. Am Institut von Walther Bothe in Heidelberg wurden die Messungen an verunreinigtem Graphit durchgeführt, woraus die Physiker den (irrigen) Schluß zogen, daß Graphit als Moderator ungeeignet sei. Blieb das Schwere Wasser.

> Ich hatte jahrelang über Schweres Wasser, zunächst unter der Leitung von Bonhoeffer in Leipzig und später auch in Berlin gearbeitet. Ich wurde deshalb bald nach der Besetzung von Norwegen [im April 1940] aufgefordert, ... die Anlage in Norwegen zu besuchen... Meine zweite Aufgabe bestand darin, ein kleines Laboratorium zu bauen, in welchem die unterkritischen Versuche durchgeführt werden konnten.[3)]

Dieses auf dem Gelände des benachbarten Kaiser-Wilhelm-Instituts für Biologie errichtete Laboratorium erhielt aus Gründen der Tarnung und um neugierige Besucher fernzuhalten, den Namen »Virushaus«. Dieser Name wurde zu einem Begriff, als später (1967) der englische Autor David Irving seinem Buch über das deutsche Uranprojekt im englischen Original den Titel »The Virushouse« gab. Um sich Informationen zu beschaffen, hat Irving für ein Interview Karl Wirtz in Karlsruhe aufgesucht und ihn als »großen Physiker mit dem gewölbten Schädel und einer nervösen, raschen Sprechweise« beschrieben.

Parallel zu den Arbeiten für das Uranprojekt verfolgte Wirtz weiter seine akademische Karriere. Er war habilitiert, aber noch fehlte die (damals davon formal getrennte) Lehrbefugnis. Am 14. März 1940 fand die »öffentliche Lehrprobe« im Fach theoretische Physik statt. Wirtz war Experimentalphysiker und hatte sich für das Gesamtfach »Physik« habilitiert. Warum strebte er die Lehrbefugnis in der theoretischen Physik an?

Durch die Vertreibung der jüdischen Kollegen hatte in Berlin dieses Fach besonders gelitten, und Wirtz rechnete sich hier größere Chancen aus. Als Nicht-Parteigenosse mußte er mit dem Widerstand des NS-Dozentenbundes rechnen.

Die Lehrprobe wurde auf eine Stunde beschränkt, »da Dr. Wirtz als Vortragender den Fachvertretern bereits bekannt war«. Er behandelte das Thema »Theoretische Ansätze für die Thermodiffusion in Flüssigkeiten«.

> Dr. Wirtz hat durch die Lehrprobe zweifellos die erforderliche Vortragsfähigkeit bewiesen. Gleichwohl stellt die Fakultät den Antrag auf Erteilung der Lehrbefugnis für »theoretische Physik« an Dr. Wirtz nicht ohne Bedenken. Es hat sich nämlich in einigen der neueren Veröffentlichungen des Dr. Wirtz eine gewisse Fixigkeit unangenehm bemerkbar gemacht. Die Fakultät hofft aber, daß diese auch das charakterliche Gebiet berührenden Mängel sich im Laufe der Zeit ausgleichen werden.[4)]

Auch der Dozentenführer hatte von seinem (politischen) Standpunkt aus »gewisse Bedenken gegen die Erteilung der Dozentur an Dr. phil. habil. Karl Wirtz«. Er stellte diese jedoch »in Anbetracht des Mangels an theoretischen Physikern« zurück. Am 21. Januar 1941 verlieh ihm der Reichsminister für Wissenschaft, Erziehung und Volksbildung die Lehrbefugnis für theoretische Physik und ernannte ihn zum Dozenten.

Das Virushaus war im Oktober 1940 fertig geworden. Im Inneren des aus Holz errichteten Laboratoriums befand sich die sogenannte »Brunnengrube«, ein zylindrischer, mit Ziegeln ausgemauerter Schacht von knapp zwei Meter Tiefe. Im Dezember begannen hier die Großversuche, die nach dem Wunsch und Willen der Physiker zum Reaktor führen sollten.

Ein Aluminiumzylinder von 1,4 Meter Höhe und ebenfalls 1,4 Meter Durchmesser wurde schichtweise mit Uranoxyd U_3O_8, Präparat 38 genannt, und Paraffin gefüllt und in die Grube hinabgelassen. Dann wurde Wasser eingefüllt. Das Paraffin und das Wasser dienten als Moderator. Eigentlich hätten die Physiker lieber Schweres Wasser genommen und statt des Uranoxyds reines Uranmetall, aber diese Substanzen gab es in Deutschland bisher nur in unzureichenden Mengen. Die Neutronenquelle wurde von oben durch einen schmalen Schacht eingeführt und die Zahl der Neutronen am Aluminiummantel sowie am Boden und Deckel gemessen.

Der Versuch, B 1 genannt, erbrachte keine Neutronenvermehrung. Zu einem ebenfalls negativen Resultat führte einige Wochen später der Versuch B 2, für den insgesamt 6,8 Tonnen Uranoxyd zur Verfügung standen.

Es war also dringend erforderlich, Schweres Wasser zu beschaffen. Auf einer Tagung des Heereswaffenamtes berichtete Karl Wirtz:

> Die einzige Methode, nach welcher zur Zeit Schweres Wasser erzeugt wird, ist die elektrolytische, und die einzige (uns bekannte) große Produktionsstätte befindet sich in Rjukan in Norwegen, etwa 200 km westlich von Oslo, wo die Fa. Norsk Hydro ein großes Ammoniakwerk im Anschluß an Wasserkräfte errichtet hat. Der für die Ammoniakerzeugung notwendige Wasserstoff wird, dank der billigen Kraft, elektrolytisch durch Zerlegung von Wasser erzeugt. Hierbei fällt nach einem besonderen Verfahren das Schwere Wasser als Nebenprodukt an.[5)]

Wirtz hatte sich in seiner Habilitationsschrift eingehend mit der elektrolytischen Wasserzersetzung befaßt, woraufhin der norwegische Ingenieur Jomar Brun, der wissenschaftliche Leiter der Elektrolyseanlage in Rjukan, noch vor dem Krieg mit ihm in Briefwechsel getreten war. Nicht lange nach dem deutschen Überfall auf Norwegen fuhr Wirtz in Begleitung eines Beamten des Heereswaffenamtes mit der Eisenbahn über Kopenhagen und Schweden weiter nach Rjukan.

Verlobungszeit 1939/40

> Dort traf ich zum ersten Mal Jomar Brun persönlich, mit dem ich mich relativ schnell dahin verständigen konnte, daß ich kein engagierter Nazi sei und daß nach Möglichkeit auch künftig eine gewisse wissenschaftliche Kollegialität herrschen sollte. Die leitenden Herren der Norsk Hydro waren nicht im Zweifel über unsere Absichten. Kurz vor der Besetzung Norwegens hatten französische Wissenschaftler den gesamten Vorrat von Schwerem Wasser erworben und nach Frankreich transportiert.[6)]

Um die Schwerwassergewinnung kümmerten sich von deutscher Seite vor allem Paul Harteck und Hans Suess. Die Produktion konnte von ursprünglich 10 Kilogramm pro Monat auf 150 Kilogramm gesteigert werden. Karl Wirtz war insgesamt vier Mal für jeweils zehn Tage in Norwegen.

Nur sehr vorsichtig durfte er seiner Verlobten von dem geheimen Uran-Projekt erzählen. Auch Ottoni hatte manches zu berichten. Für die am 13. August 1939 geborene Anke Butenandt war sie Taufpatin geworden. Adolf Butenandt, der Mann ihrer Cousine, hätte 1939 den Nobelpreis für Chemie erhalten sollen. Vom Reichsministerium für Erziehung, Wissenschaft und Volksbildung war er gezwungen worden, die Annahme zu verweigern. Er mußte einen bereits vorformulierten Brief mit schweren Vorwürfen gegen die Königlich Schwedische Akademie der Wissenschaften unterschreiben.

Ein paar Jahre zuvor hatte Ottoni Mitglied im BDM werden wollen, dem nationalsozialistischen »Bund Deutscher Mädel«. Ihre Mutter stellte sich entschieden dagegen und sorgte für Aufnahme in ein Internat für junge adelige Damen in Altenburg in Thüringen.

Am 4. Mai 1941 heirateten Ottoni von Ziegner und Karl Wirtz in Arnsdorf im Riesengebirge. Das dortige Parkschlößchen, in dem die Hochzeit stattfand, gehörte Freunden der Ziegners. Die verwitwete Mutter Ottonis, die »Majorin«, war dort Hausdame gewesen. Das Schlößchen stammte aus dem 17. Jahrhundert und war im

Das Brautpaar vor dem Parkschlößchen in Arnsdorf (Riesengebirge), 4. Mai 1941

Besitz der Gräfin Matuschka. Arnsdorf liegt etwa zehn Kilometer östlich von Agnetendorf, wo Gerhart Hauptmann hochbetagt im »Haus Wiesenstein« lebte. Karls jüngster Bruder Rudolf (»Rollo«) erinnert sich, daß an dem Fest mit den etwa dreißig Hochzeitsgästen außer ihm noch ein zweiter Leutnant in der großen Ausgehuniform teilgenommen hat, Kurd Albrecht von Ziegner, der Bruder der Braut. Auf dem Photo der Hochzeitsgesellschaft sieht man auch den Freund Carl Friedrich von Weizsäcker mit seiner Frau Gundalena.

Ottoni von Ziegner sah blendend aus und war temperamentvoll und mutig. »Für meinen nüchternen Vater«, sagte die Tochter, »war sie ein Glücksfall«:

> Mit ihren leuchtend hellblauen Augen, ihrer Neugier, ihrem Interesse für alles und ihrer Herzlichkeit hat sie immer schnell Freunde gewonnen. Meinem Vater hat sie sicher damit manchen Weg gebahnt, der ihm alleine schwer gefallen wäre. Mit ihrem unbekümmerten Humor hat sie ihm in vieler Hinsicht das Leben erleichtert. Sie war es, die viele freundschaftliche Beziehungen geknüpft und auch auf dienstlicher Ebene mit ihrer Offenheit einen vertrauensvollen, freundschaftlichen Umgang ermöglicht hat, ganz besonders damals mit Heisenbergs und Weizsäckers, bei deren Kindern meine Eltern Patenschaften übernahmen.[7)]

Die Hochzeitsreise führte in den Schwarzwald zur Klausmatte bei St. Märgen. Der Ort bestand nur aus einer Kapelle und zwei Häusern. Eines davon bewohnte On-

Menükarte zum Hochzeitsessen

Auf Hochzeitsreise in St. Märgen (Schwarzwald)

kel Engelbert Krebs als Feriensitz, der es jetzt den Hochzeitern zur Verfügung stellte. Die Kapelle hatte der Onkel erbauen lassen, übrigens gerade zu der Zeit, als Wirtz in Freiburg studierte.

Die Aussichten für das gemeinsame Leben standen nicht günstig. Zwei Tage zuvor hatte die Siegesparade in Athen stattgefunden und nun bereiteten sich die Deutschen auf die Eroberung Kretas vor. Nach verlustreichen Kämpfen verließen am 1. Juni die letzten britischen Soldaten die Insel.

Drei Wochen später begann der Angriff auf die Sowjetunion. Zu den drei Millionen deutscher Soldaten gehörte auch der Freund und Kollege Hans Euler, der Assistent Heisenbergs in Leipzig. Von seinem ersten Erkundungsflug über das Asowsche Meer ist er nicht zurückgekehrt. Zwei Monate später fiel auch der Physiker-Freund Berndt Olof Grönblom an der Front in Finnland.

Die Arbeiten in Berlin gingen systematisch weiter. Sobald die Industrie größere Mengen von elementarem Uran lieferte, wurden die Versuche mit dem Metall (zunächst in Pulverform) ausgeführt. Als Moderator mußten weiter Paraffin und leichtes Wasser dienen. Die Physiker blieben bei der Schichtanordnung, gingen aber nun zu der günstigeren Kugelform über: »Die horizontalen Schichten wurden in eine Al-Kugel von 28 cm Radius eingebaut. Wiederum konnten Sonden und Neutronenquelle durch einen Schacht ins Innere gebracht werden... Keiner der Versuche ergab Neutronenvermehrung.«

Heisenberg war dem Kaiser-Wilhelm-Institut für Physik als Berater verbunden. Hauptamtlich wirkte er weiter als Ordinarius an der Universität Leipzig. Parallel zu den Berliner Versuchen führte er mit seinem Leipziger Mitarbeiter Professor Robert Döpel eigene Experimente durch, die zum ersten Male zu einer Neutronenvermehrung führten.

Die Physiker im Umkreis von Werner Heisenberg hatten sich einen Energie liefernden Reaktor zum Ziel gesetzt. Wie es dann weitergehen sollte, blieb offen. Zur Bombe braucht man eine ausreichende Menge Uran 235.

Damals beschäftigten sich auch einige Mitarbeiter mit der Trennung der Uranisotope. Wilhelm Groth entwickelte die Ultrazentrifuge und Erich Bagge die Isotopenschleuse. Man konnte sie unbesorgt arbeiten lassen. Heisenberg und seine Vertrauten waren überzeugt, daß es in den nächsten Jahren unmöglich sein würde, genügend Uran 235 zu separieren. Diesen Riesenaufwand, sagte Heisenberg, »den kann im Krieg kein Mensch mehr leisten«.

Dagegen hielten Heisenberg und Wirtz einen »Uran-Brenner« für durchaus realisierbar. Im Betrieb eines Reaktors entsteht aus dem Uran 238 durch die intensive Neutronenstrahlung Plutonium, und dieses ist ebenso spaltbar wie Uran 235. Das Plutonium läßt sich verhältnismäßig leicht auf chemischem Wege abtrennen.

> Wir sagten, wenn man Atomreaktoren bei uns machen kann, dann kann man es erst recht in Amerika. Wenn man Atomreaktoren machen kann, dann kann man wahrscheinlich Sprengstoff machen... Wir sahen eigentlich von September 1941 eine freie Straße zur Atombombe vor uns.[8)]

Werner Heisenberg und Carl Friedrich von Weizsäcker hatten vor dem Krieg die wunderbare Arbeitsatmosphäre am Institut von Niels Bohr in Kopenhagen kennengelernt. Zwischen Heisenberg und Bohr war ein enges Freundschaftsverhältnis entstanden. Die beiden deutschen Physiker faßten den Entschluß, mit Bohr über das Problem zu sprechen. Hinzu kam die Sorge um den großen dänischen Gelehrten, den »Vater der Atomphysiker«, der unter der deutschen Besatzung als sogenannter »Halbjude« gefährdet war.

Im September 1941 fuhren Heisenberg und Weizsäcker nach Kopenhagen, und es kam tatsächlich zum Gespräch unter vier Augen zwischen Bohr und Heisenberg. Über den Verlauf haben die beiden später einander widersprechende Aussagen gemacht. Auch andere Physiker, Physikhistoriker und Publizisten waren um eine Rekonstruktion bemüht. Schließlich hat Michael Frayn die Begegnung zu dem bemerkenswerten und erfolgreichen Theaterstück »Kopenhagen« verarbeitet, in dem ganz unterschiedliche Interpretationen durchgespielt werden.

Die Physiker in Kopenhagen glaubten sich mit Sicherheit daran zu erinnern, daß Heisenberg im September 1941 von einem deutschen Sieg über die Sowjetunion überzeugt war. Die Deutschen hatten innerhalb von drei Monaten weite Gebiete des Landes erobert und zweieinhalb Millionen Gefangene gemacht. Jedoch kam es An-

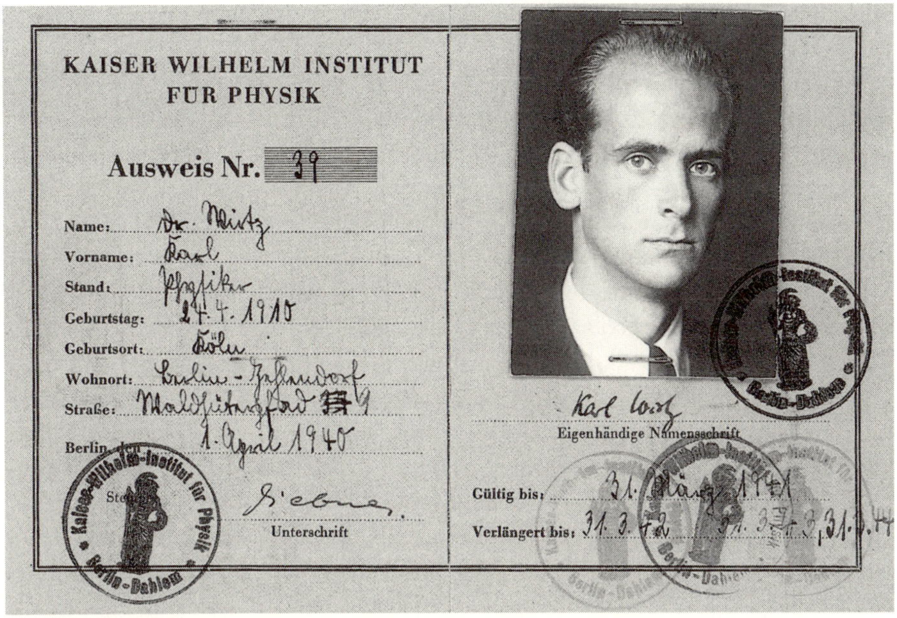

Dienstausweis 1940 mit der Unterschrift von Kurt Diebner

fang Dezember zur Wende. Bei klirrender Kälte gingen die sowjetischen Truppen vor Moskau zum Gegenangriff über und drängten die Deutschen zurück.

Am 3. Dezember informierte Fritz Todt, der Reichsminister für Bewaffnung und Munition, den Führer und Reichskanzler, daß die Kriegswirtschaft vor dem Zusammenbruch stehe. Von nun an müsse jede Ausweitung auf einem Gebiet durch Einschränkungen auf einem anderen ausgeglichen werden.

Zwei Tage danach schrieb Professor Erich Schumann, der Leiter der Abteilung Wissenschaft im Reichskriegsministerium, an alle mit dem Uranproblem befaßten Institute:

> Die Arbeiten des von der Arbeitsgemeinschaft übernommenen Vorhabens bedingen einen Einsatz, der bei der augenblicklichen Wehrersatz- und Rohstofflage nur verantwortet werden kann, wenn Gewißheit besteht, in absehbarer Zeit eine Anwendung zu erreichen.[9)]

Abermals zwei Tage später kam es zum Angriff der japanischen Trägerflugzeuge auf den amerikanischen Flottenstützpunkt Pearl Harbor und damit zum Krieg Japans gegen die Vereinigten Staaten und das Britische Reich. Am 11. Dezember folgten die deutsche und italienische Kriegserklärung an die Vereinigten Staaten. Mit der Sowjetunion und den Vereinigten Staaten stand nun das Dritte Reich einer Übermacht gegenüber. Zunächst kam es zum Bombenkrieg gegen die deutschen Städte. In der Nacht vom 30. auf den 31. Mai 1942 flog die Royal Air Force ihren ersten Tausend-Bomber Angriff auf Köln.

Über die alliierten Luftangriffe berichtete der Vater Carl Wirtz in seinen Familienbriefen. Er war am 20. April 1941 zum Senatspräsidenten am Oberlandesgericht in Köln befördert worden, aber zwischenzeitlich wegen des zurückgehenden Arbeitsanfalles auch am Landgericht tätig gewesen. »Die Kölner Altstadt, die so manchen fröhlichen Karnevalszug gesehen hat, ist für immer dahin«, heißt es im Sommer 1943: »Seit 1.7. bin ich wieder im Oberlandesgericht tätig und habe den 6. Senat bekommen. Sonst eine große Freude, berührt es mich jetzt wenig.« Einige Zeit später wurde auch sein Haus im Vorort Bayenthal, Hölderlinstraße 18, das er 1931 für sich und die große Familie gebaut hatte, ein Opfer des Bombenkrieges.

Der Filius erlebte die Angriffe auf die Reichshauptstadt. »Soeben war ein stärkster Tagesangriff, ohne jeden Schaden bei uns (in Dahlem und Zehlendorf), aber mit einem ausgedehnten Sprengbombenteppich dicht beim Institut. Die Erde bebte.« Schon 1941 wurde begonnen, an das Kaiser-Wilhelm-Institut für Physik ein sogenanntes »Bunkerlaboratorium« anzubauen. Es enthielt wieder eine große Brunnengrube und war nach Wirtz »in Form eines außerordentlich starken Luftschutzbunkers ausgeführt, in welchem sowohl die Vorräte... als auch das Personal und die Einrichtungen untergebracht werden konnten«.

In zwei großen Sitzungen versuchten die Funktionäre Klarheit zu gewinnen, in welchem Umfang das Uranprojekt weiterbetrieben werden sollte. Die Entscheidung brachte am 4. Juni 1942 die zweite Sitzung im Helmholtz-Saal des Harnack-Hauses, die von Albert Speer, dem neuen Rüstungsminister, geleitet wurde. Neben Generälen und Admirälen waren auch Otto Hahn, Carl Friedrich von Weizsäcker, Karl Wirtz und andere Wissenschaftler anwesend. Für den Uranverein sprach Werner Heisenberg:

> Ich habe also berichtet, daß es möglich ist, Atomreaktoren zu machen. Daß wir jetzt wissen, daß die Neutronen sich vermehren. Ich habe nicht erwähnt, daß man damit Plutonium machen kann, weil wir diese Dinge möglichst klein halten wollten.[10)]

In der Diskussion wurde auch nach dem »Atomsprengstoff« gefragt, und Heisenberg bestätigte die prinzipielle Möglichkeit. Er betonte aber, daß alle Verfahren so ungeheuer aufwendig seien, »daß es vielleicht viele Jahre dauern und einen enormen technischen Aufwand erfordern würde«. Dann kam von Generalfeldmarschall Erhard Milch die Frage: Wie groß müßte eine Bombe sein, die eine große Stadt wie London in Trümmer legt?

> Ich habe dann etwas frech aus dem Handgelenk gesagt: So groß wie ein kleiner Fußball oder wie eine Kokosnuß. Dann war darüber eine gewisse Beun-

ruhigung im Saal, weil man sich nicht vorstellen konnte, daß ein so kleines Ding eine ganze Stadt zerstören kann.[11)]

Speer entschied, wie es sich Heisenberg und seine Vertrauten wünschten. Das Uranprojekt wurde weitergeführt, aber nur in bescheidenem Umfang. Ausschlaggebend dafür war wohl, daß Heisenberg den hohen industriellen Aufwand stark herausgestellt hatte, der zur Herstellung des Kernsprengstoffes notwendig ist. Das Heereswaffenamt gab das Dahlemer Institut an die Kaiser-Wilhelm-Gesellschaft zurück.

Damit wurde die Besetzung der Direktorenstelle akut. Erich Schumann versuchte in einem kühnen Handstreich, Heisenberg als Direktor zu verhindern, konnte sich aber mit seinem Vorschlag Walther Bothe gegen die Kaiser-Wilhelm-Gesellschaft nicht durchsetzen.

Mit Wirkung vom 1. Oktober 1942 wurde Heisenberg zum »Direktor am KWI für Physik« ernannt. Nur mit Rücksicht auf Debye, der formal noch immer beurlaubt war, hieß es nicht »Direktor des Instituts«. Zum gleichen Tag erhielt Heisenberg auch eine planmäßige ordentliche Professur für theoretische Physik an der Universität Berlin. Heisenberg ist aber gar nicht mehr mit der großen Familie in die Reichshauptstadt umgezogen. Wenn er nach Berlin kam, konnte er jederzeit im Harnack-Haus wohnen.

Das anhaltend starke Interesse der Deutschen an Schwerem Wasser war für die Norweger ein Beweis für die intensiv fortgesetzten Bemühungen, eine Atombombe zu entwickeln. Bei der Exilregierung in London und dem britischen Geheimdienst drängte sich der Gedanke auf, die Produktionsanlagen in Vemork durch ein Kommandounternehmen zu zerstören. Luftangriffe wurden (zunächst) ausgeschlossen, um die Bevölkerung nicht zu gefährden.

Die für das Sabotageunternehmen erforderlichen Informationen erhielten sie vom Chefingenieur Jomar Brun, der Ende Oktober 1942 von der norwegischen Untergrundorganisation nach Großbritannien geschleust wurde. In der Autobiographie von Karl Wirtz heißt es, der norwegische Ingenieur habe eine Reise nach Berlin, die über Schweden führte, dazu benutzt, um vom neutralen Nachbarland aus nach London zu gelangen. In Wirklichkeit verlief der Wechsel auf die alliierte Seite unter höchst dramatischen Umständen, wie Jomar Brun selbst berichtet hat.

Am 22. Oktober 1942 erhielt der norwegische Ingenieur in seinem Haus in Rjukan überraschenden Besuch eines jüngeren Herrn. Dieser stellte sich als »Student Berg« vor und überbrachte einen Befehl von General Hansteen, dem Oberkommandierenden der norwegischen Truppen in Großbritannien. Brun müsse sofort nach London kommen, um die Sabotagetrupps in ihre Aufgabe einzuweisen. Bevor Brun mit seiner Frau Rjukan verließ, nahm er Werkspläne mit, die dann in Oslo von der norwegischen Untergrundorganisation auf Mikrofilm aufgenommen wurden.

Anschließend beauftragte die Organisation einen ortskundigen Schleuser, das Ehepaar Brun nach Schweden zu bringen. Der Weg führte zunächst in das sogenannte Finskog, ein gebirgiges Waldgebiet im Osten des Landes:

> Als wir in Grenznähe an einen Fluß kamen, sagte der Führer, er könne das Risiko nicht eingehen, uns noch länger zu begleiten. Es gab zwei Brücken, und er meinte, das sicherste wäre, die obere Brücke zu nehmen. Wir fanden sie jedoch nicht, und gingen über die untere Brücke. Das war unser Glück. Nachdem wir über der Grenze waren, erfuhren wir, daß die Deutschen eine Suchaktion bei der oberen Brücke durchgeführt hatten und zwar gerade zu der Zeit, als wir sie hätten überqueren sollen.[12)]

Nach einem kurzen Aufenthalt in Stockholm brachte ein Flugzeug das Ehepaar nach Schottland. Am 10. November 1942 erreichten die beiden London. Hier mußte Jomar Brun sofort über alle relevanten Fakten Auskunft geben.

> Der norwegische Ingenieur wurde auch eingehend über die Eindrücke befragt, die er bei seinem Besuch im Kaiser-Wilhelm-Institut für Physik in Berlin elf Monate zuvor gewonnen hatte. Die Fragen stellte meist Charles Frank..., der mit dem Berliner Institut sehr vertraut zu sein schien. Es stellte sich dann heraus, daß Frank [als Freund von Karl Wirtz] vor dem Krieg selbst dort gearbeitet hatte... Die Planung für das Unternehmen »Freshman«* war nahezu beendet, als Brun in London eintraf, doch er konnte... noch endgültige Informationen über die am leichtesten verletzbaren Punkte des Werkes geben.[13)]

Im Februar 1943 wurde die Hochkonzentrationsanlage in Vemork durch einen Sabotagetrupp zerstört. Später bombardierten die Amerikaner mit 140 Fliegenden Festungen die Anlagen, worauf die Schwerwasserproduktion eingestellt wurde.

In Berlin liefen die Uranarbeiten unter der Leitung Heisenbergs planmäßig weiter. Auch Diebner blieb im Projekt tätig, aber nicht mehr am Kaiser-Wilhelm-Institut für Physik, sondern auf der Versuchsstelle des Heereswaffenamtes in Gottow bei Berlin. Er kam auf den Gedanken, daß Anordnungen von Würfeln günstiger sein müssen als solche von Schichten. In ihrem letzten Versuch B 8 gingen auch Heisenberg und Wirtz zur Würfelanordnung über. Das Bunkerlaboratorium erwies sich bald als außerordentlich vorteilhaft:

> Als im Frühjahr 1943 ein erster größerer Luftangriff auf Berlin stattfand, wurde es üblich, daß ein Teil der Belegschaft auch nachts im Institut war. Im weiteren Verlauf des Krieges zogen die Mitarbeiter zum Teil mit ihren Fami-

* Tarnname für das Kommandounternehmen gegen die Hochkonzentrationsanlage Vemork

lien in das Institut, um bei Luftangriffen im Bunkerlaboratorium Schutz zu suchen.[14)]

Als die Luftangriffe auf die Reichshauptstadt an Zahl und Heftigkeit zunahmen, wurde das Bunkerlaboratorium auch für andere zum Refugium. »Gestern bei dem Tagesangriff gab es einige unliebsame Zwischenfälle«, berichtete Wirtz, »da verschiedene Straßenpassanten aus dem Vorbunker über das Institutsgelände in den Hauptbunker eindrangen und nur sehr mühsam wieder herausgebracht werden konnten.« Schließlich sorgten Partei und Gestapo für eine Regelung: »Einlassen von betriebsfremden Personen im Alarmfalle von außen ist unter allen Umständen ausgeschlossen, soweit es sich nicht um Wehrmachtsangehörige in Uniform handelt, die in geschlossener Kolonne hergeführt werden.«

Am 26. März 1942 zog das junge Paar in ein Reihenhaus in Zehlendorf, Waldhüterpfad 9. An der kleinen Einweihungsfeier nahmen die Mutter Ziegner, die Eltern Wirtz und Kurd Albrecht, der Bruder Ottonis, teil. An diesem Tag wurde auch ein Gästebuch angelegt.

> Fertig ist unser Haus noch nicht, und so hielten wir uns nur in den Wohnzimmern auf, die schon recht gemütlich und hübsch sind.[15)]

Zu den vielen Gästen in den nächsten Monaten gehörten Werner Heisenberg, Carl Friedrich von Weizsäcker und Paul Harteck. Auch Freund Julius Hiby kam auf dem Wege von Kreta zum Ersatztruppenteil (»der mich uk-stellen soll«) in das kleine Reihenhaus.

> Nach langen Frontjahren ist ein solch nettes Haus ein Erlebnis ... Welch eine Lust, endlich einmal wieder Fach-zu-simpeln. Die Physik muß ich mich ebenso wieder zu erlernen bemühen, wie die guten Manieren.[16)]

Im Juli 1943 wies Albert Speer die mit kriegswichtigen Arbeiten beauftragten Institute an, Ausweichquartiere vorzubereiten. Für das Gebäude mußte man jederzeit mit einem Totalschaden rechnen. Dann würde der Betonbunker, in dem die Großversuche stattfanden, auch nicht mehr viel nützen, weil man auch Arbeitsräume und Werkstätten brauchte.

Am Kaiser-Wilhelm-Institut für Physik befaßte sich mit dem Thema »Verlagerung« der »engere Kreis der maßgebenden Wissenschaftler«, wie Wirtz es ausdrückte. Carl Friedrich von Weizsäcker hatte bereits 1941 einen Ruf an die Reichsuniversität Straßburg angenommen, so daß mit dem »engeren Kreis« wohl nur Werner Heisenberg, Karl Wirtz und Ludwig Bewilogua gemeint sein können.

Wirtz hat sich in einem Vergleich zur militärischen Hierarchie den Ia des Instituts genannt, d. h. er war der erste Stabsoffizier. Es gehörte zu seinen Aufgaben, einen geeigneten Verlagerungsort zu finden.

> Nach einer sorgfältigen Analyse... wurde Schlesien als Verlagerung wegen der drohenden Russeninvasion, die damals (1943) schon vorauszuahnen war, ausgeschieden. Bayern wäre als Landschaft wohl in Frage gekommen, doch bot es wenig Ausweichquartiere. Solche boten sich in den verlassenen kleineren Textilfabriken Südwestdeutschlands, vor allem Württembergs, an.[17)]

In Hechingen im damaligen Hohenzollern (unweit der Burg) fand Wirtz eine (fast) leerstehende Textilfabrik, die als Institutsgebäude dienen konnte. Dazu mußten Wohnungen für die Mitarbeiter beschafft werden. Ein besonderer Glücksfall war die Existenz einer in einen Felsen führenden Höhle unter der Schloßkirche im zwanzig Kilometer entfernten Haigerloch. Dieser Felsenkeller, in dem in besseren Zeiten Wein lagerte, bot in dem tief eingeschnittenen Tal Sicherheit vor Luftangriffen. Hier war Platz für den Reaktor.

Der Umzug von Berlin fand im September 1943 noch fast friedensmäßig mit den wichtigsten Möbeln und Einrichtungsgegenständen statt. Von da an lebte Ottoni Wirtz in Hechingen, während ihr Mann zwischen Berlin und Hechingen pendelte.

Otto Hahn kam mit seinem Kaiser-Wilhelm-Institut für Chemie in das nahegelegene Tailfingen. »Das hat Vor- und Nachteile«, meinte Karl Wirtz: »Nachteilig ist, daß wir uns natürlich in der Gegend nicht beliebt machen, wenn wir andere Institute nachziehen. Der Vorteil ist, daß unser Block gestärkt wird. Hahn sieht ein, daß er selbst aus Platzmangel nicht nach Hechingen kommen kann.«

Bis Ende des Jahres 1943 war etwa ein Drittel der 55 Mitarbeiter des KWI für Physik übersiedelt, und laufend folgten weitere. Nach den schweren Angriffen im Februar 1944 wollten »plötzlich alle in Berlin verlagern«, und es ergab sich, »daß auf einige Wohnungen [in Hechingen] gleichzeitig mehrere Reflektanten vorhanden waren«. Man mußte sich also streng an die zwischen Karl Wirtz und Julius Hiby vereinbarte Verteilung der Wohnungen halten.

In Hechingen hatten früher viele Juden gelebt. Auch Elsa Einstein, die zweite Frau des großen Physikers, stammte von hier. Man muß annehmen, daß die Hechinger den Neubürgern davon erzählt haben.

Heisenberg besaß in Hechingen nur ein Zimmer zur Untermiete. Die Familie hatte er bereits im April 1943 nach Urfeld in sein Ferienhaus evakuiert. Diese Entscheidung erwies sich später als problematisch. Nach Kriegsende und Heisenbergs Internierung durch die Alliierten war Frau Elisabeth Heisenberg mit den sechs Kindern in Urfeld allein auf sich gestellt, und die Hechinger Mitarbeiter konnten ihr nicht helfen.

Karl und Ottoni Wirtz fanden ein hübsches Haus in der Frauengartenstraße. Am 26. September 1943 kam der erste Besuch zum Tee: Heisenberg und Frau, Julius Hilby und Max Pahl. »In Hechingen wurde das Gästebuch nicht geführt«, notierte Karl Wirtz, »obwohl Tausende von Gästen bei uns waren.«

Die Neubürger in Hechingen bemühten sich um gute Beziehungen zu den Eingesessenen. »Es wäre gut«, heißt es in einem Brief von Wirtz an Heisenberg, »wenn Sie dem Herrn Bürgermeister Simmendinger einen Besuch machten und ihm unsere Anerkennung für die bisher geleisteten Dienste ausdrückten.« Frau Elisabeth Heisenberg hat mit Recht gesagt, daß ein gutes Verhältnis zu den Hechingern damals »in gewissem Sinne zum Überleben« gehörte.

> Einmal gab Heisenberg sogar mit einigen seiner Mitarbeiter ein kleines Konzert für das ganze Städtchen, was in den bedrückenden Tagen dieser düsteren Kriegszeit mit großer Dankbarkeit und Freude aufgenommen wurde.[18)]

Auf Einladung seines Freundes Carl Friedrich von Weizsäcker sprach Karl Wirtz am 12. Juli 1944 im Physikalischen Kolloquium der sogenannten Reichsuniversität Straßburg über »Die kinetische Theorie der Flüssigkeiten«. Zwei Monate später zwang der rasche Vormarsch der Alliierten den Freund, die Professur in Straßburg

Haigerloch. Unter der Schloßkirche der Eingang zum Felsenkeller mit dem Reaktor

aufzugeben und nach Hechingen zurückzugehen. »Das stärkt unsere Gruppe«, berichtete Wirtz seiner Mutter. Der älteste Sohn Carl Christian von Weizsäcker wohnte vorübergehend bei den Wirtzens in der Frauengartenstraße.

Neben seiner Arbeit für das Institut wirkte Karl Wirtz seit Januar 1941 als Dozent an der Friedrich-Wilhelms-Universität. Auf Bitten von Professor Wilhelm Westphal übernahm er im Sommer 1944 auch noch an der Technischen Hochschule Berlin-Charlottenburg »etwas gegen seinen Willen, aber doch mit Vergnügen« die Vorlesung über theoretische Physik.

Weihnachten 1944 feierte Wirtz mit seiner Frau und Freunden in Hechingen. Zum Jahreswechsel wurde er vom Präsidenten der Kaiser-Wilhelm-Gesellschaft auf Vorschlag Heisenbergs zum Abteilungsleiter am Institut ernannt, womit auch eine Gehaltserhöhung verbunden war. Heisenberg gratulierte zur Anerkennung seiner »wirklich großen Leistung für das Institut«. Im Personalbogen der TH Karlsruhe hat Wirtz später angegeben, daß die Rechtsstellung, Bezahlung und Pensionsregelung eines Abteilungsleiters etwa der eines Ordinarius an einer Universität entsprachen.

In den ersten Tagen des neuen Jahres kehrte Wirtz in die Reichshauptstadt zurück, um mit den Vorbereitungen zum Großversuch B 8 zu beginnen: »Es war eine sehr mühsame Reise, die mehrere Tage dauerte.«

> Daß der Versuch noch in Berlin ausgeführt werden sollte, war der Wunsch von Walther Gerlach, des Bevollmächtigten des Reichsmarschalls für Kernphysik. Aller Vernunft hätte es entsprochen, das Experiment in Haigerloch durchzuführen, aber Gerlach war dagegen.[19)]

Am 12. Januar begann die sowjetische Großoffensive. Bis Ende des Monats erreichte die Rote Armee die Oder und bildete Brückenköpfe zwischen Frankfurt und Küstrin. Gerlach entschloß sich, das Experiment abzubrechen. Am Spätnachmittag des 30. Januar gab er die Anordnung zum Aufbruch. Genau 24 Stunden später verließen Gerlach mit Fahrer und Sekretärin sowie Diebner, Berkei und Wirtz die Reichshauptstadt. Es folgte ein mit Holzgas betriebener Lastwagen, der das Uran, das Schwere Wasser und den (als Neutronenreflektor dienenden) Graphit geladen hatte.

Nach einem Zwischenhalt auf dem Heeresversuchsgelände in Kummersdorf ging es weiter »durch ein Land, das sich bereits im halben Kriegszustand befand«. Die Fahrt endete im Morgengrauen in Stadtilm in Thüringen, »wo die Diebnersche Gruppe ein Ausweichquartier im Keller einer Schule eingerichtet hatte«.

> Das Material wurde ausgeladen. Ich selbst zog in ein kleines Hotel. Es war zunächst, meiner Erinnerung nach, unklar, ob die Reise weitergehen... oder ob in Stadtilm das Material zu einem weiteren Versuch verwendet werden würde.[20)]

Wirtz telefonierte mit Heisenberg in Hechingen. Daraufhin rief Heisenberg Gerlach an, konnte aber zunächst nichts erreichen. Jedoch war Gerlach einverstanden, daß Heisenberg zu einer Rücksprache nach Stadtilm kam.

Es wurde eine abenteuerliche Reise, die Heisenberg und Weizsäcker gemeinsam unternahmen. Zuerst fuhren sie mit dem Fahrrad bis Horb. Von dort ging es dann im Morgengrauen mit dem Zug weiter über Würzburg hinaus bis zu einer Bahnstation, wo es hieß, »von hier kann man nicht weiterkommen«. Schließlich wurden sie von Stadtilm mit dem Auto abgeholt, gerieten aber in Tieffliegerangriffe. Heisenberg erzählte später, daß sie »noch schnell aus dem Auto heraussprangen« und sich »in die Gegend warfen«.

In Stadtilm wurde beschlossen, das aus Berlin herausgeschaffte Material nach Haigerloch zu bringen. Dazu standen noch mühsame Verhandlungen mit den Gauleitern Fritz Sauckel in Weimar und Wilhelm Murr in Stuttgart bevor. »Gerlach ist in schlimmster Nervenverfassung und macht uns das Leben schwer«, berichtete Karl Wirtz an den in Berlin gebliebenen Kollegen Bewilogua.

Wirtz mußte über drei Wochen in Stadtilm warten. Immerhin wünschte jetzt auch Gerlach, »daß ich nach Haigerloch gehe, um den Versuch möglichst schnell zu machen«. Endlich kam Ende Februar Erich Bagge mit einem Lastwagen, um das Uran, das Schwere Wasser und den Graphit nach Haigerloch zu bringen. In der Zwischenzeit hatte sich der berüchtigte Luftangriff auf das mit schlesischen Flüchtlingen überfüllte Dresden ereignet. Zwei Nächte lang waren die Flugzeuge auf ihrem Weg nach und von Dresden zu hören.

Auf der Fahrt nach Haigerloch gerieten auch Wirtz und Bagge in Tieffliegerangriffe.

> Unterwegs wurden wir... verschiedentlich von Jagdfliegern belästigt und sogar beschossen, aber wie durch ein Wunder nicht getroffen... Heute wäre die Reise von Stadtilm nach Hechingen eine Angelegenheit von einem halben Tag. In Wirklichkeit brauchten wir zwei oder drei Tage.[21)]

Insgesamt vier Wochen waren das Uran und das Schwere Wasser von Berlin bis Haigerloch unterwegs. So konnte der Großversuch B 8 erst Anfang März 1945 in Haigerloch vorbereitet werden. Zur Verfügung hatten sie 1,5 Tonnen Uranmetall und 1,5 Tonnen Schweres Wasser. Zur Einleitung einer Kettenreaktion war eine Mindestmenge von Uran und Moderator notwendig. Zehn Großversuche hatten sie an ihrem Institut bereits durchgeführt. Jetzt waren sie vorsichtig optimistisch und hofften, daß sie dieses Mal Erfolg haben würden.

> Wieder begannen wir mit dem Aufbau, d. h. es mußte der Graphit-Reflektor aufgebaut werden, die Uranklötze gitterförmig an vielen Drähten aufgehängt werden und die Möglichkeit vorbereitet werden, das Schwere Wasser einzufüllen. Dazu wurde es zunächst in geeignete vorbereitete Tanks gefüllt. In-

nerhalb etwa eines Monats wurde der ganze Versuch aufgebaut und dann in wenigen Tagen das Experiment durchgeführt.[22)]

Die etwa zwanzig Kilometer zwischen Hechingen und Haigerloch haben Heisenberg und seine Mitarbeiter regelmäßig auf dem Fahrrad zurückgelegt. Die drastischen Einschränkungen in der Benzinzuteilung, die die Benutzung des Autos auf Notfälle beschränkte, haben die Physiker nicht gestört; sie genossen die Fahrten als Gelegenheit zur sportlichen Betätigung. Aber die radfahrenden Wissenschaftler sind doch ein Symbol für die verzweifelte wirtschaftliche Lage.

Auch bei diesen Fahrten erlebten sie die Aktivitäten der Tiefflieger. Bagge geriet in einen Angriff, bei dem ein zufällig vorbeikommendes Milchauto beschossen wurde, während die Wissenschaftler in einer Ackerfurche Schutz suchten.

Am 6. März meldete der Wehrmachtsbericht, daß »die Ruinen der Stadt Köln dem Feinde überlassen« worden seien. Mit 179 alliierten Großangriffen war Köln stärker zerstört als jede andere deutsche Großstadt. Am folgenden Tag gingen die Amerikaner 50 Kilometer weiter südlich über eine unzerstört gebliebene Brücke bei Remagen über den Rhein.

In den letzten Wochen vor dem Zusammenbruch wollten die Männer um Heisenberg ein Zeichen setzen. Sie kannten das Wort des Preußenkönigs Friedrich Wilhelms III., der nach der Katastrophe von Jena und Auerstedt gesagt hatte, daß nun der Staat durch geistige Kräfte ersetzen müsse, was er an materiellen verloren habe. Aus dieser Gesinnung kam es 1810 zur Gründung der Universität Berlin, und aus der Niederlage war eine geistige Erneuerung Preußens hervorgegangen.

Jetzt war der große Wunsch der Physiker, daß in dieser Zeit des totalen Zusammenbruchs wenigstens der deutschen Wissenschaft ein Erfolg vergönnt sein möge: So könnte Deutschland abermals die materiellen Verluste durch einen geistigen Gewinn kompensieren.

> Die Mannschaft, die das Experiment durchführte, bestand aus Heisenberg, der bei dem Experiment dabeisaß und ständig rechnete, Fritz Bopp und Erich Fischer und Karl Wirtz vom Kaiser-Wilhelm-Institut für Physik sowie Peter Jensen und Otto Ritter vom Botheschen Institut, die gleichzeitig mit uns an der aufgebauten Anordnung dieselben Messungen unabhängig von uns noch einmal durchführten.[23)]

Beim Einfüllen des Schweren Wassers nahm die Neutronenvermehrung verhältnismäßig rasch zu. Einen Augenblick schien es, als ob der kritische Punkt erreicht werden könnte, an dem die Kettenreaktion einsetzt. Wirtz machte sich schon Sorgen, ob die vorgesehenen Sicherheitsmaßnahmen ausreichen würden.

Die Physiker wußten nicht, daß Enrico Fermi mit seinem »Pile« in Chicago bereits vor mehr als zwei Jahren, am 2. Dezember 1942, erfolgreich gewesen war. So hatten sie sich das Ziel gesetzt, die ersten zu sein mit einem kritischen Reaktor.

Die hochgespannten Erwartungen erfüllten sich jedoch nicht. Sie erreichten nur eine Neutronenvermehrung um einen Faktor 6,7. Aus 100 Neutronen, die von der Quelle im Inneren des Reaktors ausgingen, wurden an der Oberfläche schließlich 670. Es reichte nicht.

Sie brauchten mehr Uran und mehr Schweres Wasser. Ende März 1945 war das nirgendwo zu beschaffen. Später hat Wirtz angegeben, daß zur Erreichung des kritischen Punktes, an dem sich die Kettenreaktion selbst unterhält, die doppelte Menge Uran und Schweres Wasser nötig gewesen wäre. Es war zu spät.

Mitte April herrschte heißes Sommerwetter. »Der Volkssturm trat unentwegt zum Dienst an, hob Schützenlöcher aus, grub Löcher an den Brücken für Sprengkörper«, berichtete Ottoni Wirtz: »Dazu waren den ganzen Tag die Jagdbomber da und bombardierten jedes Auto, jede Lokomotive, beschossen die schanzenden Männer.« Ausgerechnet vor dem kleinen Haus in der Frauengartenstraße 22, in dem Karl und Ottoni Wirtz wohnten, errichtete der Volkssturm eine Panzersperre. Sie blieb glücklicherweise offen.

Eine Aufgabe war geblieben: Das wertvolle Uran und das ebenso wertvolle Schwere Wasser mußten in Sicherheit gebracht werden. Das Uran wurde zusammen mit den Radium-Beryllium-Neutronenquellen in der Nähe von Haigerloch auf einem Feld vergraben und das Schwere Wasser im Keller einer alten Mühle versteckt.

Die Alliierten entdecken das vergrabene Uran

Heisenberg entschloß sich, nach Urfeld zu fahren, um seiner Frau mit den sechs Kindern beizustehen. Am Abend des 18. April verbrachte er noch zwei Stunden mit Gundalena von Weizsäcker und Karl Wirtz. Um 23 Uhr verabschiedeten sie sich, und er legte sich schlafen. Um Mitternacht kam Carl Friedrich aus Reutlingen zurück und brachte beruhigende Nachrichten; wahrscheinlich ging es um die Befreiung vom Dienst im Volkssturm. Heisenberg schlief unruhig und verließ Hechingen früh um halb vier mit dem Fahrrad.

Im Ort herrschte Endzeitstimmung. Die Geschäfte verkauften ihre Bestände an die Bevölkerung.

> Vor jedem Laden waren entsetzliche Menschenansammlungen, die bei jedem Flieger auseinanderstoben mit großem Geschrei... Die Leute zankten sich und waren übermüdet und gereizt. Anstatt, daß sich die Leute vor dem Bevorstehenden tüchtig mal ausgeschlafen hätten, machten sie sich durch dieses Hamstern und Kaufen und Anstehen noch verrückter.[24)]

Am 22. April, einem kalten und windigen Sonntag, kamen die französischen Truppen mit einigen Panzerspähwagen an der Spitze.

> Sie schossen..., um eventuellen Widerstand herauszufordern, und fuhren dann ganz langsam in Hechingen ein... Wir setzten uns [mit dem Freund Julius Hiby] gemütlich an den Kaffeetisch und vesperten erst mal ausführlich.[25)]

Am nächsten Tag erschienen Amerikaner und Briten in Hechingen. Es handelte sich um die »Alsos Mission« unter dem Befehl von Colonel Boris T. Pash. Die Sondereinheit oder »Task Force« bestand aus einem Stab von Wissenschaftlern, Offizieren und CIC-Agenten, insgesamt 240 Männern. Während die amerikanische Armee die Entwicklung der Atombombe mit unerhörtem Aufwand vorantrieb, observierte sie gleichzeitig den Gegner.

> Sie [die Amerikaner und Briten der Alsos-Mission] waren schon in Thüringen und Heidelberg bei unseren Mitarbeitern gewesen und über manches unterrichtet. Karl und Weizsäcker führten in der Hauptsache die Verhandlungen. Es waren sehr anstrengende, heiße Tage... Das Institut war besetzt, und es durfte niemand hinein. Karl wurde im Auto täglich zu den Verhandlungen abgeholt und wieder nach Hause gebracht.[26)]

Natürlich fragten die Alliierten nach dem Uran und dem Schweren Wasser, konnten aber zunächst nichts erfahren. Schließlich kam es zu einem Verhör, an dem Otto Hahn, Max von Laue, Carl Friedrich von Weizsäcker, Erich Bagge und Karl Wirtz teilnehmen mußten. Max von Laue berichtete später:

Beide, Weizsäcker und Wirtz, leugneten, etwas darüber zu wissen. Erst nach stundenlangem Ausweichen auf alle möglichen Vorwände gaben sie endlich zu, wo das Versteck sich befand. Worauf die Alliierten erwiderten: »Das stimmt, wir haben es nämlich schon vor einigen Tagen gefunden.«[27)]

Was sich damals im benachbarten Haigerloch noch alles abspielte, erfuhr Wirtz erst nach der Rückkehr aus England von einer Mitarbeiterin. Am 22. April nachmittags erschien dort Colonel Boris Pash »mit etwa zehn bis an die Zähne bewaffneten Soldaten«:

> Der Oberst befahl uns, sofort die Laborräume zu verlassen und uns in unsere Wohnungen zu begeben. Nach einigen Verhandlungen gestattete man uns, wenigstens unsere Privatsachen und Lebensmittelvorräte mitzunehmen... In den nächsten Tagen begannen dann die Verhöre, wobei Frl. Laska zitternd und bebend den Anfang machen mußte. Man ließ sie aber schnell wieder laufen und schenkte ihr für die erlittenen Ängste einen Kaugummi... Bald zogen die Amerikaner ab und sprengten vorher unseren Bunker. Sie hätten bei dem Krach und den Erschütterungen nur die Haigerlocher erleben sollen! Sie hätten uns am liebsten durchbohrt, weil wir ihre gute Stadt so in »Gefahr« gebracht haben. Am schönsten war der Anblick des Herrn Stadtpfarrers, der, aus Angst, er könnte unter den Trümmern der Schloßkirche ein unrühmliches Ende finden, mit fliegenden Rockschößen und blaß wie eine Wand die Schloßtreppe hinabeilte, um sich in Sicherheit zu begeben.[28)]

Karl Wirtz hatte in dem Kellerlaboratorium einige private Habseligkeiten untergebracht, die nun verloren waren. »Wer hätte das gedacht«, resümierte Ottoni Wirtz, »in dem sichersten Ort der ganzen Schwäbischen Alb«.

Der wissenschaftliche Leiter von Alsos, der niederländisch-amerikanische Physiker Samuel Goudsmit, bedauerte die Zerstörung der Höhle. Er sei leider zu spät gekommen, um diesen »Fehler« zu verhindern. Für Colonel Boris Pash war die Aktion jedoch ein voller Erfolg. Er berichtete an den vorgesetzten General: »Alsos has hit the jackpot.«

Die Entscheidung, wer von den Deutschen für eine eingehendere Befragung abtransportiert werden sollte, lag bei Samuel Goudsmit. Es war klar, daß sie Carl Friedrich von Weizsäcker und Karl Wirtz brauchten, die beiden »key members of the Heisenberg group«. Goudsmit entschloß sich, auch die beiden Senioren Otto Hahn und Max von Laue mitzunehmen, die zwar nicht zum »Uran-Verein« gehörten, aber einen souveränen Überblick über die deutsche Wissenschaftslandschaft besaßen. Dazu kamen zwei jüngere Männer, Erich Bagge und Horst Korsching, die über Isotopentrennung gearbeitet hatten.

Am 24. April, seinem 35. Geburtstag, wurde Karl Wirtz zu Verhören abgeholt, kehrte aber bald zurück. Er brachte zwei Soldaten mit, die das ganze Haus durchsuchten. Am nächsten Tag war es ruhiger, weil sich die Alliierten hauptsächlich mit Otto Hahn und dem verlagerten Kaiser-Wilhelm-Institut für Chemie in Tailfingen beschäftigten.

Am Abend des 26. April kam ein amerikanischer Offizier in die Wohnung von Erich Bagge: »Sie wissen doch, daß Sie morgen früh von hier abreisen? Bitte packen Sie Wäsche und das Notwendigste für eine Reise ein, die etwas länger dauern wird. Richten Sie sich auf zwei Wochen ein. Ihre Frau bleibt hier.«

Otto Hahn wurde von den Amerikanern in Tailfingen abgeholt und nach Hechingen gebracht. Er schlief in der Wohnung Max von Laues. »Wir tranken Brüderschaft«, berichtete Otto Hahn, und die beiden Männer besiegelten in dieser schweren Stunde ihre Freundschaft.

Wie der Tag für Ottoni und Karl Wirtz verlief, wissen wir aus einer Schilderung von Frau Wirtz:

> Karl kam abends wieder nach Hause mit der Schreckensnachricht, daß er am folgenden Morgen auf unbestimmte Zeit entführt würde. Mit ihm Weizsäkker, Prof. v. Laue, Prof. Hahn, Dr. Bagge, Dr. Korsching. Ach, das war alles schlimm, und ich war doch sehr unglücklich. Aber das half nichts. Es wurde gepackt und überlegt, was ich dann tun soll. Mitfahren durften wir Frauen natürlich nicht, aber die Amerikaner hatten Interesse daran, daß es uns gutgehen sollte.[29)]

Am nächsten Morgen kurz nach acht Uhr wurden die Deutschen mit dem Auto von ihren Wohnungen abgeholt. »Es war ein schmerzlicher Abschied, aber kurz und schnell, und das war gut«, berichtete Ottoni Wirtz. Vor dem Kaiser-Wilhelm-Institut stand eine Kolonne Jeeps zum Abtransport. Eine Photographie hat die Situation festgehalten. Man erkennt rechts einen Straßenpanzerwagen und amerikanische Soldaten in der gewohnt lässigen Haltung, links stehen ein paar Mitarbeiter der Kaiser-Wilhelm-Institute, unter ihnen Otto Hahn mit Mantel und Mütze. Zwischen den beiden Gruppen sitzt etwas weiter zurück auf einer niedrigen Mauer der zur Alsos-Mission gehörende Fred Wardenburg. Wahrscheinlich hat Karl Wirtz bei dieser Gelegenheit das überlieferte Wort gesprochen: »Wenn sie uns sagen, vierzehn Tage, dann dauert das mindestens ein Jahr.« Bis die Männer wieder nach Deutschland zurückkehrten, vergingen tatsächlich über acht Monate.

4. Kapitel
»Der glanzvolle Name Heisenberg«

Am 3. Januar 1946 flogen 19 Männer in einer Dakota von Godmanchester nach Minden. Es waren die zehn Internierten, die fünf deutschen Kriegsgefangenen und vier alliierte Begleitoffiziere. Karl Wirtz hatte sich bis zuletzt Sorgen gemacht, »daß wir Atomphysiker schließlich gezwungen würden, uns in den U. S. A. niederzulassen«. Sie kamen zunächst nach Alswede, einem Dorf mit 500 Einwohnern in der Nähe der Kreisstadt Lübbecke im Regierungsbezirk Minden. Einquartiert wurden sie im Konfektionshaus Albersmeyer, das der Eigentümer ganz kurzfristig hatte räumen müssen. Sie durften ausgehen und in Kontakt mit der Bevölkerung treten, »alles Dinge, die wir seit acht Monaten nicht konnten«. Captain Brodie stellte ihnen provisorische Ausweise aus:

> Please return the bearer Karl Wirtz to me. He is not in possession of any papers and I am responsible for him.
>
> Pl. C. Brodie, Captain
> Konfektionshaus Albersmeyer, Alswede[1)]

An ein Wiedersehen mit den Familien war noch nicht gleich zu denken. »Wenn ich Dich nun erreichbar im Lande weiß, kann ich mich nur mit Mühe hier halten«, schrieb Ottoni Wirtz: »Ich habe ein solches Reisefieber. Aber momentan ist eine allgemeine Passierscheinsperre.« Dazu kam, daß ihr hochbetagter Großvater einen Schlaganfall erlitten hatte, der jetzt, nach dem Tode seiner Frau, allein in Hechingen lebte. Die beiden waren erst 1943 aus Heringsdorf auf Usedom nach Hechingen übersiedelt. »Der gute alte Opa kämpft wacker seinen Kampf, wohl den Todeskampf, und verlangt schwere Pflege«, erfuhr Wirtz vom alten Freund Julius Hiby: »So kann Ottis Freude über Deine Rückkehr nicht recht zum Ausdruck kommen.«

Der 87jährige Otto von Garnier hatte am Ersten Weltkrieg als General der Kavallerie teilgenommen und war mit dem Pour le Mérite ausgezeichnet worden. Jetzt griff Karls Bruder ein, der Arzt Dr. Hans Wirtz; der Großvater überstand die Krise und lebte noch eineinhalb Jahre. Am 28. Januar kündigte Ottoni auf einer Postkarte ihre Reise nach Alswede an: »Ich freue mich schrecklich auf Dich, so wie Du Dir gar nicht denken kannst.« Ob diese Reise tatsächlich stattgefunden hat, wissen wir nicht.

Die acht Monate Internierung hatten die Physiker geprägt. Das wohl wichtigste, was Wirtz aus England mitbrachte, war das Grundverständnis für Politik und Demokratie. Das hatte ihm die tägliche Lektüre der Zeitungen und das Hören der BBC eingebracht. Aufzeichnungen darüber wollte er in England aber nicht machen. Schließlich mußte er damit rechnen, daß sie den Alliierten zur Kenntnis kommen würden. In Alswede hatte er Zeit, »einiges von den Gedanken zur Politik, die uns dort bewegten, festzuhalten«. Er registrierte die in England »sich bisher langsam, aber jetzt unter der Labour-Regierung schneller vollziehende Auseinandersetzung zwischen sozialistischer und kapitalistischer Wirtschaftsform«.

> Namen wie Keynes und Beveridge sind jedem Angelsachsen ein Begriff... In dem Buch von Beveridge [»Full Employment in a free Society«] wird auseinandergesetzt, daß der Staat nicht nur erreichen muß, sondern auch erreichen kann, daß Arbeitslosigkeit nicht auftritt, und zwar durch geeignete Arbeitsprogramme, durch Verteilung von überschüssiger Arbeitskraft in Form von Freizeit auf die Gesamtheit der Arbeitenden.[2)]

Überzeugt von den Gedanken des britischen Ökonomen war Wirtz aber nicht:

> Eine der Wurzeln der Leistungsfähigkeit der amerikanischen Industrie liegt im Wettbewerbsprinzip des kapitalistischen Systems, das beste Produkte bei möglichst geringen Selbstkosten fordert. Auch in England wurde die Kriegsindustrie in hohem Maß durch dieses System angetrieben. Ein Flugzeugwerk [De Havilland], das wir von außen sahen, hatte unscheinbare Fabrikanlagen verglichen mit den ausgedehnten Bauten der Junkerswerke in Dessau, produzierte aber große Flugzeugzahlen. Diese Effektivität ist ja in der sozialistischen Wirtschaft gefährdet, wenn nicht ein anderer Druck vorhanden ist, z. B. die Drohung, bei Mangel an Leistung bestraft zu werden. Und selbst das hatte, wie jeder weiß, der mit der deutschen Industrie im Kriege zu tun hatte, nicht die äquivalente Wirkung.[3)]

In Alswede wurden die fünf deutschen Kriegsgefangenen, ihre bewährten Helfer in Farm Hall, mit Dank verabschiedet. Jeder von ihnen erhielt noch hundert Zigaretten und Lebensmittelmarken mit auf den Weg. Nach dem Urteil von Karl Wirtz war der ordentlichste und zuverlässigste Alois Wolf, ein gelernter Kellner, der »bei den Mädels in Alswede« mit den »berühmten deutschen Gelehrten« renommiert und erzählt hatte, daß er mit Karl Wirtz am besten ausgekommen sei. »Die große Sehnsucht nach Deutschland haben wir gemeinsam lange Monate in uns getragen«, schrieb ihm Max von Laue auf ein Gedenkblatt: »Aber die Rosen von Facqueval und Farm Hall, die waren trotz alledem wunderschön.« Facqueval war das Schloß in Belgien, das sie im Juli 1945 bewohnt hatten.

Karl Wirtz hat sein Leben lang die Verbindung zu Alois Wolf gehalten, der später mit seiner Frau in Hindelang ein Gästehaus führte. Zum 75. Geburtstag, der im Kernforschungszentrum Karlsruhe gefeiert wurde, war Wolf der »Überraschungsgast«.

Ende Januar wurden Paul Harteck und Kurt Diebner nach Hamburg entlassen. Harteck übernahm wieder seinen Lehrstuhl für Physikalische Chemie; Diebner wollte eine Firma für Meßgeräte aufbauen. Gerlach erhielt kommissarisch die Leitung des Physikalischen Instituts der Universität Bonn. Für die übrigen sieben Physiker wurde Göttingen die neue Heimat.

Am 13. Februar übersiedelten Hahn und Heisenberg; die letzten fünf folgten einen Monat später. Die alten Universitätsstadt war im Kriege fast unzerstört geblieben, und von Göttingen aus begann der Wiederaufbau der deutschen Wissenschaft.

Jetzt erfuhren die Internierten vom Schicksal ihrer Verwandten und Freunde. Nach der Zerstörung des Wirtzschen Hauses Hölderlinstr. 18 durch den Luftangriff auf Köln am 28. Oktober 1944 wurde der Vater vom Oberlandesgerichtspräsidenten angewiesen, sich bei einem rechtsrheinischen Gericht zum Dienst zu melden. Carl und Hildegard Wirtz übersiedelten nach Freiburg, wo sie einen Monat später, am 27. November 1944, abermals ausgebombt wurden. Schließlich retteten sie sich nach St. Märgen im Schwarzwald. Nach dem Kriege stellte der Vater einen Antrag auf Wiedereinstellung, dem aber nicht stattgegeben wurde.

Erschütternd war das Schicksal des Pfarrers Dietrich Bonhoeffer und des Rechtsanwaltes Klaus Bonhoeffer, die beide in den letzten Kriegswochen hingerichtet worden waren. Sofort hat sich Wirtz bei Professor Karl Friedrich Bonhoeffer gemeldet, dem Bruder der beiden Widerstandskämpfer, und versucht, ihn zu trösten. »Sie haben recht«, dankte der alte Chef, »ganz umsonst ist ihr Tod nicht gewesen.«

> Die Zahl der Gebildeten, die aus freien Stücken, ohne persönlich angegriffen zu sein, den Kampf gegen Hitler aufnahmen und dabei ihr Leben ließen, ist ja nicht groß. Aber sie zeigt doch dem Ausland, daß nicht alles bei uns demoralisiert war, und gibt dem künftigen Deutschland vielleicht einen kleinen Funken Kredit, ohne den ja alles verloren wäre.[4)]

Bonhoeffer folgte Ende 1947 einem Ruf an die Humboldt-Universität, und die Leipziger Fakultät fragte Wirtz, ob er die Nachfolge antreten wolle. Karl Wirtz war unsicher und bat seine väterlichen Freunde um Rat. Onkel Walter Steubing schrieb:

> Ich würde für meine Person... eine Berufung an eine Hochschule in der Ostzone nicht ablehnen, allerdings mit der Einschränkung, daß ich gerade von Leipzig nichts Günstiges vernommen habe. [Friedrich] Hund,... der ja längere Zeit dort Prorektor war und dann nach Jena gegangen ist, sagte mir, daß ab-

> gesehen von ein bißchen Physik für Mediziner dort keine eigentliche Physik mehr möglich sei und die Zustände in der Universität sehr unerfreulich seien.[5)]

Karl müsse sich jedenfalls genau informieren. Die Ablehnung eines Rufes ohne zwingende Gründe bringe nur Nachteile. Clemens Schaefer äußerte sich klarer. Er riet dringend ab, »unter den jetzigen Umständen dorthin zu gehen«:

> Ich würde den Ruf ruhig ablehnen und noch ein Jahr warten; einerseits sind Sie in einer Stellung, in der Sie es aushalten können, und andererseits ist Ihnen eine Berufung ja ohnehin sicher. – Also fassen Sie keinen übereilten Entschluß, aus Angst, sitzen zu bleiben.[6)]

Wie die meisten Einwohner Breslaus hatte Clemens Schaefer die zur Festung erklärte Stadt Ende Januar 1945 verlassen müssen. Er stammte aus Bergisch-Gladbach, war in Köln aufgewachsen und nun in die alte Heimat zurückgekehrt. Mit 67 Jahren übernahm er die Leitung des Physikalischen Instituts der Universität Köln. Maria und Walter Steubing waren zu einer verheirateten Tochter nach Hildesheim gezogen, deren Haus noch am Ende des Krieges völlig zerstört wurde. Steubing übernahm schließlich eine Lehrstuhlvertretung an der Universität Hamburg.

Vielleicht hat Wirtz von Schaefer und Steubing erfahren, daß das Physikalische Institut Breslau nach der Belagerung durch die sowjetischen Truppen nur noch eine Ruine war. Das barocke Hauptgebäude der Universität hatte dagegen nur geringe Schäden davongetragen. Unmittelbar nach Kriegsende begannen die aus Lemberg vertriebenen polnischen Professoren und Studenten mit dem Wiederaufbau ihrer neuen Universität in der nun Wroclaw genannten Stadt. Einer von ihnen berichtete später*, er sei noch Clemens Schaefer bei dessen Abreise aus Breslau begegnet und Stanislaw Loria habe ihm die »verdiente Herzlichkeit« gezeigt. Schaefer sei immer ein Gegner des Regimes gewesen. Diese Story wird von Fritz Bopp bestätigt, einem Mitglied des Uranvereins, der am 7. April 1946 aus Hechingen an Wirtz berichtete:

> Kürzlich hatte ich Besuch von [Erwin] Fues... Er teilte mir mit, daß Schaefer zunächst in Woelfelsgrund verblieben sei, später aber nach Breslau zurückkehren mußte. Er soll dort als »Gehilfe« eines polnischen Physikers arbeiten und mit seiner Frau, der es gesundheitlich nicht gut gehe, in einem Kloster wohnen. Im Schoße der Kirche scheint er unter vergleichsweise erträglichen Verhältnissen zu leben. Über die Zuverlässigkeit der Quellen für diese Nach-

* Physics and Mathematics at Wroclaw University. Past and Present. Proceedings of the 17th Max Born Symposium. Edited by Jerzy Lukierski and Helmut Rechenberg. Wroclaw 2002, S. 57

richten weiß ich nichts, auch nichts darüber, ob ein jüngeres Gerücht richtig ist, nach dem Prof. Schaefer inzwischen nach Göttingen gekommen wäre... Sollte er wirklich der Hölle in Schlesien entkommen sein und in Göttingen weilen, so bitte ich Sie, ihm und den Seinen meine herzliche Anteilnahme auszudrücken.[7)]

Für die Heimkehrer in Göttingen zuständig war die britische Militärregierung in Bad Oeynhausen und zwar die Economic Subcommission, Research Branch. Die Leitung hatte Brigadier Frank Spedding, der später als Wissenschaftsattaché in Bonn wirkte. Als Vertreter war ihm Oberst Bertie Kennedy Blount beigegeben, der in Berlin studiert und dort promoviert hatte. Als wissenschaftlicher Berater fungierte Dr. Ronald Fraser, der eine »gewisse Deutschfeindlichkeit« kaum verbergen konnte, nach dem Urteil Hahns sich aber stets korrekt verhielt. Bald hat auch er sich die Anerkennung und den Dank der deutschen Physiker erworben.

Die Professoren stellten Arbeitspläne für ihre künftigen Institute auf. Im Fall von Otto Hahn und Werner Heisenberg gab es heftige Diskussionen:

> Dr. Fraser ließ keinen Zweifel daran, daß für unsere Arbeiten ein Zyklotron, Hochspannungsgenerator oder Betatron nicht in Frage kämen. Auch gebe es erwünschte und unerwünschte Forschungsthemen, und nur die ersteren würden von der Besatzungsmacht unterstützt.[8)]

Am 1. April suchte Otto Hahn den greisen Max Planck in seiner Wohnung in der Merkelstraße auf. Er traf ihn »in elendem Zustand im Bett liegend«. Hahn informierte ihn, daß er mit dem heutigen Tage die Präsidentschaft der Kaiser-Wilhelm-Gesellschaft übernommen habe.

Nach einem Wort von Heinrich Heine war Göttingen »bekannt durch seine Würste und Universität«. Heute würde man die Georgia Augusta eine »Elitehoch-

Ottoni und Karl Wirtz vor dem MPI für Physik in Göttingen (Winter 1946/47)

schule« nennen, zumindest was die Mathematik und die Naturwissenschaften betrifft. Ende des 18. Jahrhunderts wirkte hier Georg Christoph Lichtenberg, der sich durch den Witz seines Vortrages und seine Vorlesungsversuche einen großen Namen als Physikprofessor geschaffen hatte, heute aber vor allem wegen seiner Aphorismen Ansehen genießt. Das 19. Jahrhundert war dann die Epoche von Carl Friedrich Gauß und Wilhelm Weber. Der Aufstieg der Universität setzte sich in der belle epoque fort. Seit 1898 verwirklichte Felix Klein mit der »Göttinger Vereinigung zur Förderung der angewandten Physik und Mathematik« zum ersten Male in Deutschland eine »public private partnership« großen Stiles. Aus Mitteln der Göttinger Vereinigung, das heißt aus Spenden der Industrie, wurde eine Reihe von Institutsneubauten finanziert bzw. mitfinanziert.

Nach dem goldenen Zeitalter der Göttinger Mathematik mit David Hilbert, Felix Klein, Hermann Minkowski und Carl Runge folgte die nicht minder glanzvolle Epoche der Göttinger Physik mit Max Born, James Franck und Robert Pohl. Aus der ganzen Welt kamen hochbegabte Studenten, die später die Physik der dreißiger und vierziger Jahre prägten. Zu ihnen gehörte der als »Vater der Atombombe« weltberühmte J. Robert Oppenheimer. Dieser hat ein Jahr in Göttingen verbracht und 1927 bei Max Born promoviert. In einem Brief meinte er damals, die Physik in Göttingen sei wahrscheinlich die beste, die man überhaupt finden könne.

Auch Werner Heisenberg hatte schon vor seiner Münchener Promotion ein Semester bei Max Born in Göttingen studiert und dann hier als Habilitand, Privatdozent und Dozent geforscht und gelehrt. Und hier schuf er die berühmte »Göttinger Quantenmechanik« und mehrte damit den Ruhm von Stadt und Universität wohl noch stärker, als dies Gauß, Hilbert und Klein vor ihm getan hatten.

Im Jahre 1946 war Göttingen mit Flüchtlingen überfüllt, und es herrschte eine katastrophale Wohnungsnot. Der 88jährige Max Planck lebte mit seiner Frau als Untermieter in zwei möblierten Zimmern, Pascual Jordan mit Frau und zwei Kindern in einem mit einem Vorhang abgetrennten Dachraum des Mathematischen Instituts. Mit ihm und Max Born hatte Heisenberg bei der mathematischen Formulierung der Quantenmechanik zusammengearbeitet.

Für die Eingesessenen sah es kaum besser aus. Robert Pohl schrieb in einer winzigen Dachkammer an der Neuauflage seines dreibändigen Lehrbuches »Einführung in die Physik«. Dem Mathematiker Theodor Kaluza war vom Wohnungsamt das Arbeitszimmer beschlagnahmt worden, weshalb er seinem Dekan mitteilte, daß unter diesen Umständen an »eine geregelte geistige Tätigkeit nicht mehr zu denken« sei.

Am 10. April fuhr Ottoni Wirtz nach Göttingen. »Wir hoffen, daß Du und Otti schöne gemeinsame Wochen und ebenso herrliches Osterwetter hatten, wie wir«, schrieben Freund Julius Hiby und seine Verlobte.

Ein sehr freundschaftlicher Brief kam von Kurt Diebner, der sich inzwischen in Hamburg mit der Produktion von elektrischen Kochern und Heizöfen befaßte. »Haben Sie Aussicht, Ihre Familie zu holen?«

> Ich halte das getrennte Leben einfach nicht mehr aus. Ohne Familie ist alles sinnlos.[9)]

Seine Firma, die er in Hamburg gründete, nannte Diebner in Erinnerung an den »Deutschen Uranverein« die »Durag Apparatebau«. An seine Kollegen nach Göttingen lieferte er siebzehn Heizplatten und zehn Heizspiralen. »Hier besteht noch großes Interesse an Kochplatten«, dankte Wirtz: »Können Sie mir möglichst 30 (dreißig) weitere senden?«

Es dauerte noch bis Mitte Juli, bis die Familien mit ihren Möbeln von Hechingen und Tailfingen nach Göttingen gebracht werden konnten. Die Aufgabe übernahm wieder Karl Wirtz, der energische und umsichtige Organisator. Am 16. Juli fuhr er mit einem Konvoi von sechs Dreitonnen-Militärlastwagen und einem britischen Begleitkommando in die französische Zone und brachte die Frauen und Kinder mit ihrem Hausrat nach Göttingen. »Anfang August hoffe ich, dann hier eingerichtet zu sein.«

Für ihr Institut erhielten sie das Gebäude der Aerodynamischen Versuchsanstalt Böttingerstr. 4. »Mit dem glanzvollen Namen Heisenberg wird es ja hoffentlich gut gehen«, meinte Diebner, und so war es. Die britische Militärregierung und die deutschen Behörden in Göttingen sorgten zuerst für die Nobelpreisträger und ihre engsten Mitarbeiter.

Heisenberg zog mit seiner großen Familie in eine Villa in der Merkelstraße direkt neben das Haus, in dem Max Planck lebte. Hahn konnte eine schöne Dreizimmer-Wohnung in der Herzberger Landstraße übernehmen. Den anderen Mitarbeitern des ehemaligen Uranvereins wurde zur Wohnung ganz in Institutsnähe das Gebäude Bunsenstraße 16 zugewiesen. Karl und Ottoni Wirtz lebten oben im dritten Stock, Max und Magda von Laue sowie Horst Korsching unter ihnen im zweiten. Carl Friedrich von Weizsäcker bezog die »Beletage«.

Ende April, als Wirtz noch Strohwitwer war, kam freudig begrüßt als erster Besucher Julius Hiby. »Es war so praktisch auf Weizsäckers Couch schlafen zu können, und die Beteiligung an Eurer Kantinenverpflegung war eine sehr große Hilfe«, dankte der Freund: »Du selber hast mit Brei und Spiegelei rührend für mich gesorgt.«

Als Einzugstermin von Ottoni Wirtz in der Bunsenstraße 16 wird im Gästebuch der 21. Juli 1946 genannt. »Schon im ersten Monat waren sehr viele Gäste da«, notierte Karl Wirtz. Die regelmäßigen Eintragungen begannen Anfang 1947. Unter »Samstag, 8.III.47« ist festgehalten: »Zum Tee Richard von Weizsäcker.« Häufige Besucher waren Werner und Elisabeth Heisenberg, Carl Friedrich von Weizsäcker, Walther Gerlach, Otto Haxel, Clemens Schaefer (»früher Breslau, jetzt Köln«) und Onkel Walter Steubing.

In dieser Notzeit war jedes Kleidungsstück ein Wertgegenstand. »Ich besitze zur Zeit kein Oberhemd, das nicht reparaturbedürftig oder völlig zerrissen ist«, melde-

Karl Wirtz 1948

te Wirtz dem Wirtschaftsamt: »Ich bitte deshalb um Zuweisung von Bezugsrechten für Stoff für zwei Herren-Oberhemden.«

Ein Ereignis für Göttingen war im Sommer 1946 die Vorlesung, die Carl Friedrich von Weizsäcker über »Die Geschichte der Natur« hielt und die auf ungeheures Interesse stieß. Zu den vielen hundert Hörern zählte auch Karl Wirtz:

> Ich erinnere mich lebhaft des tiefen Eindrucks, den die Vorlesung auf mich machte, nicht nur wegen des sachlichen Inhalts, sondern wegen der überlegenen Vortragsweise, wegen des gewaltigen Stoffes, den die Vorlesung umfaßte und wegen der persönlichen Ausstrahlung Weizsäckers.[10)]

»Kann man irgendwie an den Text von Weizsäckers Vorlesung kommen?«, schrieb Bruder Hans aus St. Märgen. »Sein Weg von der Naturwissenschaft zurück zu einem Christentum interessiert mich brennend.«

Alle Deutschen wurden damals von der Militärregierung auf ihre politische Vergangenheit durchleuchtet und mußten einen Fragebogen mit 133 Fragen ausfüllen. Nur wenige waren bereit, kritisch über ihr Leben und ihre Verstrickung in die Verbrechen des Regimes nachzudenken. Der Schriftsteller Ernst von Salomon hat die Beantwortung zur Schilderung seines Lebens benutzt und 1951 seinem umstrittenen Bestseller den Titel »Der Fragebogen« gegeben.

Alle Unterlagen von Karl Wirtz waren immer in einer mustergültigen Ordnung verwahrt. So kann man heute noch im Generallandesarchiv Karlsruhe seinen Fragebogen finden mit dem Entwurf der Antworten. Wir erfahren, daß er 186 cm groß war, 70 kg wog, braune Haarfarbe und blaugraue Augen besaß. Einer Burschenschaft hat er nicht angehört, und er war nie Soldat. Auch politisch belastet war er nicht. Für welche Partei er seine Stimme bei den Reichtagswahlen im November 1932 und März 1933 abgegeben hat, wußte er leider selbst nicht mehr, oder er wollte die Frage nicht beantworten. Jedenfalls hat er, wie er ausdrücklich vermerkte, nicht die NSDAP gewählt.

Ärger mit der Entnazifizierung hatte der Vater. »Papa ist sehr mager, hat ständig Hunger und ist auch sonst nicht so auf dem Damm«, berichtete Bruder Hans von St. Märgen. »Vor allem grämt er sich der Zeiten und der eigenen Angelegenheiten wegen mehr als wert. Einige Leute, denen er sehr vertraut hat, antworten ihm auf seine Briefe nicht mehr, was ihn tief kränkt.«

Im Juli 1946 fand in London (mit dreijähriger kriegsbedingter Verspätung) ein festlicher Kongreß zum 300. Geburtstag von Isaac Newton statt. Als einziger Deutscher war offiziell Max Planck eingeladen. Durch einen glücklichen Umstand befand sich auch Max von Laue in London und konnte am Gesellschaftsabend in den Festräumen der Royal Society teilnehmen.

In den privaten Gesprächen mit den Kollegen ging es Planck und Laue um die Zukunft der Kaiser-Wilhelm-Gesellschaft. Für die Deutschen war die KWG eine Forschungsorganisation, die Großes für die Wissenschaft geleistet hatte und auch in den Zeiten der Tyrannei ihren Idealen treu geblieben war. Für die Briten und die Emigranten war dagegen der Name »Kaiser Wilhelm« untragbar. Die Bezeichnung zeigte nach ihrer Meinung die verhängnisvolle Verflechtung von Wissenschaft und Chauvinismus.

Im Interalliierten Kontrollrat in Berlin drängten vor allem die Amerikaner auf die Auflösung der Gesellschaft und wurden dabei von den Sowjets und Franzosen unterstützt. Wenn die Gesellschaft gerettet werden sollte, konnte dies nur nach einer Änderung des Namens geschehen. Die Anwesenheit Plancks auf dem Newton-Kongreß, wo er als ehrwürdiger Repräsentant des besseren Deutschlands auf die Anwesenden einen tiefen Eindruck hinerließ, brachte die Entscheidung.

Oberst Bertie Kennedy Blount, der Planck zum Newton-Kongreß begleitet hatte, blieb noch ein paar Tage in London. Er traf sich mit Sir Henry Dale, dem Wissenschaftsberater der britischen Regierung.

> »Es ist nur der Name, gegen den sie etwas haben«, sagte Dale. »Allein die Worte ›Kaiser Wilhelm‹ beschwören ein Bild von rasselnden Säbeln und maritimer Expansion. Nennen Sie sie die ›Max-Planck-Gesellschaft‹, und jeder wird zufrieden sein.«[11)]

Am 11. September 1946 wurde in Bad Driburg die »Max-Planck-Gesellschaft zur Förderung der Wissenschaften in der britischen Zone« gegründet.

Am Ende des ersten Nachkriegsjahres war Karls jüngster Bruder Rudolf (»Rollo«) in elendem Zustand aus russischer Kriegsgefangenschaft zurückgekehrt. Wie der Vater hatte er bei der Artillerie gedient und den Zusammenbruch als Hauptmann erlebt. Schwester Hildegard, die Ärztin war und damals in Waltershausen in Thüringen wohnte, holte ihn ein paar Monate zu sich, um ihn auszukurieren.

Wie viele Kriegsheimkehrer quälten ihn schwere Sorgen. Nach dem Abitur 1938 und dem Arbeitsdienst war er zur Wehrmacht eingezogen worden.

> Ich hatte ja vor, Chemie zu studieren. Nun ist das Chemiestudium aber das längste und wohl auch das teuerste. Inzwischen bin ich 28 Jahre alt, muß also dann noch mindestens fünf Jahre zulegen, bis ich daran denken kann, etwas zu verdienen und mich selbst zu unterhalten. Wie sieht es in finanzieller Hinsicht bei den Eltern aus? Können sie mir überhaupt ein [solches] Studium bezahlen oder nur ein kürzeres, billigeres? Andererseits, welche Aussichten hat ein Anfänger-Chemiker heutzutage bzw. in fünf Jahren in Deutschland, wo unsere chemische Industrie so reduziert und kontrolliert wird?[12)]

Die Brüder trafen sich in St. Märgen bei den Eltern. Karl riet zur Chemie und Carl Friedrich von Weizsäcker verschaffte Rollo durch einen Anruf bei Prof. Hans Brockmann, dem Ordinarius für Organische Chemie, einen Studienplatz in Göttingen. Später hat Karl durch seine guten Beziehungen den Bruder an die Farbwerke Hoechst empfehlen können.

Auch Weizsäcker besaß einen mehrere Jahre jüngeren Bruder, der in Göttingen Jura studierte. Diesen Richard von Weizsäcker hat Rollo damals gut kennengelernt. Wenn sich Carl Friedrich in der Schweiz aufhielt, was häufig vorkam, lebten beide, Richard und Rollo, in der Wohnung Carl Friedrichs.

Durch die Kriegs- und Nachkriegsereignisse waren Millionen von Menschen entwurzelt und oft mehrfach umgezogen. Verwandte und Freunde bemühten sich, die Kontakte wiederherzustellen. Wirtz nahm die Verbindung zum Kölner Konabiturienten Klaus Dockhorn wieder auf, der die »freundlichen Grüße aus Göttingen« wunschgemäß an einen Mitschüler weitergab. Dieser meldete sich sogleich bei Wirtz: »Es ist interessant zu verfolgen, wie Du konsequent Dein damaliges Gebiet weiterverfolgt hast und von dem Hochfrequenzstudium über die Kernphysik zur heutigen Forschung durchgedrungen bist.« Ganz richtig hatte es der Schulfreund nicht mehr im Gedächtnis. Karl Wirtz hat nicht Hochfrequenztechnik studiert, sondern sich in den Schuljahren als Radiobastler und Funkamateur betätigt.

Im Herbst 1946 schrieb Wirtz an den alten Kollegen Ugo Fano, der jetzt am National Bureau of Standards in Washington D.C. tätig war:

> Heisenberg hat eine schöne neue Theorie der Supraleitung gemacht. Weizsäcker arbeitet sehr erfolgreich über Kosmologie. Ich selbst habe eine Arbeit über Theorie der Wasserstoffbindung fertig. – Sie fragen nach dem

> Essen in Göttingen. Gut ist es nicht. Aber das einzige, was wirklich knapp ist, ist Fett. Wenn Sie mal einen Dollar übrig haben, so kaufen Sie mir eine Dose Schmalz oder Talg oder Butter. Private Pakete von den U.S.A. sind erlaubt.[13)]

Anfang Dezember 1946 fuhr Otto Hahn um ein Jahr verspätet nach Stockholm zur Entgegennahme des Nobelpreises. Seine Rückkehr war ein Ereignis für Göttingen. Bei der für die Wochenschau aufgenommenen Laudatio auf Otto Hahn blieb Max Planck stecken und mußte vor den versammelten Koryphäen noch einmal von vorne beginnen. Karl Wirtz hat damals mit seiner Leica Planck und Hahn nebeneinander photographiert und sich ihre Unterschriften unter das Bild schreiben lassen. Zwanzig Jahre später bat Wirtz den verehrten Altpräsidenten, seine Unterschrift zu erneuern. Sie sei inzwischen »etwas verblaßt«. Bald hing das Photo »wieder an seinem alten Platz«, d.h. in seinem Arbeitszimmer.

Alle Versuche, die Max-Planck-Gesellschaft auf die amerikanische Zone auszudehnen, scheiterten zunächst. Den Umschwung brachte erst der Besuch von Otto Hahn bei General Lucius D. Clay, dem Oberkommandierenden der U. S.-Streitkräfte, am 4. August 1947 in Frankfurt. Am 26. und 27. Februar 1948 kam es dann endlich zur Gründung der Max-Planck-Gesellschaft ohne den einschränkenden Zusatz »in der britischen Zone«.

Die Gründungsversammlung fand im Max-Planck-Institut für Physik in Göttingen, Böttingerstr. 4, statt. Werner Heisenberg fehlte; warum, wissen wir nicht. Gekommen aber waren seine drei wichtigsten Mitarbeiter Ludwig Biermann, Carl Friedrich von Weizsäcker und Karl Wirtz.

Der seit 1. April 1946 als Präsident der Kaiser-Wilhelm-Gesellschaft amtierende Otto Hahn wirkte weiter als Präsident der Max-Planck-Gesellschaft. Auch hierin kam zum Ausdruck, daß die deutschen Gelehrten die neue Gesellschaft als Fortsetzung der alten Kaiser-Wilhelm-Gesellschaft betrachteten.

Die Anerkennung der seinen Namen tragenden Gesellschaft in den drei westlichen Zonen hat Max Planck nicht mehr erlebt. Er starb am 4. Oktober 1947 im 90. Lebensjahr und wurde drei Tage später im Friedhof an der Groner Straße beerdigt. Die Traueransprachen hielten der Theologe Friedrich Gogarten, Otto Hahn und Max von Laue. Die Albani-Kirche war voll von Menschen; viele, die keinen Platz mehr gefunden hatten, standen draußen vor den Türen. Zu Plancks Verehrern gehörte auch Karl Wirtz, der in einer Würdigung geschrieben hatte, daß der Ruhm dieses guten und edlen Menschen »für alle Zeiten in die Sterne geschrieben« sei.

Zum Alltag in Göttingen gehörte auch die Unterernährung. Von Berndt Gustaf Grönblom, dem Vater seines gefallenen finnischen Freundes, erhielt Karl Wirtz einige Liebesgaben. »Die Pakete kommen in einem Augenblick«, dankte er am 8. Juli 1947, »in dem die Hungersnot in Deutschland auf ihrem Höhepunkt angelangt ist.«

Am 29. März 1947 wurde den Weizsäckers als Nachkömmling noch ein Sohn geboren. Zum Gedächtnis an den am 2. September 1939 in der Tucheler Heide gefallenen Bruder erhielt er den Namen Heinrich. Die Patenschaft übernahm Karl Wirtz. Wie es in einem Brief hieß, hoffte Gundalena von Weizsäcker, der kleine Heinrich werde »uns und seinen Paten einmal Ehre« machen. Heinrich von Weizsäcker wurde Professor der Mathematik an der Universität Kaiserslautern. Eineinhalb Monate nach der Geburt schrieb Frau von Weizsäcker an Karl und Ottoni Wirtz: »Wenn ich jemand wünsche, daß er eigene Kinder noch bekommt, seid Ihr es.« Der Wunsch ging in Erfüllung.

Als erster gratulierte der Freund Julius Hiby:

> Vor allen anderen will ich Otti und Dir unsere herzlichen Glückwünsche sagen – zur großen Hoffnung. Deine Schwiegermutter hat es uns verraten. Wie sehr können wir Eure große Freude mitfühlen.[14)]

Die Eltern rechneten mit einem Sohn, der nach der Familientradition »Carl« heißen sollte. Am 15. März 1948 kam eine Tochter zur Welt. Sie wurde evangelisch auf die Namen Christiane Caroline getauft, aber nur »Carlinchen« genannt. Sie studierte später Biologie und Chemie, legte das erste und zweite Staatsexamen für das höhere Lehramt ab, ist aber nach ihrer Heirat und der Geburt des ersten Kindes gar nicht mehr in den Schuldienst eingetreten. Übrigens gab es zwei Jahre später auch bei den Heisenbergs noch einmal Nachwuchs. Am 5. April 1950 wurde als siebentes und letztes Kind die Tochter Verena geboren.

»In jenen Jahren«, hat Werner Heisenberg gesagt, »mußte natürlich viel Mühe und Kraft für die Befriedigung der primitivsten Lebensbedürfnisse oder im Institut für die Beschaffung einfachster Ausrüstungsgegenstände aufgewendet werden. Aber es war eine glückliche Zeit.«

> Es hieß nicht mehr, wie in den zwölf Jahren vorher, daß dies oder jenes noch möglich sei, sondern es hieß, daß es schon wieder möglich sei, und man konnte fast mit jedem Monat in der wissenschaftlichen Arbeit oder im privaten Leben die Verbesserungen und Erleichterungen spüren.[15)]

Den großen Unschwung brachte die Währungsreform am 21. Juni 1948. Jeder Bundesbürger erhielt ein sogenanntes »Kopfgeld« von 40 DM. Karl Wirtz war entsetzt, als seine Frau sogleich eine Seidenbluse kaufte. Nun setzte ein, was man später das »Wirtschaftswunder« genannt hat. Mit einem Schlage kamen die gehorteten Waren in die Schaufenster, und für das neue Geld gab es tatsächlich etwas zu kaufen. Die starke Nachfrage ermöglichte der Industrie, ihre Produktion auszuweiten und die Stückkosten zu senken.

Die erste Auslandsreise nach dem Kriege führte im September 1948 nach Brighton zur Jahrestagung der British Association for the Advancement of Science.

Die Einladung ging von der britischen Militärregierung aus. Nach England ist Wirtz oft gekommen, noch öfter in die Vereinigten Staaten, wo es ihm immer ausnehmend gut gefiel. »Nach U.S.A. würde ich auswandern«, hat er gesagt. »Bei den Engländern irritiert die Verwandtschaft.«

Ebenfalls 1948 erhielt der vom Dienst suspendierte Vater seinen Entnazifizierungsbescheid. Er wurde in die Kategorie IV (Mitläufer) eingestuft. Daraufhin bat er um Versetzung in den Ruhestand. Der Justizminister des Landes Nordrhein-Westfalen genehmigte das Gesuch, denn Carl Wirtz vollendete am 16. Juli sein 65. Lebensjahr. Der Minister dankte ihm dabei für seine »dem deutschen Volke geleisteten treuen Dienste«.

Im Jahr 1949 entstand aus den drei westlichen Besatzungszonen die Bundesrepublik Deutschland. Im Wahlkampf spielte die Frage »soziale Marktwirtschaft« oder »Planwirtschaft« eine große Rolle. Die Entscheidung fiel am 14. August 1949. Die erste Bundestagswahl brachte den Unionsparteien 139 Mandate und ermöglichte Konrad Adenauer die Bildung einer Kleinen Koalition. Er selbst wurde Bundeskanzler, der Liberale Theodor Heuss Bundespräsident. Ende des Jahres erreichte Adenauer in zähen Verhandlungen mit den drei alliierten Hohen Kommissaren, daß große und berühmte deutsche Unternehmen wie die August-Thyssen-Hütte in Düsseldorf, die Farbenfabriken Bayer in Leverkusen und die Badische Anilin- und Sodafabrik in Ludwigshafen von der Demontageliste gestrichen wurden.

Auch der Wiederaufbau der Wissenschaft machte rasche Fortschritte. Eine ganze Reihe von den Farm Hall-Internierten rückte in die höchsten Positionen ein. Otto Hahn stand an der Spitze der Max-Planck-Gesellschaft. Werner Heisenberg gründete als höchstes Organ der deutschen Wissenschaft und Gesprächspartner des Bundeskanzlers den »Deutschen Forschungsrat« und übernahm das Amt des Präsidenten*. Paul Harteck sollte Präsident der in Braunschweig-Völkenrode neu gegründeten Physikalisch-Technischen Bundesanstalt werden, lehnte aber den Ruf ab. Dafür übernahm er im November 1948 das Rektorat der Universität Hamburg und wurde 1949 im Amt bestätigt. Auch der nach München zurückgekehrte Walther Gerlach stand nach seiner Wahl 1949 und Wiederwahl 1950 zwei Jahre als Rektor an der Spitze der Ludwig-Maximilians-Universität. Freund Julius Hiby nahm an der Feier zu seinem 60. Geburtstag am 1. August 1949 im Hotel Regina teil: »Gerlach energie- und witzgeladen wie in alten Zeiten.«

Auf dem Gebiet der Kernphysik bestanden noch immer die alliierten Forschungsverbote. Für das Göttinger Max-Planck-Institut lag es nahe, auf die Probleme der Höhenstrahlung auszuweichen. Das war ein altes Interessensgebiet von Werner Heisenberg. Schon während des Krieges hatte das Institut ein Seminar über

* Der Deutsche Forschungsrat fusionierte 1951 mit der Notgemeinschaft der Deutschen Wissenschaft zur Deutschen Forschungsgemeinschaft.

Kosmische Strahlung abgehalten und die Vorträge waren 1943 als Buch erschienen. Der Mitarbeiter Klaus Gottstein berichtete:

> Wirtz hatte auch physikalisch-chemische und molekularbiologische Interessen, die in den fünfziger Jahren in Göttingen in gemeinsamen Arbeiten mit dem noch ganz jungen Alfred Gierer über Wasserstoffbrücken, über die Mikroreibung von Flüssigkeiten und in einer Arbeit zur Theorie von Wanderungsvorgängen in Flüssigkeiten zum Ausdruck kamen. Zunächst gab es noch keine in den Praktiken der Hochenergiephysik erfahrenen Physiker am Institut. So begann die Arbeit überwiegend mit jungen Leuten, mit Doktoranden und Diplomanden.[16)]

Damals hielt Wirtz auch einige Rundfunkvorträge zum Thema Atom und Atomenergie. »Der Bedarf an guten, allgemeiner interessierenden Vorträgen aus dem Gesamtbereich der Naturwissenschaften ist so groß, daß man bei Qualität ziemlich konkurrenzlos ist.« Das schrieb ihm damals ein Freund aus München, der für den Bayerischen Rundfunk arbeitete. Den Sendungen fehlte es nicht an Resonanz. Im Oktober 1949 meldete sich eine Verwandte:

> Vor einigen Abenden hörte ich im Radio die Sendung »Das Atom«. Nach anfänglicher Unaufmerksamkeit drang plötzlich eine Stimme in mein Bewußtsein, die mir bekannt erschien. Ich horchte nun haarscharf hin – und da war

Mit Carlinchen in Kampen 1950

> es tatsächlich der Herr Prof. Wirtz aus Göttingen, der da sprach. Daß ich Dich nach all' der langen Zeit an der Stimme erkannt habe, hat mir einen riesigen Spaß gemacht.[17)]

Die Verbindung zum Bayerischen Rundfunk hatte ihm Hermann Mau vermittelt, ein Theologe und Philosoph, der mit Carl Friedrich von Weizsäcker befreundet war. Mau engagierte sich damals für die Gründung eines Wohnheimes für Studenten und junge Arbeiter, um die immer noch viel zu hohen sozialen Schranken abzubauen. Auch Wirtz beobachtete das Projekt der »Wohnheimsiedlung am Maßmannplatz« mit der größten Sympathie. Von Hermann Mau erfuhr er von der am 22. Juli 1949 bevorstehenden Vereinsgründung und der Beteiligung Gerlachs.

> Der Maßmannplatz geht gut voran. Wir hatten am 10. Juni eine wohlgelungene Einweihungs- und Richtfestfeier für die beiden vorhandenen Bauteile, zu der zu meiner Freude auch Gerlach mit Frau erschien und unvorhergesehenermaßen spontan das Wort zu einer sehr herzlichen Zustimmung ergriff. Er sprach mich gleich auf Dich an... Wir werden insofern nun auch in dauerhaften Kontakt kommen, als er sich an der Gründung eines e.V. »Wohnheimsiedlung Maßmannplatz« vorstandsweise beteiligen wird.[18)]

Im Januar 1951 ging Max von Laue mit seiner Frau nach West-Berlin, wo sich die »Freie Universität« in Steglitz im Aufbau befand. Die alten Kaiser-Wilhelm-Institute waren zur »Forschungshochschule Dahlem« zusammengefaßt, und Max von Laue übernahm das ehemals von Fritz Haber geführte Institut für Physikalische Chemie. »Daß man mit 71 Jahren eine solche Stellung angeboten erhält und auch annimmt«, sagte der Nobelpreisträger, »ist durchaus singulär«. Wie schon im Dritten Reich, als Laue im Rahmen des Möglichen dem Nationalsozialismus entgegengetreten war, kämpfte er jetzt gegen den kommunistischen Totalitarismus: »Ich fühle mich gleich den meisten anderen Westberlinern als auf Vorposten stehend gegen den Vormarsch dieser Ungeistigkeit.«

In Laues alte Wohnung in der Bunsenstraße 16 zog Ludwig Biermann. Als Abteilungsleiter für Astrophysik am Max-Planck-Institut für Physik war er neben Carl Friedrich von Weizsäcker der engste Kollege.

Karl Wirtz hatte sich 1938 an der Universität Berlin habilitiert und war dort zweieinhalb Jahre später zum Dozenten ernannt worden. An der Universität Göttingen mußte er sich seine akademische Stellung wieder neu aufbauen. Am 10. Juli 1947 verlieh ihm die Georgia Augusta die Venia legendi. Nach wie vor hoffte er auf ein Ordinariat. Weil die Aussichten jedoch unsicher waren, betrieb er seine Ernennung zum außerplanmäßigen Professor. Dazu mußte er Gutachten vorlegen. Er wandte sich an Georg Melchers in Tübingen, einen Direktor am dortigen Max-Planck-Institut für Biologie, der die Bitte bereitwillig erfüllte:

> Ich verstehe übrigens gar nicht, warum Sie so gerne apl. Professor werden wollen. Dieser Titel beweist doch nur eine langjährige Dozentenzeit ohne inzwischen erfolgte Berufung. Als mildernder Umstand kommt zwar für Sie die lange Nazi- und Kriegszeit in Betracht, aber das können Sie doch nicht gut jedesmal in Klammern hinter das apl. setzen.[19)]

Am 18. November 1949 erhielt Wirtz seine Urkunde von der Universität Göttingen.

Heisenberg, Wirtz und viele andere haben die Nachkriegsjahre »die glücklichste Zeit« ihres Lebens genannt. Man konnte wieder mit Optimismus in die Zukunft blicken und Pläne machen. Im Dezember 1950 richteten Karl und Ottoni Wirtz einen vervielfältigten Dankesbrief an die Freunde im Ausland, die sie »in den Nachkriegsjahren durch Lebensmittel, Bücher und andere Sendungen unterstützt hatten«.

> Wenige von Euch draußen können sich eine Vorstellung davon machen, wie ungeheuer groß die Not an allen materiellen Dingen nach dem Krieg in Deutschland war, und wie viel auch die kleinste Hilfe für uns bedeutete.[20)]

Jetzt verwirklichte er auch seinen Vorsatz, den er in den Hungerjahren gefaßt hatte. Er kaufte sich ein 700 Quadratmeter großes, an der Stegemühle gelegenes Gartengrundstück mit alten Obstbäumen und Fliedersträuchern. Hier fand die Familie ihr kleines Paradies. Die Hauptarbeit blieb Frau Ottoni. Zentnerweise wurden Äpfel, Birnen, Pflaumen, Rheneclauden, Erdbeeren und Himbeeren geerntet, eingeweckt und zu Marmeladen und Säften verarbeitet.

Wie erwähnt, hatte Wirtz bereits Ende 1947 einen Ruf nach Leipzig als Nachfolger von Karl Friedrich Bonhoeffer erhalten, den er aber aus politischen Gründen nicht annehmen wollte. In der Nachkriegszeit wurden auch in Westdeutschland einige Lehrstühle für Physikalische Chemie neu besetzt; Wirtz kam aber nicht zum Zuge. In einem Privatbrief hat er damals sein Verhältnis zur Physikalischen Chemie und zur Kernphysik beschrieben:

> Ich habe zwar viel Kernphysik gearbeitet und habe einige Erfahrung am D_2O Pile. Dennoch halte ich mich für origineller in physikalischer Chemie. Wenn ich das hiesige Institut verlassen würde, so würde ich stets eine endgültige Beschränkung auf physikalisch-chemische Probleme anstreben. Während mir wahrscheinlich in Kernphysik nicht mehr viel Neues zum Arbeiten einfallen würde, schweben mir eine ganze Reihe von Arbeiten in Physikalischer Chemie vor. Am meisten würde mir doch wohl ein Universitätslabor liegen, da ich sehr an die Mitarbeit von jungen Leuten gewöhnt bin und eine meiner Stärken in vielseitiger Anregung sehe. Aber auch ein Forschungsinstitut,

das sich mit Problemen der großen Moleküle und Proteïne befaßt, wäre mir natürlich recht.[21)]

Als ein paar Jahre später der berühmte amerikanische Biophysiker Linus Pauling von Berkeley zu Vorträgen nach Deutschland kam, fuhr Wirtz mit seinem VW-Käfer nach Tübingen, um ihn zu hören. Er nahm Alfred Gierer mit und sagte zu ihm: »Wenn ich jung wäre, würde ich nicht Kernphysik machen, sondern die physikalische Chemie auf biologische Systeme anwenden.« Bald darauf eröffnete ihm Gierer, daß er tatsächlich in diese Richtung gehen wolle. Nach der Promotion verschaffte ihm Wirtz ein Fulbright-Stipendium.

Den ersten großen Urlaub verbrachte Wirtz 1949 allein in Kampen auf Sylt, während Frau Ottoni mit Carlinchen in Göttingen blieb. Es ist denkbar, daß ihm Heisenberg und Weizsäcker von Sylt erzählt haben. Heisenberg, der an Heuschnupfen litt, hat sich für die Pfingstferien immer pollenarme Gegenden gesucht. In den Jahren 1933-35 war er zusammen mit Weizsäcker auf der seit 1927 durch den Hindenburgdamm mit dem Festland verbundenen nordfriesischen Insel gewesen.

Die Wochen auf Sylt haben Wirtz so gut gefallen, daß die Familie von nun an regelmäßig ihren Sommerurlaub in Kampen verbrachte. 1950 wohnten sie im Doppelzimmer. Carlinchen schlief im Koffer. Am Strand stellte Wirtz sein altes Zelt auf, das ihn schon nach Finnland begleitet hatte.

Die erste große Anschaffung, noch vor dem Kauf des Gartens, war ein Volkswagen. Er war damals der einzige Mitarbeiter mit einem eigenen Auto, abgesehen von Heisenberg, der einen Mercedes als Dienstwagen besaß. Seit 1951 fuhren sie mit dem VW nach Sylt. Aus den siebziger Jahren erinnerte sich seine Sekretärin Manuela Wettstein, daß er immer braun gebrannt und gut erholt von Sylt zurückkam. Ein Porträtfoto im Familienbesitz bestätigt diese Aussage.

Ende August 1949 erhielt er ein Angebot der Universität Melbourne in Australien auf eine Gastprofessur. Die Umwandlung in eine Dauerstellung wurde in Aussicht gestellt. Daraufhin bot ihm Heisenberg die Leitung der experimentellen Abteilung des Max-Planck-Instituts an. »My tendencies for emigration have been weakened very much by that offer«, schrieb er dem australischen Kollegen.

Im gleichen Jahr besuchte der spanische Physiker José M. Otero Navascués das Max-Planck-Institut in Göttingen. Er wollte Gespräche mit den deutschen Pionieren der Reaktortechnik führen. Spanien als Land ohne eigene Kohlevorkommen erwartete besonders viel von der neuen Primärenergie.

Aus Madrid kamen einige jüngere Physiker nach Göttingen, um ihre Doktorarbeiten anzufertigen. Bald folgte eine Gegeneinladung nach Madrid. In der »Welt« vom 18. März 1950 fand man folgende Notiz:

> Der deutsche Physiker Karl Wirtz ist nach Spanien gereist, um ein geeignetes Gelände für die Errichtung eines im Auftrage der spanischen Regierung zu

> schaffenden Laboratoriums zur Erforschung der kosmischen Strahlen ausfindig zu machen.[22)]

Wahrscheinlich hatte die Max-Planck-Gesellschaft eine entsprechende Presseerklärung herausgegeben. Es ging wohl eher um seinen Rat beim Aufbau der »Junta de Energia Nuclear«, der spanischen Atomenergiekommission, und der entsprechenden Forschungsanlage. Wie Großbritannien in Harwell und Frankreich in Saclay errichtete Spanien in Montcloa bei Madrid sein Zentrum für Kernenergieforschung.

Mit dem Volkswagen fuhr Wirtz im Frühjahr 1951 noch einmal nach Spanien. Frau und Tochter folgten im Flugzeug. Auf einem Ostern 1951 in Madrid aufgenommenen Photo sieht man die dreijährige Christiane im Käfer mit Brezelfenstern und ausklappbarem Richtungsanzeiger.

Wie auf fast allen Reisen hat Wirtz auch hier interessante Kollegen kennengelernt, zu denen er dann sein ganzes Leben die Kontakte pflegte. In Spanien war es Werner Kleen, der bekannte »Röhren-Kleen«, mit dem er sich anfreundete. Kurze Zeit später kehrte Kleen nach Deutschland zurück und übernahm die Entwicklung bei Siemens in München.

Dienstreisen in ferne Länder hat Wirtz immer gerne unternommen. Die letzten drei Monate des Jahres 1950 verbrachte er in Argentinien auf Einladung der dortigen Atomenergiekommission. Er hat weite Ausflüge einschließlich von Maultierritten im Gebiet des Aconcagua unternommen und viele Kollegen besucht. Dazu gehörte der Chemiker Walter Seelmann-Eggebert in Tucuman, ein früherer Assistent Otto Hahns in Berlin und Tailfingen, den er zur Rückkehr nach Deutschland veranlaßte. Nach der Gründung des Kernforschungszentrums Karlsruhe wurde Seelmann-Eggebert ein guter Freund und Kollege als Direktor des Instituts für Radiochemie.

Besonders gut gefiel es Wirtz in Mendoza, das »unvergleichlich viel schöner« sei als Buenos Aires. In La Plata besuchte er den betagten Richard Gans, der nach dem Kriege ins Land gekommen war.

> Er ist früher Professor der Physik in Königsberg gewesen und lebt hier mit zwei erwachsenen Söhnen, einer Schwiegertochter und einem Enkel von drei Jahren. Es war ein sehr netter Nachmittag; er ist ein alter Freund von Gerlach, dem wir einen Brief schrieben.[23)]

Kennengelernt hat er auch eine Gruppe von jungen Physikern, Beatriz Cougnet, Hans Kobrak, Juan Roederer und Pedro Waloschek. Er freundete sich mit Beatriz und Juan Roederer an, die bald darauf heirateten, und blieb mit ihnen in Verbindung, auch als Roederer in die U.S.A. ging und später Direktor des Geophysikalischen Instituts von Alaska in Fairbanks wurde.

Ende November fuhr Wirtz mit der Bahn über die Anden nach Santiago und Valparaiso. Obwohl er erst seinen 40. Geburtstag gefeiert hatte, fühlte er sich ermüdet. Seiner Frau schrieb er aus Santiago: »Ich glaube, ich werde hier niemanden besuchen, da ich unbedingt ausruhen muß.«

Anfang Dezember war er wieder in Buenos Aires, wo ihn der Rektor der Universidad de Cuyo in Mendoza aufsuchte und ein »großes Angebot« unterbreitete:

> Ich habe noch nicht geantwortet, sondern wie üblich gesagt, ich wolle in Deutschland nachdenken. Auch kann ich sechs Monate zur Probe kommen, mit Familie und zwei Mitarbeitern und dem Auto! Das Angebot soll bestehen bleiben, auch falls ich mich nicht direkt entschließe. Ich solle es als Rückversicherung gegen die Russen betrachten.[24)]

Sieben Monate nach dem Ausbruch des Koreakrieges glaubte auch Wirtz, daß ein neuer Weltkrieg kommen werde, »aber erst in ein bis zwei Jahren«. Am 21. Dezember 1950 war er wieder in Deutschland. Im Gepäck hatte er ein schönes Weihnachtsgeschenk für Carlinchen, eine Puppe mit schwarzer Hautfarbe.

Das Angebot nach Mendoza hat er nicht angenommen. Argentinien war ein Land der Zukunft; gegenwärtig bot es jedoch noch nicht »die Möglichkeit zu zeitgemäßer Forschungsarbeit«.

Drei Monate nach der Rückkehr aus Argentinien hörte Wirtz von dort erstaunliches. Staatspräsident Juan Perón gab bekannt, daß der »argentinische Wissen-

Arbeitszimmer im MPI für Physik

schaftler Ronald Richter« (der kein Wort spanisch sprach) in einem erfolgreichen Experiment Atomenergie aus der Kernfusion gewonnen hätte. Nach weiteren zwei Jahren und dem Einsatz von 62 Millionen Pesos wurde das Schwindelunternehmen abrupt beendet. Juan Roederer glaubt, daß die Zweifler am Fusionsprojekt, inbesondere Otto Gamba, mit der Einladung an Karl Wirtz die Meinung eines deutschen Experten hatten einholen wollen.[25)]

Anfang 1951 ging es an der Universität Köln um die Besetzung des Lehrstuhles für Physikalische Chemie (Nachfolge Robert Wintgen). Da war vieles, was ihn lockte, nach Köln zu gehen. Das Bewerbungsverfahren, wie wir es heute kennen, gab es noch nicht. Der Vorsitzende der Berufungskommission fragte bei den anerkannten Fachvertretern nach möglichen Kandidaten. So wurde Wirtz von Karl Friedrich Bonhoeffer und Werner Heisenberg genannt. Die Sitzung der Berufungskommission verlief, wie er erfuhr, »extrem stürmisch«, und seine Befürworter wurden überstimmt. Dabei hatte das Argument eine Rolle gespielt, er besitze »zu wenig Kontakt mit der Chemie«. Wie man in Göttingen erfuhr, war Robert Pohl eigens nach Köln gereist, um dort sein (sehr negatives Urteil) persönlich vorzutragen. Wahrscheinlich gehörte er zu den Gutachtern im Verfahren.

Als es ein paar Jahre später um die Berufung nach Karlsruhe ging, brachte Pohl im Verein mit seinem Göttinger Kollegen Hans Kopfermann seinen großen Einfluß abermals zur Geltung.

5. Kapitel
Zurück zur Reaktorphysik

»Eines Tages, vielleicht in zwanzig Jahren, basiert das Wirtschaftsleben in Europa nicht länger auf Millionen Tonnen Kohle, sondern auf wenigen Tonnen Uran. Wenn die europäische Industrie weiter nur die konventionellen Energiequellen gebraucht, kann sie ihre Tore zumachen.« Das war die Botschaft des französischen Nobelpreisträgers Louis de Broglie für die erste europäische Kulturkonferenz im Dezember 1949 in Lausanne.

Von den deutschen Wissenschaftlern plädierte besonders nachdrücklich Werner Heisenberg für die Nutzung der neuen Primärenergie. Von ihr erwartete er nicht nur eine Lösung des Energieproblems, sondern eine neue technisch-wissenschaftliche Revolution vergleichbar mit der Einführung der Elektrotechnik um die Wende zum 20. Jahrhundert. In vielen Reden und Interviews drängte Heisenberg, nicht länger zu warten: »Unser Land ist auf diesem Gebiet der Technik hinter dem Ausland zurück. Selbst kleinere, industriell sonst schwächere Länder wie etwa Norwegen, Schweden oder Holland sind Deutschland hier überlegen.«

Auf dem Gebiet der Kernphysik hatten sich seit dem Kriege große Dinge abgespielt. Nach dem Vorbild der Vereinigten Staaten bemühten sich die Industrieländer, mit allen Kräften ihre Wissenschaft voranzubringen. So heißt es in einem Aide mémoire des französischen Ministerrats von 1950: »La recherche scientifique apparaît dans tout les Etats modernes comme une impérieuse nécessité.«

Aus der Kernphysik war nicht nur die Kerntechnik hervorgegangen; die Forschung auf dem Gebiet des Mikrokosmos hatte sich wissenschaftlich derart erweitert, daß man zwischen der bisherigen Kernphysik und der Hochenergiekernphysik unterschied. In dem neuen Fach der Hochenergiephysik, wie man verkürzt sagte, brauchte man als Herzstück einer Forschungsanlage einen sog. »Beschleuniger«, um die Teilchen zu erzeugen, die unter normalen Bedingungen nicht existieren. Auch hier zählte der Fortschritt nach amerikanischer Zeitrechnung: Berkeley Synchrotron 1950, Brookhaven Cosmotron 1952, Berkeley Bevatron 1954.

Im Aufwind des europäischen Einigungsstrebens kam es zu der Idee, ein großes, den gigantischen Laboratorien der Vereinigten Staaten ebenbürtiges Gemeinschaftsinstitut zu gründen. Zur Ausarbeitung des Projekts konstituierte sich der »Conseil Européen pour la Recherche Nucleaire«, abgekürzt CERN, ein Gremium, in das jedes Land zwei Delegierte entsandte, einen Wissenschaftler und einen hohen Beamten. Die deutschen Vertreter waren Werner Heisenberg und Alexander Hocker. Dieser wirkte damals als Referent der Deutschen Forschungsgemeinschaft und später als Ministerialdirigent im Bundesministerium für Atomfragen.

Seit Beginn des Dritten Reiches hatte Deutschland seine einstige Spitzenstellung in der Physik verloren. Werner Heisenberg zog 1950 ein bitteres Resümee:

> Eine Reihe der besten Gelehrten, ein Teil der Elite des jüngeren Forschungsnachwuchses, wurde zur Emigration gezwungen. Das öffentliche Interesse wandte sich von allen wissenschaftlichen Fragen radikal ab... Die bald beginnenden Vorbereitungen zum Kriege und sein Ausbruch brachten häufig auch die Reste freier wissenschaftlicher Tätigkeit zum Erliegen. Die Luftangriffe zerstörten dann einen großen Teil aller deutschen Hochschulgebäude, Bibliotheken und Apparate.[1)]

Nach Kriegsende war zunächst jede Forschung auf dem Gebiet der Kernphysik und Kerntechnik verboten. Das rigide Gesetz Nr. 25 des Interalliierten Kontrollrates wurde mit der Gründung der Bundesrepublik durch das Gesetz Nr. 23 der Alliierten Hohen Kommission abgelöst. Die Betätigung auf dem Gebiet der Reaktortechnik blieb jedoch weiter untersagt. Immerhin konnte Werner Heisenberg im Sommersemester 1950 als Honorarprofessor an der Universität Göttingen eine Vorlesung über die Theorie der Atomkerne und im folgenden Wintersemester eine weitere über die Theorie der Neutronen abhalten. In dieser Zeit nahm auch Karl Wirtz die experimentellen Arbeiten zur Neutronenphysik »in Fortführung der

Besuch des Bundespräsidenten, 5. November 1951

Kriegsuntersuchungen« wieder auf. Im Winter 1952/53 las er als apl. Professor eine »Einführung in die praktische Neutronenphysik«.

In den Verhandlungen über den Deutschlandvertrag und die Europäische Verteidigungsgemeinschaft wurde in Aussicht genommen, das Gesetz Nr. 23 der Alliierten Hohen Kommission vom 15. März 1950 erheblich zu lockern. Der Bundesrepublik sollte ein kleiner Forschungsreaktor mit Natururan als Brennstoff und Graphit als Moderator zugestanden werden. An den Verhandlungen war am Rande auch Karl Wirtz beteiligt:

> Ich erinnere mich deutlich an eine Besprechung zwischen Bundeskanzler Adenauer, dem amerikanischen Hochkommissar McCloy und den anderen beiden Hochkommissaren in Bonn, in der die thermische Leistung eines solchen Reaktors festgelegt wurde. Ich war als Experte lediglich im Hintergrund der Besprechung als mögliche Assistenz für den Bundeskanzler zugegen.[2)]

Nach einer witzigen Definition des späteren Staatssekretärs Rolf Lahr sind Experten »Leute die Bescheid wissen, aber nichts zu sagen haben«. Das bestätigte sich auch hier. Der Fachmann wurde gar nicht gefragt. Immerhin gab es am Abend noch einen Empfang, bei dem das Thema informell zur Sprache kam.

Am 26. Mai 1952 wurde der Deutschlandvertrag, am 27. Mai der Vertrag über die Europäische Verteidigungsgemeinschaft unterzeichnet. Der Senat der Deutschen Forschungsgemeinschaft berief eine kleine »Kommission für Atomphysik«, die aus den führenden deutschen Kernphysikern bestand. Sie hatte drei Aufgaben: Erstens die Regierung und die deutsche Delegation bei den Verhandlungen über den Aufbau des europäischen Laboratoriums für Hochenergiephysik in Genf, bekannt unter der Abkürzung CERN, zu beraten und zweitens die für die Atomkernforschung von der Bundesregierung zur Verfügung gestellten Schwerpunktmittel auf die einschlägig arbeitenden Institute sinnvoll zu verteilen. Drittens sollte die Kommission die Frage prüfen, »was zu veranlassen ist, wenn mit der Ratifizierung die alliierten Verbote gegenstandslos werden, die die Bundesrepublik in der Verwertung von Atomenergie... beschränken.«

Als Vorsitzender der »Kommission für Atomphysik« berichtete Werner Heisenberg auf der 2. Sitzung am 19. November 1952 in Göttingen, »daß der Bundesregierung die Errichtung eines Uranbrenners von 1.500 kW erlaubt werden würde«:

> Es dürften jährlich nicht mehr als 500g Plutonium erzeugt werden. Außerdem werde später der Uranbergbau auf 9 t Uranelement pro Jahr beschränkt. Mit Hilfe dieses Kernreaktors werde der deutsche Bedarf an Isotopen für wirtschaftliche und medizinische Zwecke voraussichtlich wenigstens teilweise gedeckt werden können, dagegen sei die Leistung nicht groß genug für eine irgendwie ins Gewicht fallende Energiegewinnung. Der Bundeskanzler und der Bundeswirtschaftsminister hätten sich für die baldige Errichtung

> des Meilers ausgesprochen... Herr Gentner, Herr Wirtz und er [Heisenberg] hätten die Bundesregierung bei den Vorbereitungen... beraten.[3)]

Auch die Kommission vertrat die Ansicht, »daß man mit den Vorarbeiten für den Bau des Meilers so bald wie möglich beginnen sollte, wenn auch natürlich zu berücksichtigen sei, daß eine Legitimation dafür erst nach der Ratifizierung des Bonner Vertragswerkes durch alle beteiligten Staaten« erwartet werden könne.

Auf die Frage, wie man sich »die im Zusammenhang mit dem Atommeiler zu errichtende Fabrik vorstelle«, verwies Heisenberg auf das Beispiel des Brookhaven National Laboratory. Neun renommierte, an der Ostküste gelegene amerikanische Universitäten hatten 1946 gemeinsam das Großforschungszentrum gegründet. Heisenberg gab in der Kommissionssitzung eine etwas verkürzte Beschreibung: »Im Mittelpunkt stehe der Brenner, daran angehängt sei ein chemisches Laboratorium. Im Zusammenhang mit dem Brenner müßten [in Deutschland] auch Fragen der Aufarbeitung der Rückstände, der Isotopenherstellung bearbeitet werden... Wissenschaftlich sei der Komplex vielleicht noch nach der Strahlenbiologie und Spektroskopie hin zu ergänzen.«

Ein kritischer Punkt war der Standort des geplanten Forschungszentrums. Darüber gab es in den kommenden Jahren noch heftige Auseinandersetzungen. Die Entscheidung, die dann getroffen wurde, bestimmte ganz unmittelbar das weitere Leben von Karl Wirtz.

Heisenberg setzte sich für München ein und vertrat die Auffassung, »daß der Bau des Brenners nur in ständiger enger Zusammenarbeit mit einem Forschungsin-

50. Geburtstag von Werner Heisenberg, Betrachtung der Geschenke

stitut versucht werden sollte«. Ein Institut wie das Max-Planck-Institut für Physik könne »auch später ein Teil des Gesamtkomplexes sein«:

> Da er sich sehr für das ganze Unternehmen interessiere und arbeitsmäßig viele Beziehungen dazu habe, würde er bereit sein, den Gedanken an eine Verlegung des Max-Planck-Institutes von Göttingen weg zu erwägen und mit dem Institut die unmittelbare Vorarbeit für den Bau des Brenners übernehmen. Allerdings komme für ihn aus verschiedenen Gründen (z.B. die auf der Zugspitze laufenden Forschungsarbeiten des Instituts!) dann nur der Raum München in Betracht.[4)]

Die Höhenstrahlungsmessungen auf der Zugspitze spielten für die Standortfrage in Wirklichkeit keine Rolle. Heisenberg urteilte in diesem Punkt ganz emotional. Er war in München aufgewachsen; er liebte die Stadt, und hier fühlte er sich zu Hause. Die vielen Jahre, die er sozusagen » in der Fremde« gewesen war – in Leipzig, in Berlin und Göttingen – hatten seine Sehnsucht gesteigert und jetzt war sein großer Wunsch »aus dem Nebelland in die südliche Sonne« heimkehren zu können: »Das Land zwischen München und den Bergen scheint mir schöner als irgendein anderes der Welt.« Die Heimkehr nach München konnte er als Wiedergutmachung ansehen. Schon 1937 hätte er als Meisterschüler seines akademischen Lehrers Arnold Sommerfeld nach dem Willen der Ludwig-Maximilians-Universität nach München berufen werden sollen, was damals am Einspruch der Nationalsozialisten scheiterte. Ein zweites Mal sollte er unmittelbar nach Kriegsende den Lehrstuhl Sommerfelds übernehmen, und da hatte er selbst mit Rücksicht auf die Pflichten gegenüber seinem Max-Planck-Institut abgesagt.

Wie sollte es weitergehen? Die »Kommission für Atomphysik« schlug vor, drei Unterkommissionen einzurichten: eine, »die sich mit dem Problem der Gewinnung des Urans befasse, eine andere, die sich mit dem Schweren Wasser beschäftige, und eine [dritte], die den richtigen Ort für den Meiler aussuche und alle Vorbereitungen für den Bau in die Hand nehme«.

Die Empfehlung wurde von der Bundesregierung aufgegriffen. Der Kanzler veranlaßte das Wirtschaftsministerium, die Federführung zu übernehmen. Am 20. November 1952 konstituierte sich unter dem Vorsitz von Ludwig Erhard »das die deutsche Kernenergieindustrie vorbereitende Gremium«, das wenige Monate später in »Studienkommission für Kernenergie« umbenannt wurde. Wie der Karlsruher Technikhistoriker Rolf-Jürgen Gleitsmann konstatiert, hatte das »nicht nur semantische Bedeutung«. Man wollte »die tatsächlichen Absichten nicht schon durch die Namensgebung aller Welt lauthals kundtun«. Über eine »Studienkommission« würden die Westmächte wesentlich leichter hinwegsehen können, als über ein Gremium, »das bereits dem Namen nach die Vorbereitung einer – nach wie vor verbotenen – deutschen Kernenergie-Industrie auf seine Fahnen geschrieben hatte«. Das neue Gremium setzte die bereits von der Deutschen Forschungsgemeinschaft ins Auge gefaßten drei Fachkommissionen ein.

> Die Fachkommission II/Moderatoren war besetzt mit den Professoren Bonhoeffer (Göttingen), Groth (Bonn), Joos (München) und Wirtz (Göttingen) sowie zwei Vertretern der Industrie. Der Vorsitz oblag Karl Wirtz.[5)]

Die Behandlung der Standortfrage war Aufgabe der Planungskommission. Den Vorsitz übernahm Wilhelm Bötzkes, der Vorstandsvorsitzende der Industriekreditbank und Vizepräsident der Max-Planck-Gesellschaft; zu den Mitgliedern gehörten u.a. die Professoren Walther Gerlach (München), Werner Heisenberg (Göttingen), Georg Joos (München) sowie Dr. Ernst Telschow (Göttingen), der Generalsekretär der Max-Planck-Gesellschaft. Bereits auf seiner ersten Sitzung am 30. Mai 1953 behandelte der Planungsausschuß die Standortfrage. Zur Sprache kam das von Heisenberg nachdrücklich unterstützte Angebot Münchens. Es wurde aber auch, und zwar von Dr. Ernst Telschow, auf das Interesse der Stadt Karlsruhe hingewiesen. Erst kurz zuvor hatte Günther Klotz, der Oberbürgermeister, »den Wunsch und die dringende Bitte« nach Göttingen übermittelt, »es möchte der Atommeiler seinen Standort im Bereich des Stadtkreises Karlsruhe erhalten«.

> Die Stadtverwaltung Karlsruhe wird gerne in dieser Angelegenheit in jeder möglichen Weise mithelfen, sowohl durch Bereitstellung von Gelände, als auch durch sonstiges Entgegenkommen, auch finanzieller Art. In Karlsruhe finden sich genügend große Flächen, die sofort zur Verfügung gestellt werden können und für die auch die Verkehrsvoraussetzungen und erforderlichen Versorgungsanschlüsse gegeben sind.[6)]

Bei einem Gespräch auf Beamtenebene im Wirtschaftsministerium Stuttgart am 12. Juni 1953 ging es um die nächsten Schritte. Die Teilnehmer wollten Befürworter der Karlsruher Bewerbung als Lobbyisten gewinnen:

> Hier zog Prof. Karl Wirtz, ein herausragender Göttinger Mitarbeiter und Vertrauter Werner Heisenbergs, die Aufmerksamkeit der Runde auf sich. Um Wirtz möglicherweise umstimmen und für den Standort Karlsruhe gewinnen zu können, hoffte man sich der Hilfe eines seiner Verwandten, nämlich des Direktors der Badenwerke, Prof. Carl Theodor Kromer, zu versichern.[7)]

Carl Theodor Kromer, der Vorstandsvorsitzende der Badenwerke, war ein Vetter mütterlicherseits. An der Technischen Hochschule Karlsruhe hatte er eine Honorarprofessur inne und gehörte zu den Ehrensenatoren.

Auf seiner Sitzung am 30. Mai 1953 hatte der Planungsausschuß der »Studienkommission für Kernenergie« beschlossen, den beiden Städten einen Fragebogen zur Beantwortung zuzuleiten. Es ging darum, die relevanten Daten zu erheben und damit die Standortentscheidung vorzubereiten. Mit der Ausarbeitung des Fragebogens wurde Werner Heisenberg beauftragt, und es ist sehr wahrscheinlich, daß er die Aufgabe an Wirtz delegiert hat. Die Übersendung des Fragebogens an die beiden Städte verschob sich bis Mitte September.

Im August 1953 nahm Karl Wirtz an einer Reaktortagung in Kjeller bei Oslo teil. Norwegen und die Niederlande hatten sich zu einer Arbeitsgemeinschaft auf dem Gebiet der Atomenergiegewinnung zusammengeschlossen. Zwei Jahre zuvor war der von beiden Staaten gemeinsam errichtete Reaktor in Kjeller kritisch geworden, und aus diesem Anlaß veranstaltete das *Joint Establishment of Nuclear Research* eine Konferenz über Schwerwasserreaktoren. Aus Deutschland waren Peter Jensen vom Botheschen Institut in Heidelberg und Karl Wirtz eingeladen.

> Einer der ersten Leute, die ich traf, war Alvin Weinberg [vom Oak Ridge National Laboratory], den ich nicht mal dem Namen nach kannte. Er frug mich, ob ich derjenige sei, der während des Krieges über Schweres Wasser gearbeitet habe. Dann begann er eine ausführliche Diskussion über die deutschen Kriegsarbeiten zur Atomenergie... Im November 1945 hatte er... für Arthur Holly Compton einen Bericht [darüber] geschrieben... Weinbergs Urteil war günstiger, als die Deutschen selbst es je gewagt hätten.[8)]

Der amerikanische Fachmann bestätigte in diesem Bericht, daß die Deutschen »auf dem rechten Wege waren und daß ihr Denken in erstaunlichem Maß parallel zu dem unseren lief«. Ob es in den Gesprächen mit den norwegischen und niederländischen Kollegen um eine Beteiligung der Bundesrepublik am Forschungsreaktor in Kjeller ging, wissen wir nicht. Ein entsprechender Vorschlag ging jedenfalls kurze Zeit später von Leo Brandt aus, dem nordrhein-westfälischen Staatssekretär im Ministerium für Wirtschaft und Verkehr und Pionier der Kernenergienutzung. Niederländer und Norweger legten einen konkreten Vertragsentwurf vor, der die deutsche Mitarbeit regeln sollte. Das Projekt kam aber nicht zustande.

Für Alvin Weinberg war es die erste Europareise. In seiner Autobiographie berichtete er von seiner Begegnung mit Karl Wirtz und dessen Überraschung, daß er (Weinberg) derart gut über das deutsche Uranprojekt Bescheid wußte. Weinberg erwähnte auch, daß damals, acht Jahre nach Kriegsende, die Beziehungen der übrigen Tagungsteilnehmer zu Wirtz etwas gespannt waren.

Am 12. August 1953, gerade zur Zeit der Reaktorkonferenz in Kjeller, zündete die Sowjetunion ihre erste Wasserstoffbombe. Auf dem Gebiet der thermonuklearen Waffen hatten die Vereinigten Staaten ihren Vorsprung verloren, und jetzt beschleunigten sie die Entwicklungsarbeiten. Damit begann eine neue Phase des Wettrüstens. Auf der ganzen Welt waren die Menschen zutiefst beunruhigt.

Schon Albert Einstein hatte es vor Jahren als die wichtigste Aufgabe bezeichnet, »das Atom zum Segen und nicht zum Ruin der Menschheit zu nutzen«. Genau das war der Sinn der großen Rede des amerikanischen Präsidenten Dwight D. Eisenhower am 8. Dezember 1953 in einer Vollsitzung der Vereinten Nationen in New York. Eisenhower betonte die Entschlossenheit der Vereinigten Staaten, alles zu tun, damit »der wundervolle menschliche Erfindungsgeist seine schöpferischen Kräfte nicht für das Töten, sondern für das Leben einsetzt«. Die Atommächte sollten ihr bisher geheimgehaltenes Know how für die friedliche Nutzung der Kernenergie und zum Wohl der gesamten Menschheit offenlegen.

Jedenfalls war die Bundesrepublik entschlossen, sich so bald wie möglich auf dem neuen Gebiet zu engagieren. Darüber gab es bei Politikern, Industriellen und Wissenschaftlern nicht den mindesten Zweifel. Um schon in der Planungsphase die Interessen der Industrie zur Geltung zu bringen, gründeten 16 deutsche Unternehmen mit einem Kapital von je 100.000 DM am 8. November 1954 die Physikalische Studiengesellschaft. Vorsitzender des Aufsichtrates wurde Wilhelm Bötzkes (Industriekreditbank), als Stellvertreter fungierten Hermann Reusch (Gutehoffnungshütte) und Alfred Petersen (Metallgesellschaft). Die Geschäftsführung übernahm Ernst Telschow, der Generalsekretär der Max-Planck-Gesellschaft. Aus den Mitteln der Physikalischen Studiengesellschaft wurde in Göttingen die unter Leitung von Karl Wirtz stehende Reaktorgruppe aufgebaut. Die Zahl der Mitarbeiter betrug im Juli 1956 einschließlich von Verwaltungs- und Büropersonal 55.

Unterwegs mit dem Volkswagen, Oktober 1954

Obwohl die drei Professoren am Max-Planck-Institut für Physik, Heisenberg, von Weizsäcker und Wirtz, nur im Nebenamt an der Universität Göttingen unterrichteten, ergänzten ihre Veranstaltungen in erfreulicher Weise das Lehrangebot. Viele Studenten kamen zu ihnen, um ihre Diplomarbeit oder Dissertation anzufertigen, und man hörte das Wort: »Heisenberg hat Schüler, v. Weizsäcker hat Jünger und Wirtz Knechte.«

Bei einem Interview über die Göttinger Jahre hat der Schüler Alfred Gierer an dieser Stelle heftig widersprochen: »Die Aussage ist falsch, was Wirtz betrifft. Falscher kann sie gar nicht sein. Das Gegenteil ist richtig.« Wirtz habe sich immer besonders viel Zeit für seine Mitarbeiter und Studenten genommen und sich für sie eingesetzt. Die »vielseitige Anregung« sei wirklich eine seiner Stärken gewesen.

Viele Mitarbeiter brachten es bald zu eigenen Lehrstühlen und verantwortlichen Stellen in der Industrie. Ein Beispiel ist Karl Heinz Beckurts, der seit Mitte 1956 als Assistent von Wirtz die Gruppe »Experimentelle Neutronenphysik« leitete. Beckurts wurde später Vorstandsmitglied bei der Siemens AG und fiel 1986 einem Mordanschlag der RAF zum Opfer.

Auch Rudolf Schulten, der Erfinder des Kugelhaufenreaktors, gehört zu den Schülern. »Sie haben uns jungen Leuten unsere ersten Gehversuche ermöglicht«, schrieb dieser später an Karl Wirtz, »und als erfahrener Wissenschaftler so manchen guten Rat gegeben.«

> Ich erinnere mich noch an einige Ihrer Ratschläge und Ermahnungen, die wir damals zwar manchmal nicht so richtig zu werten wußten, die mir aber heute... immer wieder als richtig und zutreffend erscheinen.[9)]

Kein Schüler war Wolf Häfele. Er kam nach seinem Diplom an der TH München und drei Jahren bei Siemens in Karlsruhe nach Göttingen, um bei Carl Friedrich von Weizsäcker über ein astrophysikalisches Thema zu promovieren. Zum 1. September 1955 wurde er Mitglied der Arbeitsgruppe Wirtz und erhielt ein gemeinsames Arbeitszimmer mit Schulten.

Die wichtigste politische Frage, die entschieden werden mußte, war der Ort des geplanten Forschungszentrums. Der erwähnte Karlsruher Technikhistoriker Professor Rolf-Jürgen Gleitsmann hat das zwei Jahre währende Hin und Her gründlich untersucht. Wir können uns mit einem Resümee begnügen.

Am 8. Dezember 1953, als Dwight D. Eisenhower in New York seine große »Atoms für Peace«-Rede vor den Vereinten Nationen hielt, war Karl Wirtz in Karlsruhe, um mit Werner Heisenberg, Wilhelm Bötzkes, Ernst Telschow, dem Karlsruher Oberbürgermeister Günther Klotz und anderen Herren das angebotene Gelände am Rhein im Nordwesten des Stadtkreises zu besichtigen. Beim gemeinsamen Abendessen im Schloßhotel »Solms« sagte der Oberbürgermeister in seiner Tischrede: »Wir sind etwas und hoffen durch Sie noch mehr zu werden.« Auch in den folgenden Monaten hat Wirtz als Mitglied der Standortkommission an deren Arbeiten teilgenommen.

Am 22. April 1954 erhielt er einen Brief des befreundeten Georg Melchers, eines Direktors am Max-Planck-Institut für Biologie in Tübingen. Melchers hatte Gelegenheit gehabt, zwei Tage zuvor mit dem Ministerpräsidenten von Baden-Württemberg, Gebhard Müller, »unter vier Augen und ganz vertraulich das Problem Atommeiler« zu besprechen:

> Daß ich gegen München bin, wissen Sie und kennen meine Gründe. Inzwischen scheinen mir bedeutende Bundesgenossen erwachsen zu sein. Erstens die Bayernpartei, die mit Recht eine Verpreußung ihres Landes fürchtet, zweitens scheint mir aber auch die Nähe der tschechischen Grenze von noch maßgeblicheren Kreisen als der Bayernpartei als Gegengrund gegen München angeführt zu werden... Ich weiß nun von den Plänen, die das Land Baden-Württemberg hat, Ihnen und vor allem den Frauen Gemahlinnen Karlsruhe schmackhaft zu machen.[10)]

Die Entscheidung hatte sich der Bundeskanzler selbst vorbehalten. Er traf sie nach einer ausdrücklich erbetenen Stellungnahme des NATO-Oberbefehlshabers General Alfred Gruenther. Diese lautete ohne Begründung in militärischer Kürze, »daß seiner Ansicht nach für den Reaktorbau nur Karlsruhe und nicht München in Frage kommen könne«.

Nach dem Ausbruch des Koreakrieges im Juni 1950 rechneten viele Zeitgenossen, auch die Militärs, mit einer bewaffneten Auseinandersetzung in Europa und einem raschen Vordringen der sowjetischen Truppen. Paul Harteck spekulierte über die (schlechten) Aussichten und sandte seinem Kollegen Karl-Friedrich Bonhoeffer ein Diagramm über die »relative Wahrscheinlichkeit des Krieges«. Es zeigte einen raschen Anstieg zu Anfang der fünfziger Jahre und dann zur Mitte des Jahrzehnts eine konstant hohe Kriegsgefahr.

Die klare Aussage des amerikanischen Vier-Sterne-Generals diente Adenauer als deus ex machina. Endlich hatte er ein Argument, um die leidige Standortdiskussion zu beenden. Am 29. Juni 1955 fand im Palais Schaumburg die entscheidende Sitzung statt, an der neben Adenauer fünf Bundesminister (Ludwig Erhard, Fritz Schäffer, Theodor Blank, Siegfried Balke, Franz Josef Strauß) und Staatssekretär Walter Hallstein, der baden-württembergische Ministerpräsident Gebhard Müller mit zwei Ministern (Hermann Veit, Oskar Farny), der bayerische Kultusminister August Rucker sowie führende Vertreter der Wissenschaft teilnahmen.

> Im zweiten Teil der Besprechung teilte Herr Minister Blank mit, daß aus militärischen Erwägungen als Standort für den Versuchsreaktor, dessen Bau mit 30 bis 40 Millionen DM veranschlagt wird, nur Karlsruhe in Frage kommt... Es wurde Einigung erzielt, daß der Versuchsreaktor in Karlsruhe

errichtet werden soll. Professor Heisenberg soll von den Herren Dr. Bötzkes und Dr. Telschow um Entscheidung gebeten werden, ob er nach Karlsruhe oder nach München gehen will. Im Falle seiner Übersiedlung nach München würde ein zusätzlicher kleiner Reaktor (Baukosten etwa 3 bis 5 Mio DM) in München gebaut werden, welcher als Einrichtung der Max-Planck-Gesellschaft enger begrenzten Forschungsaufgaben dienen würde.[11)]

Das entscheidende Argument, die gefährdete Lage Münchens, wurde von den Kennern sofort ad absurdum geführt. Heisenberg erklärte die Vorstellung als »unberechtigt«, daß die Russen aus einer Besetzung dieser für friedliche Zwecke gedachten Reaktorstation militärischen Nutzen ziehen könnten: »Wenn sich militärische Stellen gegen die Einrichtung der Reaktorstation im Münchener Raum wenden, so müßten die Stellen konsequenterweise auch die Verlegung aller Betriebe der friedlichen Industrie von München nach dem Westen empfehlen.« Ganz ähnlich, nur noch weiter zugespitzt, hat es auch der spätere Atomminister Franz Josef Strauß gesagt:

> Bei einer solchen militärischen Einschätzung würde ich östlich des Lechs die Entwicklung und Produktion von Fahrrädern verbieten, denn sonst kämen die Russen bei ihrem Vormarsch in den Genuß des Geheimnisses der Zweiradindustrie. Aber Adenauer setzte sich durch, die Entscheidung fiel für Karlsruhe.[12)]

Vom 8. bis 20. August 1955 fand in Genf die große Tagung der Vereinten Nationen zur friedlichen Nutzung der Kernenergie statt. Für das deutsche Reaktorprojekt konnte man wertvolle Anregungen erhoffen. Am 5. Mai hatte die Bundesrepublik mit dem Inkrafttreten der Pariser Verträge die volle Souveränität erhalten. Damit waren endlich die lästigen Forschungseinschränkungen beseitigt.

Die offizielle deutsche Delegation sollte von Werner Heisenberg geleitet werden. In seiner Enttäuschung über die Standortentscheidung zog er die dem deutschen Außenminister Heinrich von Brentano bereits gegebene Zusage zurück. Hinsichtlich eines »Ersatzmannes« für die Leitung der Delegation wollte Heisenberg keine Vorschläge machen. Er nutzte aber die Gelegenheit, Karl Wirtz als Experten ins Gespräch zur bringen:

> Wenn Sie einen sachkundigen Berater in den Fragen des Reaktorbaues brauchen, so ist der geeignetste deutsche Vertreter sicher Herr Prof. Wirtz (der als Mitglied der Expertengruppe auf jeden Fall nach Genf kommen wird), da Prof. Wirtz sich zusammen mit einer kleinen Gruppe von tüchtigen Mitarbeitern in meinem Institut während der letzten zwei Jahre sehr gründlich mit allen Fragen des Reaktorbaus beschäftigt hat und schon aus der Kriegszeit Erfahrungen auf diesem Gebiet besitzt.[13)]

Die dann von Otto Hahn geführte deutsche Delegation bestand aus fünf offiziellen Mitgliedern und 27 Beratern. Die Deutschen wohnten in einem bescheidenen Hotel in Bahnhofsnähe, weil Devisen gespart werden mußten. Auf der Tagung dominierten die Amerikaner. Von den 1.400 Teilnehmern kamen 500 aus den Vereinigten Staaten. Otto Hahn, mit dem alles begonnen hatte, schien in diesem Kreis völlig unbekannt. Auch auf dem Ausstellungsstand der U.S.A., wo die Porträts der Pioniere hingen, fehlte sein Bild. Erst auf Hinweise von deutschen Tagungsteilnehmern sorgten die Amerikaner dann doch noch für ein Photo Hahns.

Ein paar Tage zuvor hatte Max von Laue im benachbarten Bern an einer Physikertagung zu Ehren des am 18. April verstorbenen Albert Einstein teilgenommen. Laues Resümee stimmte mit den Genfer Eindrücken völlig überein: »Der Rückgang im Ansehen des deutschen Geistes ist erschreckend... In Bern wurde meist Englisch und kaum Deutsch gesprochen.«

In wissenschaftlicher Hinsicht hat Karl Wirtz die Genfer Konferenz jedoch in positiver Erinnerung behalten:

> Eine wundervolle Aufbruchstimmung herrschte, und von deutscher Seite war die Industrie sowohl wie die Politik vollständig vertreten. Allen deutschen Besuchern wurde klar, daß die Forschungsseite der Kernenergie in eine andere Dimension gebracht werden müßte, um der neuen Zeit gerecht zu werden. Eine große Anzahl hervorragender Wissenschaftler war in Genf versammelt, u. a. Niels Bohr, Otto Hahn, Willard F. Libby, John D. Cockcroft, Francis Perrin, Glenn T. Seaborg und viele andere. Die deutschen Besucher erkannten, welch gewaltiges Gebiet auf sie zukam.[14)]

Unter der großen Zahl der Referenten war Karl Wirtz, der über »Production and Neutron Absorption of Nuclear Graphite« sprach. Einen Überblick über die Bedeutung der Wissenschaft für den Menschen gab Niels Bohr. Ebenfalls in einem Abendvortrag sprach Sir John Cockcroft über die Zukunft der Atomenergie.

Auch die mit der Genfer Konferenz verbundene Ausstellung wurde von den Amerikanern beherrscht. Ständig von Zuschauern umlagert war ein mit angereichertem Uran betriebener Schwimmbadreaktor. Das Wasser diente als Kühlmittel und Moderator. In der Tiefe sah man ein schwaches blaues Licht, das von der Tscherenkow-Strahlung herrührte und auf den sensiblen Beobachter den Eindruck des Geheimnisvollen hervorrief.

Während der Genfer Tagung lud die britische Regierung ausgewählte Fachleute ein, das Atomic Energy Research Establishment in Harwell und den Reaktor Dido zu besichtigen. Das ließ sich Wirtz nicht entgehen. Mit einem Sonderflugzeug starteten die Experten am Morgen in Genf und wurden am Abend wieder zurückgebracht. Bei dieser Gelegenheit lernte Wirtz Sir John Cockcroft kennen.

Dem Aufsichtsrat der *Physikalischen Studiengesellschaft* vermittelte Karl Winnacker am 9. September 1955 seine Eindrücke von der Genfer Konferenz. Die zivi-

Tagung der UN zur friedlichen Nutzung der Atomenergie im alten Völkerbundspalais in Genf, August 1955

lisierten Völker befänden sich in einer ähnlichen Situation »wie im Augenblick der Erfindung der Dampfmaschine oder des elektrischen Generators durch Werner von Siemens«:

> In solchen Augenblicken der Geschichte der Technik werden schließlich Positionen bezogen, die für die nächsten Jahrzehnte unseren Lebensstandard bestimmen.[15)]

Karl Wirtz erhielt den Auftrag, mit der unter seiner Leitung stehenden Reaktorgruppe unverzüglich mit den Arbeiten am geplanten deutschen Forschungsreaktor zu beginnen.

> Die Mittel stellte die *Studiengesellschaft* zur Verfügung; die Räume die Max-Planck-Gesellschaft und das für den Start notwendige wissenschaftliche Personal und die Literatur wurden von der Neutronengruppe des *Max-Planck-Instituts für Physik* gestellt... Das Wachstum der Gruppe war zum Schluß [August 1956] durch Mangel an Räumlichkeiten begrenzt... Die Abteilung »Theoretische Physik« war in den Räumen der Generalverwaltung der *Max-*

> *Planck-Gesellschaft* untergebracht, die Abteilungen »Experimental-Physik« und »Regeltechnik« in den Räumen des *Max-Planck-Instituts für Physik*, die übrigen Abteilungen im Oberstock des Kantinengebäudes der MPG.[16)]

Um frühzeitig Know how zu erwerben, delegierte die Industrie Mitarbeiter in die Reaktorgruppe. Aber auch Firmen, die der Physikalischen Studiengesellschaft zunächst nicht angehörten, suchten das Gespräch mit Karl Wirtz. Die Herren von Brown, Boveri & Cie Mannheim wurden bei ihren Besuchen in Göttingen auf einen Mitarbeiter namens Rudolf Schulten aufmerksam, der sich nach seiner Promotion bei Werner Heisenberg der Kerntechnik zugewandt hatte. Als Leiter der theoretischen Abteilung der Reaktorgruppe entwickelte er die Konzeption eines »Reaktors der zweiten Generation«. Es handelte sich um den Hochtemperatur-Reaktor mit kugelförmigen Brennelementen: »Die Idee erschien uns so interessant«, berichtete Kurt Lotz, der BBC-Vorstandsvorsitzende, »daß wir Schulten sofort einen Vertrag gaben.«* Sein Weggang Anfang des Jahres 1956 war ein schwerer Verlust für die Reaktorgruppe.

Die Berichterstattung in den deutschen Zeitungen über die Genfer Atomkonferenz war durchwegs negativ. Der Rückstand der Bundesrepublik wurde sehr stark herausgestellt. Um die Kritik aufzufangen, entschloß sich der Bundeskanzler am 15. Oktober 1955, ein eigenes Ministerium für Atomfragen zu gründen und mit Franz Josef Strauß zu besetzen. Strauß war Historiker und Altphilologe, aber brennend interessiert an allen Aspekten der modernen Technik. Bereits am 5. Dezember begleitete Wirtz den Minister auf einem Informationsbesuch nach England. Es erwies sich als sehr vorteilhaft, daß Wirtz bereits mit Sir John Cockcroft, dem Direktor des *Atomic Energy Research Establishment* in Harwell, bekannt war.

Zwei Monate zuvor war Wirtz – zum ersten Mal – in die Vereinigten Staaten gereist. Er nahm an einer Tagung des »National Industrial Conference Board« teil, wo er viele Pioniere des Faches traf, die er alle – zumindest dem Namen nach – kannte. Er lernte Henry DeWolf Smyth kennen, den Verfasser des berühmten Smyth-Reports über »Atomic Energy for Military Purposes«, und General Leslie R. Groves, der während des Krieges das Manhattan Project geleitet hatte. Groves war, wie in der Army üblich, mit 52 Jahren in den Ruhestand gegangen, hatte aber zuvor noch die Beförderung zum Lieutenant General (Drei-Sterne-General) erhalten.

Auf seiner anschließenden Rundreise besuchte Wirtz das *Institute for Nuclear Studies* in Chicago, das der im Jahr zuvor verstorbene Enrico Fermi geleitet hatte, und die kanadische Reaktorstation Chalk River. Beim (für Karlsruhe in Aussicht genommenen) FR 1 war als Neutronenreflektor Graphit vorgesehen. Diese Reaktorkonzeption schloß eng an die des kanadischen NRX an, der seit 1947 im Kernfor-

* 1961 gründete BBC Mannheim mit der Friedr. Krupp GmbH ein Joint Venture, die *Brown Boveri Krupp Reaktor Bau GmbH.* Rudolf Schulten wurde technischer Geschäftsführer. Später ging das Unternehmen als *Hochtemperatur-Reaktorbau GmbH* ganz auf BBC über.

schungszentrum Chalk River in Betrieb war. Der wesentliche Unterschied zum NRX bestand darin, daß beim FR 1 Schweres Wasser als Moderator und Kühlmittel dienen sollte, während beim NRX ein zweiter Leichtwasser-Kühlkreislauf vorhanden war.

Um fachlichen Rat zu erhalten, gründete Franz Josef Strauß die Deutsche Atomkommission, abgekürzt DAK. Am 26. Januar 1956 traten die 25 vom Minister berufenen Mitglieder im Palais Schaumburg, dem Amtssitz des Bundeskanzlers, zu ihrer konstituierenden Sitzung zusammen. Zur DAK gehörten die führenden Vertreter der deutschen Wirtschaft wie Hermann Josef Abs (Deutsche Bank), Ulrich Haberland (Bayer Leverkusen), Karl Knott (Siemens Erlangen), Hermann Reusch (Gutehoffnungshütte Sterkrade) und Karl Winnacker (Höchst). Aus der Wissenschaft kamen Otto Hahn, Otto Haxel, Werner Heisenberg, Gerhard Hess, Wolfgang Riezler, Arnold Scheibe und Gerhard Schubert. Den Vorsitz übernahm Franz Josef Strauß, Stellvertreter wurden Otto Hahn, Leo Brandt und Karl Winnacker.

> An jenem Januartag saßen die 25 Mitglieder erstmals am großen Kabinettstisch zusammen. Minister Strauß war es, der... für ein amüsantes Zwischenspiel sorgte. Als er Otto Hahn als einen seiner Stellvertreter vorschlug, erhob sich der damals Siebenundsiebzigjährige und meinte, er sei für dieses Amt wohl doch viel zu alt. Strauß antwortete prompt: »Vom Alter haben wir hier im Hause andere Vorstellungen.« (Adenauer war damals schon 80.) Auf weiteres Zureden erklärte Hahn schließlich: »Ich beuge mich Ihrer Hartnäckigkeit, Herr Minister.« Strauß schlagfertig: »Auch von Hartnäckigkeit hat man hier im Hause eine andere Vorstellung.« Nach der Sitzung wurde die Kommission von Bundeskanzler Adenauer empfangen und in Gegenwart von Presse und Rundfunk der Öffentlichkeit vorgestellt.[17)]

Die Deutsche Atomkommission bildete fünf Fachkommissionen; zum Vorsitzenden der Fachkommission III, »Technisch-wirtschaftliche Fragen bei Reaktoren«, wurde Karl Winnacker gewählt. Die Fachkommission III bildete wiederum drei Arbeitskreise (Kernreaktoren, Brenn- und Baustoffe, Uranerze). Winnacker sorgte dafür, daß Karl Wirtz in den Arbeitskreis »Kernreaktoren« gewählt wurde und den Vorsitz übernahm. Winnacker und Wirtz haben sich bald angefreundet und später (1975) ein gemeinsames Buch über »Das unverstandene Wunder. Kernenergie in Deutschland« geschrieben. Hier konstatierten die beiden, daß der Nutzen der DAK »offensichtlich« gewesen sei: »Der Minister verfügte über eine große Zahl von ehrenamtlichen Ratgebern, die durchaus eine eigentliche Atombehörde ersetzten.«

Mit der Entscheidung für Karlsruhe konnte sich Heisenberg nicht abfinden. Wie der Nobelpreisträger schon zuvor erklärt hatte, wollte er sein Institut nach München, aber keinesfalls nach Karlsruhe verlegen. Mit seinem großen Ansehen fiel es ihm nicht schwer, auch unter den veränderten Voraussetzungen die Zusage der Bayerischen Staatsregierung für die Verlegung seines Instituts nach München zu erhalten. Am 30. November 1955 verhandelte er im Kultusministerium mit Staatssekretär Hans Meinzolt:

> Die Gesamtkosten für den Neubau des Max-Planck-Instituts für Physik inklusive Einrichtung, Gebäude, Geländeaufschließung usw. werden auf 7,5 Millionen DM geschätzt, die im bayrischen Staatshaushalt aufgebracht werden müssen, was von den Vertretern des Finanzministeriums gebilligt wurde.[18)]

In Bayern regierte seit Ende 1954 die sog. »Viererkoalition« unter dem sozialdemokratischen Ministerpräsidenten Wilhelm Hoegner. Die SPD war damals prononciert wissenschaftsfreundlich.

Das zeigte sich deutlich auf dem Parteitag, der Mitte Juli 1956 in München stattfand. Carlo Schmid, einer der großen Redner des Bundestages, sprach über die durch die Kernenergie herbeigeführte zweite industrielle Revolution und entwarf die Vision einer besseren Gesellschaftsordnung:

> Bisher gab es Muße nur für die oberen gesellschaftlichen Schichten. Künftig aber könnte es Muße für alle geben. Dann wäre das Wort des Aristoteles gegenstandslos geworden, das besagt, die höheren Schichten kämpften, regierten und philosophierten, das Volk aber habe sich auf die Arbeit zu beschränken.[19)]

Die Delegierten verabschiedeten einen »Atomplan«. Die neue Energie werde »entscheidend helfen, die Demokratie im Inneren und den Frieden zwischen den Völkern zu festigen«:

> Die Atomenergie kann zu einem Segen für hunderte von Millionen Menschen werden, die noch im Schatten leben. Deutschland muß an der Hilfe für diese Völker mitwirken, aber auch die Lebensmöglichkeiten des eigenen Volkes verbessern.[20)]

Bei seinem Besuch in der Landeshauptstadt besichtigte Dr. Ernst Telschow das für das Max-Planck-Institut vorgesehene Gelände im Norden der Stadt, das ihm sehr gut gefiel. In München herrschte noch immer große Wohnungsnot, und Telschow hielt die Beschaffung der Wohnungen für das »schwierigste Problem«. In seinem Gespräch mit dem Architekten Sep Ruf ging es auch um die private Unterbringung des Institutsdirektors Heisenberg und seiner drei Abteilungsleiter Biermann, v. Weizsäcker und Wirtz: »Professor Ruf hat vorgeschlagen, daß wir diese [vier] Häuser in eigener Regie nach seinen Plänen bauen.«

Es zogen aber nur Heisenberg und Biermann nach München. Carl Friedrich von Weizsäcker ging nach Hamburg, Karl Wirtz nach Karlsruhe. Während Weizsäcker einer inneren Neigung folgte, einer Berufung auf einen Lehrstuhl für Philosophie an der Universität Hamburg, ergab sich für Wirtz die Entscheidung aus den Sachzwängen.

Anfang des Jahres 1956 unternahm Werner Heisenberg einen letzten (geradezu verzweifelten) Versuch, die Reaktorgruppe für das Münchener Projekt zu gewinnen. In einem Brief an Otto Hahn, den Präsidenten der Max-Planck-Gesellschaft, skizzierte er zwei Möglichkeiten:

> 1) Die Arbeitsgruppe Reaktorbau meines Instituts unter der Leitung von Prof. Wirtz wird unter angemessenen Bedingungen nach Karlsruhe berufen und übernimmt dort den Bau des Reaktors nach den bisher ausgearbeiteten Plänen.
> 2) In Karlsruhe wird... ein Reaktor vom Brookhavenschen Typ (oder einem moderneren amerikanischen Typ) von amerikanischen Ingenieuren und zum Teil mit amerikanischem Material gebaut. *Gleichzeitig* wird der Arbeitsgruppe Wirtz der Auftrag und die Möglichkeit gegeben, mit dem Bau des von dieser Gruppe geplanten Reaktors in München zu beginnen. Jede dieser beiden Alternativen hat Nachteile. Im ersteren Fall würde die Tradition im Reaktorbau für mein Institut damit abgebrochen werden... Im zweiten Fall müßten schon gleich zu Anfang erheblich größere Mittel aufgebracht werden, da die zweite Lösung nur verwirklicht werden kann, wenn mit dem Bau des Münchener Reaktors auch sofort begonnen wird.[21)]

Diese Argumentation Heisenbergs stieß bei den beteiligten Bundesministerien auf heftigen Widerspruch. Der Nobelpreisträger mußte sich sagen lassen, daß er »Besprechungsergebnisse auf spitzfindige Art und Weise fälschlich zu interpretieren« versuche. Die gleichzeitige Errichtung von zwei Reaktoren kam aus finanziellen und personellen Gründen nicht in Betracht. Realistisch war nur die erste der beiden Möglichkeiten: »Die Arbeitsgruppe Reaktorbau... unter der Leitung von Prof. Wirtz wird unter angemessenen Bedingungen nach Karlsruhe berufen.« Aber was waren »angemessene Bedingungen«?

> Lange Zeit gab es keinen Zweifel daran, daß Wirtz aufgrund seiner Arbeit in der Reaktorentwicklung im Kriege und seiner maßgeblichen Beteiligung bei allen Planungen für den künftigen deutschen Reaktor... derjenige sein würde, dem man die wissenschaftliche Leitung dieses Vorhabens übertragen würde. Dies schien verstärkt so, als Heisenberg begann, sich zurückzuziehen und Wirtz bereit war, sich für die Mitarbeit an der Reaktorentwicklung von Heisenberg zu trennen. Wirtz hatte mit der Neutronengruppe im MPI für

> Physik und anschließend mit der Reaktorgruppe der Physikalischen Studiengesellschaft das einzige Team aufgebaut, das sich in der Bundesrepublik mit Reaktorentwicklung befaßte. Auch hatten Heisenberg und Hahn ihn nachdrücklich für die Leitung der Reaktorstation empfohlen.[22)]

Das schreibt Wolfgang D. Müller in seinem Standardwerk über die »Geschichte der Kernenergie in der Bundesrepublik Deutschland«. Müller wurde damals (1956) Chefredakteur der neu gegründeten Zeitschrift »atomwirtschaft«. Er zog Wirtz sogleich als Mitherausgeber und Autor heran* und würdigte ihn in der Spalte »Männer rund um das Atom« bereits in Heft 7/8 des 1. Jahrganges mit einem Kurzporträt.** Umgekehrt bestätigte Wirtz der neuen Zeitschrift, daß sie »einem echten Bedürfnis gerecht wird«.

»Wirtz wäre gerne Chef von Karlsruhe geworden«, meinte auch Wolf Häfele. Vor allem aber wünschte sich Wirtz eine ordentliche Professur und ein eigenes Institut. Mit großen Hoffnungen verfolgte er die Vorgänge an der Technischen Hochschule Karlsruhe. Hier gab es eine eigene »Senatskommission für Physik und Reaktortechnik«. Diese kam schließlich zum Ergebnis, »daß man mit der Errichtung eines Institutes für Kernphysik mit hervorragender personeller Besetzung und sachlicher Ausstattung beginnen sollte, an das sich dann die übrigen Gebiete (Radiochemie, Reaktortechnik) im Laufe der nächsten Zeit organisch angliedern«.

Bei einer Besprechung der Kommission mit dem baden-württembergischen Wirtschaftsminister Hermann Veit am 9. Februar 1956 drängte der Minister »auf rasche Benennung hervorragender Kernphysiker, mit denen das Kultusministerium im Benehmen mit der TH Karlsruhe Berufungsverhandlungen aufnehmen könne«.

Auf der Sitzung der Fakultät für Natur- und Geisteswissenschaften am 13. Februar 1956, an der auch der Rektor Prof. Rudolf Scholder teilnahm, ging es um die Besetzung des Ordinariats für Kernphysik und um »Honorarprofessuren und Lehraufträge für Wissenschaftler, die am Karlsruher Atomreaktor beschäftigt sind«. Die Professoren vertraten die Meinung, »daß man die gebotene Möglichkeit, einen ausgezeichneten Kernphysiker zu gewinnen, mit allem Nachdruck verfolgen sollte«. Ohne Bildung einer eigenen Berufungskommission einigte sich die Fakultät nach kurzer Diskussion, »an das Kultusministerium einen ordnungsgemäßen Berufungsvorschlag zu geben, der primo et unico loco [an erster und einziger Stelle] Professor Dr. Otto Haxel, Heidelberg, nennt«.

Das war ein Schlag. Auch Haxel war während des Krieges am deutschen Uranprojekt beteiligt gewesen und 1946 nach Göttingen an das *Max-Planck-Institut für Physik* gekommen.

* Programmfragen der Kernenergiegewinnung. Atomwirtschaft. Jg. 1, S. 250-253
** S. 259

Er beschäftigte sich mit Messungen an der Höhenstrahlung und konnte nachweisen, daß bei der Proton-Proton-Streuung ganze Schauer von Mesonen erzeugt werden. 1951 folgte er einem Ruf an die Universität Heidelberg, wo er das II. Physikalische Institut aufbaute.

Den Vorschlag der Karlsruher empfand Wirtz als ungerechte Zurücksetzung. Er mußte an das Wort seines Doktorvaters denken, daß die akademische Laufbahn ein »unanständiges Glücksspiel« sei. Vielleicht war Wirtz inzwischen der berühmte Vortrag des Soziologen Max Weber von 1919 über »Wissenschaft als Beruf« in die Hände gekommen, in dem es ganz ähnlich heißt: »Ob es einem Privatdozenten jemals gelingt, in die Stelle eines vollen Ordinarius und gar eines Institutsvorstandes einzurücken, ist eine Angelegenheit, die einfach Hazard ist.«

Eine Honorarprofessur, wie sie in der Karlsruher Fakultätssitzung am 13. Februar 1956 andiskutiert worden war, kam für Wirtz nicht in Betracht. Sie begründete erstens keine Beamteneigenschaft, auf die er den größten Wert legte, und gewährte zweitens nur marginale akademische Wirkungsmöglichkeiten. Falls es nicht zu einer Berufung auf ein Ordinariat kommen sollte, war er entschlossen, beim *Max-Planck-Institut für Physik* und bei Heisenberg zu bleiben.

Haxel aber wollte nicht von Heidelberg nach Karlsruhe wechseln. Damit hatte die Fakultät die Hochschule und das Land in eine Sackgasse manövriert.

Der federführende Wirtschaftsminister Hermann Veit stellte nun dem Rektor die konkrete Frage, »ob die TH Karlsruhe bereit sei, für Prof. Wirtz ein Ordinariat zu beantragen«. Natürlich freut sich eine Hochschule über die Zuweisung neuer Stellen. Sie betrachtet es aber als einen gravierenden Eingriff in ihre Rechte, wenn mit der Stelle zugleich eine Person präsentiert wird. In diesem Fall war die zuständige Fakultät die für Natur- und Geisteswissenschaften. Insbesondere kam es jetzt darauf an, was Christian Gerthsen zu sagen hatte, der Fachvertreter der Physik.

Gerthsen betrachtete die mit der Atomenergie zusammenhängenden Aufgaben, was die physikalische Seite betraf, generell für »überschätzt«, das Engagement Heisenbergs für den Reaktorbau für überzogen und ebenso dessen permanente Fürsprache zugunsten seines Göttinger Mitarbeiters. Der (von Heisenberg übernommenen) These des Wirtschaftsministers, nur mit Wirtz könne es gelingen, »aus Karlsruhe ein deutsches Harwell zu machen«, hielt Gerthsen entgegen:

> Das Ansehen von Herrn Prof. Wirtz innerhalb der deutschend Physiker ist so gering, daß man eher das Gegenteil zu befürchten hätte.[23)]

Sehr wahrscheinlich hatte Gerthsen von den persönlichen Spannungen zwischen den Physikern des Max-Planck-Institutes in Göttingen und denen der Universität gehört. Um was handelte es sich? Nach dem Tode von Karl Wirtz hat Otto Haxel in einem Brief an die Witwe ein Vorkommnis geschildert. Haxel bemühte sich damals um eine Verbesserung des Verhältnisses unter den Kollegen. Das machte

Wirtz durch sein Verhalten zunichte, das »auf die Universitätskollegen arrogant wirken mußte«. Auf den Rat Heisenbergs ging Haxel, wütend wie er war, zu Wirtz, um mit ihm zu sprechen. Wörtlich heißt es in dem Brief Haxels:

> Er [Wirtz] blieb ruhig, hatte für meine Vorwürfe volles Verständnis und hatte mir nach kurzer Zeit klargemacht, daß er auf Grund seiner Struktur einfach nicht anders handeln könne und die konzilianten Zugeständnisse, die ich von ihm forderte, einfach nicht mit seiner Persönlichkeit vereinbaren könne. Nach diesem Erlebnis hatte ich für ihn etwas wie freundschaftliche Gefühle.[24)]

Bei der Ablehnung durch Gerthsen spielten neben der persönlichen Seite wohl auch fachliche Gesichtspunkte eine Rolle. Wirtz wurde von den Kollegen nicht als Kernphysiker wahrgenommen, sondern als Physikochemiker. Wie schon zitiert hatte er vor Jahren gesagt:

> Während mir wahrscheinlich in [der] Kernphysik nicht mehr viel Neues zum Arbeiten einfallen würde, schweben mir eine ganze Reihe von Arbeiten in physikalischer Chemie vor.[25)]

Die Technische Hochschule Karlsruhe ging auf die Anregung des baden-württembergischen Wirtschaftsministers, für Wirtz ein Ordinariat zu beantragen, nicht ein.

In dieser verfahrenen Situation ergriff Haxel die Initiative und zwar zugunsten der Sache und damit auch zu Gunsten von Karl Wirtz. Das muß man Haxel hoch anrechnen. Er schlug seiner Fakultät in Heidelberg vor, Karl Wirtz auf ein Ordinariat an der Ruprecht-Karls-Universität zu berufen.

Dieser Vorschlag bewirkte in Karlsruhe einen Meinungsumschwung. Die Neigung wuchs, Wirtz doch nach Karlsruhe zu berufen. Es müsse sonst »befürchtet werden, daß die Verbindungen vom Reaktor... nicht mehr an die TH Karlsruhe, sondern an die Universität Heidelberg führen werden und daß deshalb auch die staatlichen Mittel zur Förderung von Lehre und Forschung auf dem Gebiet der Reaktortechnik nicht mehr der TH Karlsruhe zugesprochen werden«.

In dieser für die Hochschule »unerfreulichen Lage« machte Prof. Paul Schulz, der Leiter der Abteilung für Elektrotechnik, einen klugen Vorschlag: An Stelle der bisher federführenden und auf Ablehnung festgelegten Fakultät für Natur- und Geisteswissenschaften möge die Fakultät für Maschinenwesen die Initiative ergreifen, »ein besonderes Ordinariat für Reaktortechnik beim Kultusministerium beantragen und sich bereit erklären, Prof. Wirtz auf die Berufungsliste zu setzen«. Diesen Gedanken griff der Senat auf.

In einer außerordentlichen Sitzung am 16. Juli 1956 befaßte sich die Fakultät für Maschinenwesen mit dem Thema. Zunächst schilderte der Dekan, Prof. Dr. Hermann Donandt, den Kollegen die Sachlage.

> In der entstehenden eingehenden Diskussion werden die Schwierigkeiten der Lage von allen Seiten beleuchtet, insbesondere wird nicht verschwiegen, daß die Person des Prof. Wirtz umstritten ist und ihm Unverträglichkeit und Ungeschicklichkeit im Umgang mit anderen nachgesagt wird. Demgegenüber wird darauf hingewiesen, daß sowohl die Heidelberger Physiker Prof. Wirtz als Mitglied ihrer Fakultät nicht ablehnen und daß auch Prof. Raether, der für unseren Lehrstuhl für angewandte Physik vorgesehen ist, auf Befragen erklärt hat, die Errichtung eines Ordinariats für Prof. Wirtz an unserer Hochschule habe für seine Entscheidung über die Annahme des an ihn ergangenen Rufs keine Bedeutung.[26)]

In der Schlußabstimmung wurde bei zwei Enthaltungen beschlossen, »den Wunsch des Senats zu erfüllen«. Die Fakultät erklärte sich »im Gesamtinteresse der Hochschule bereit, beim Kultusministerium im Falle der Beauftragung von Prof. Wirtz mit einer maßgeblichen Funktion am Atomreaktor Karlsruhe ein besonderes Ordinariat für Reaktortechnik... zu beantragen mit dem Hinzufügen, sie werde nach Genehmigung des Ordinariates Prof. Wirtz auf die Berufungsliste setzen«.

> Die Fakultät faßt diesen Beschluß, obgleich die üblichen Voraussetzungen für eine derartige Zusage nicht erfüllt sind. Denn sie hat zeitlich nicht die Möglichkeit gehabt, vor ihrer Entscheidung eine Berufungskommission mit der Prüfung der Berufungsvoraussetzungen zu beauftragen. Auch sieht sie in der Tatsache, daß Prof. Wirtz als Angestellter der Reaktorbau- und Betriebs GmbH einem hochschulfremden, wirtschaftlichen Interessen unterliegenden Gremium untersteht, eine ungewöhnliche und grundsätzlich unerwünschte Belastung für ein Ordinariat. Wenn sie trotzdem den Wunsch von Senat und Senatskommission erfüllt, so tut sie es in der Erwartung, daß später für die Hochschule oder die Fakultät etwa entstehende Schwierigkeiten nicht ihr zur Last gelegt werden, daß vielmehr die Hochschule als Ganze für deren Behebung eintritt.[27)]

In den Feststellungen der Fakultät lag ein Widerspruch. Einerseits wollte sie das in Rede stehende Ordinariat für Karl Wirtz nur im Falle seiner Beauftragung »mit einer maßgeblichen Funktion am Atomreaktor Karlsruhe« vom Ministerium anfordern, andererseits sah sie in der Verbindung »eine ungewöhnliche und grundsätzlich unerwünschte Belastung für ein Ordinariat«. Jedoch sind wie in der großen Politik auch in der Hochschulpolitik logische Widersprüche unerheblich.

Mit dem Fakultätsbeschluß war die entscheidende Hürde genommen. Drei Tage nach der Fakultätssitzung, am 19. Juli 1956, wurde mit einem Festakt im Kleinen Saal der Stadthalle die Kernreaktor Bau- und Betriebsgesellschaft (KBB) gegründet. Nach der Begrüßung durch Oberbürgermeister Günther Klotz sprachen der baden-württembergische Ministerpräsident Gebhard Müller, Atomminister Franz Josef Strauß, der Vorstandsvorsitzende der Farbwerke Hoechst Karl Winnacker, Wirtschaftsminister Hermann Veit und Otto Hahn als Präsident der Max-Planck-Gesellschaft.

Die Kernreaktor Bau- und Betriebsgesellschaft (KBB) erhielt eine dreiköpfige Geschäftsführung. Die kaufmännische Spitzenposition besetzte Rudolf Greifeld, der aus dem Stuttgarter Wirtschaftsministerium kam, die technische Gerhard Ritter von den Farbwerken Hoechst. Einen ordnungsgemäß berufenen wissenschaftlichen Geschäftsführer gab es nicht. Stattdessen wurde Otto Haxel, das wissenschaftliche Mitglied im Aufsichtsrat, für etwas länger als ein Jahr in die Geschäftsführung delegiert. Hauptamtlich war und blieb Otto Haxel Ordinarius an der Universität Heidelberg und Direktor des II. Physikalischen Instituts.

Die Geschäftsführung der KBB berief einen Wissenschaftlich-Technischen Beirat von Fachleuten aus Wissenschaft und Industrie. In diesem Kreis wurde am 24. Oktober 1956 über die Grundauslegung des Reaktors diskutiert. Die Wirtzsche Reaktorgruppe stellte eine Variante des FR 1 vor, einen Schwerwasserreaktor nicht mit Graphit, sondern ebenfalls mit D_2O als Reflektor.

Ordinarius und Institutsleiter in Karlsruhe

> Die Mehrzahl der Teilnehmer hielt diese Variante für vorteilhaft und beschloß eine entscheidende Veränderung der bisherigen Planung: Die weiteren Planungsarbeiten sollten sich auf diesen Typ beziehen, der zur Unterscheidung FR 2 genannt wurde.[28)]

Im ersten Geschäftsbericht kam deshalb die KBB zum Ergebnis: »Der als deutscher Eigenbau projektierte Reaktor hat die Zustimmung aller in Betracht kommenden maßgeblichen deutschen Wissenschaftler und Fachleute der Industrie gefunden.« Man könne also von einem gemeinschaftlichen deutschen Reaktor sprechen.

> Die jetzt vorgesehene Reaktorkonstruktion ist nicht eine Kopie bereits bestehender Reaktoren im Ausland, sondern ist auf die speziellen deutschen Bedürfnisse zugeschnitten... Bei der Durchführung des Reaktorbaues wird als oberstes Prinzip gelten, größte Sicherheit durch technische Maßnahmen zu erreichen, damit in keinem Fall aktive Stoffe in die Luft, in den Boden oder in das Grundwasser eindringen können.[29)]

Das Berufungsverfahren »Lehrstuhl Reaktortechnik« lief inzwischen ordnungsgemäß weiter. Auf der Sitzung der Fakultät für Maschinenwesen am 7. November 1956 wurde zur Ausarbeitung des Berufungsvorschlages eine kleine Kommission aus drei Kollegen* gebildet. Der Text wurde dann auf der Sitzung am 5. Dezember vorgelegt:

> Prof. Schulz verliest den von ihm in Zusammenarbeit mit Prof. Kuprianoff ausgearbeiteten Berufungsvorschlag für Prof. Wirtz, der bewußt von der üblichen Form abweicht, um zum Ausdruck zu bringen, daß dieses Berufungsverfahren sich von sonstigen Berufungsverfahren grundsätzlich unterscheide. Insbesondere sollen auswärtige Gutachten zur wissenschaftlichen Qualifikation in diesem Falle nicht angefordert werden. Auf die Überlegungen bei der Beantragung des Lehrstuhles für Prof. Wirtz wird ausführlich eingegangen. Die Fakultät erklärt sich grundsätzlich mit dem Vorschlag einverstanden, bittet aber Prof. Schulz und den Dekan, den Vorschlag noch einmal unter Heranziehung des Wortlautes jener Briefe zu überprüfen, die Ende des Sommer-Semesters in dieser Frage an das Kultusministerium und den Senat zur Fixierung des Standpunktes der Fakultät gerichtet wurden.[30)]

* Paul Schulz, Emil Kirschbaum und Johann Kuprianoff. Nach Erhalt des Sitzungsprotokolls erklärte Prof. Kirschbaum, er sei bei diesem Beschluß »kurzzeitig im Fakultätszimmer nicht anwesend« gewesen. Für den Berufungsvorschlag fühle er sich »nicht zuständig«.

Daraufhin beschloß der Senat auf seiner Sitzung am 7. Januar 1957, den Antrag der Fakultät für Maschinenwesen auf ein Ordinariat *Physikalische Grundlagen der Reaktortechnik* und dessen Besetzung durch Prof. Wirtz »unverändert an das Kultusministerium« weiterzugeben.

Bei einer Besprechung des Rektors Prof. Dr. Kurt Nesselmann am 15. Januar 1957 im Kultusministerium erklärte Ministerialrat Schad, er wolle vor der Beantragung des Lehrstuhles für Reaktortechnik »zunächst die Meldung abwarten, daß der Vertrag zwischen Herrn Prof. Wirtz und der Kernreaktor GmbH wirklich abgeschlossen sei«. Das geschah vier Tage später.

Am 19. Januar unterschrieb Wirtz den Anstellungsvertrag mit der Kernreaktor Bau- und Betriebsgesellschaft mbH. Er erhielt die Leitung des »Instituts für Neutronenphysik und Reaktortechnik«, abgekürzt INR, das aber selbstverständlich erst noch gebaut werden mußte. Damit war die Forderung der Fakultät für Maschinenwesen erfüllt, das Ordinariat mit einer »maßgebenden Funktion am Atomreaktor Karlsruhe« zu verbinden.

Der Berufung nach Karlsruhe stand nun nichts mehr im Wege.

Um die Kollegen aus erster Hand über den Aufbau des Forschungszentrums zu informieren, bat die Fakultät für Natur- und Geisteswissenschaften Otto Haxel, den wissenschaftlichen Geschäftsführer der Kernreaktor Bau- und Betriebsgesellschaft, als Gast an ihrer Sitzung vom 2. Februar 1957 teilzunehmen.

> Herr Haxel referiert über den grundsätzlichen Aufbau der Reaktor GmbH, die ein Industrieunternehmen ist... Nach den Statuten sind Waffenentwicklungen am Reaktor nicht erlaubt... Die Bezahlung ist nur für wenige Spitzenkräfte hoch, sonst ist sie der allgemeinen Tarifordnung angeglichen. Die am Reaktor beschäftigten Hochschullehrer, die aus Geldern des Landes bezahlt werden, bekommen einen Ausgleich. Eine Doppelbezahlung erfolgt nicht. Die für die Hochschule interessanten Arbeiten des Reaktors beginnen frühestens in zwei Jahren.[31)]

Nach der Gründung der Kernreaktor Bau- und Betriebsgesellschaft mbH waren die 35 Mitarbeiter der Reaktorgruppe im September 1956 von Göttingen nach Karlsruhe umgezogen.* Sie arbeiteten in einem vierstöckigen, modern-nüchternen Bürogebäude, Karlstraße 42-44. An diesem Platz stand vor der Zerstörung der Stadt das »Künstlerhaus«, weshalb auch der Neubau diesen Namen behielt. Karl Wirtz verbrachte von nun an den größten Teil seiner Zeit in Karlsruhe (»ohne daß die rechtlichen Bedingungen ganz geklärt worden wären«, wie er in seinen Erinnerungen anmerkte).

* Die experimentelle Abteilung der Reaktorgruppe unter Leitung von Karl Heinz Beckurts übersiedelte erst im Mai 1958.

Das Gebäude in der Karlstraße wurde von den Mitarbeiterinnen der dort ebenfalls untergebrachten Bibliothek in Anspielung auf sein selbstbewußtes Auftreten die »Residenz Karls des Großen« genannt.

> Es handelt sich dabei um ein Gebäude, das im Rohbau erstellt und als Hotel vorgesehen war. Durch geringfügige bauliche Änderungen konnten wir 70 Arbeitsräume und mehrere große Konstruktionsbüros schaffen, die bis Ende September [1956] zu einem großen Teil und bis Ende November insgesamt bezogen worden sind. Der Kauf des »Künstlerhauses« zu einem verhältnismäßig günstigen Preis hat uns in die Lage versetzt, die gesamte Reaktorgruppe, die als Planungsabteilung weitergeführt wird, ... in diesem Hause unterzubringen.
> Die praktischen Arbeiten der Gesellschaft konnten daher unverzüglich aufgenommen werden. Wir hatten somit einen Zeitgewinn von mehreren Monaten erreicht. Dies bedeutet neben dem finanziellen Vorteil auch einen für die Gesamtentwicklung der friedlichen Nutzung der Kernenergie wichtigen zeitlichen Vorteil.[32)]

Am 12. April 1957 unterschrieb Ministerpräsident Gebhard Müller die Ernennungsurkunde, die Wirtz am 29. April ausgehändigt wurde. Unter Vorwegnahme aller Dienstalterzulagen erhielt er das Endgehalt eines ordentlichen Professors. Als Inhaber des Lehrstuhls für physikalische Grundlagen der Reaktortechnik gehörte er zur Fakultät für Maschinenwesen, Abteilung für Maschinenbau. Später wurde er auch noch als gleichberechtigtes Mitglied in die Fakultät für Naturwissenschaft I aufgenommen, um die Zusammenarbeit mit den Physikern zu erleichtern. Vorbehalte gegen ihn gab es nun keine mehr. In einem Brief der Fakultät für Maschinenwesen an das Kultusministerium Stuttgart heißt es, daß sich Herr Professor Wirtz »als Wissenschaftler und Persönlichkeit allgemeiner Wertschätzung« erfreue. Diese »allgemeine Wertschätzung« kam auch darin zum Ausdruck, daß er gebeten wurde, den Festvortrag bei der Jahresfeier der Hochschule am 12. Dezember 1959 zu halten.*

Der Vortrag verlief unglücklich, als Wirtz gleich zu Anfang seiner Rede einen Schwächeanfall erlitt und nicht weitersprechen konnte. Der Rektor, Hans Leussink, trat ans Rednerpult und verlas das Manuskript. Wirtz kam einige Tage zur Beobachtung in die Klinik.

18 Jahre später, am Ende seines Berufslebens, erinnerte er sich an die Anfänge in Karlsruhe:

* Karl Wirtz: Die Atomenergie. Vortrag gehalten bei der Jahresfeier am 12. Dezember 1959. Karlsruher akademische Reden. Neue Folge Nr. 18

Das Haus Wolfartsweier, Siebenmannstraße 10

> An der Universität gab es auch Gegner. Einer der feurigsten war der Physiker Gerthsen... Er wünschte, wie er sich ausdrückte, kein Institut, das eine Doktorandenfabrik ist. Dies war jedoch in gewissem Sinne gerade mein Wunsch: ein großes Institut mit entsprechend vielseitigen Abteilungen und Mitarbeitern, das unter anderem in breiter Form ausbilden konnte. [33)]

In diesem Punkt fand Wirtz viele Mitstreiter. Einer davon war der alte Göttinger Mitarbeiter Klaus Gottstein. Als sich dieser an der Universität München habilitierte, mußte er, der Tradition der LMU entsprechend, zehn Thesen formulieren. Dazu gehörte die folgende wissenschaftspolitische Forderung:

> Die neuzeitlichen Großinstitute und Großforschungsanlagen müssen fortgeschrittenen Studenten zur Anfertigung von Diplom- und Doktorarbeiten offenstehen, wenn ein befähigter Nachwuchs für dort bearbeitete Forschungsgebiete herangebildet werden soll.[34)]

Am 15. April 1957 unterzeichnete Wirtz den Kaufvertrag für sein neues Haus in Karlsruhe, Ortsteil Wolfartsweier, Im Steinhof 2.* Das Haus war vor ein paar Jah-

* Später Siebenmannstraße 10

ren errichtet worden, und vor dem Einzug fielen hohe Instandsetzungskosten an. Außerdem ließ er noch eine Doppelgarage bauen. Oberbürgermeister Klotz bot ein zinsgünstiges Darlehen zu den gleichen Bedingungen wie für städtische Bedienstete. Von dem großzügigen Vorschlag machte Wirtz jedoch keinen Gebrauch.

Ebenfalls am 15. April schrieb er seinem Vater und berichtete über die Erfolge der letzten Wochen. Es erfüllte ihn mit Stolz, daß er als jetzt Siebenundvierzigjähriger vor dem strengen Vater bestehen konnte.

Mitte Juni zog die Familie um. Das Haus lag ruhig am Rande einer kleinen Siedlung und grenzte an einen leicht ansteigenden, mit Buchen bestandenen Hang. Vom Wohnzimmer und der großen Terrasse hatte man einen weiten Blick nach Nordwesten auf die Stadt.

> Wenn er von der Arbeit nach Hause kam, setzte er sich gerne auf die Terrasse, ging oft noch spazieren, bei Dämmerung durch die Dorfstraßen, bei Tageslicht in den Wald. An Wochenenden unternahm er weite Streifzüge, fragte immer nach Begleitung, genoß die Aussicht von kleinen Höhen und schwatzte mit Dorfleuten, die er traf und kannte. Immer äußerte er, daß er glücklich sei, gerade in diesem Haus und Garten am Waldrand, da ihm die stickige Stadtluft abends erspart bliebe... Nach dem Abendessen setzte sich mein Vater für gewöhnlich an seinen Schreibtisch, schrieb, diktierte, bereitete – immer unter Anspannung – seine Vorlesung vor. Einen Fernseher hatten wir erst nach meinem Abitur 1966. Mal spielte er mit uns Karten, dann war er so ehrgeizig, daß er mir einmal ein Paar neue Schuhe versprach, wenn ich ihm eine bestimmte Karte zuspielen würde.[35)]

6. Kapitel
Der Aufbau des Kernforschungszentrums

In den ersten Monaten des Jahres 1957 hatten sich zwei langgehegte Wünsche erfüllt: Wirtz war Ordinarius und Direktor eines bedeutenden (im Aufbau befindlichen) Instituts geworden. Über die vielen neuen Verpflichtungen in Karlsruhe hinaus erwarteten die Kollegen im Arbeitskreis Kernreaktoren sein Engagement.

In den Diskussionen um den Aufbau der Bundeswehr ging es auch um die Ausrüstung mit Atomwaffen. Für die Deutsche Atomkommission, die berufen war, die Bundesregierung »in Atomfragen« zu beraten, stellte sich das alte Problem der politischen Verantwortung des Wissenschaftlers. Qui tacet, consentire videtur. Wer schweigt, stimmt zu. Hatten die Forscher nicht die Pflicht, warnend ihre Stimme zu erheben?

Bei der heterogenen Zusammensetzung der Deutschen Atomkommission war eine einheitliche Willensbildung nicht möglich. Die Physiker setzten sich Ende November 1956 in Göttingen im Hause Heisenbergs zusammen und formulierten einen Brief an Franz Josef Strauß, der nach der Regierungsumbildung jetzt als Verteidigungsminister amtierte.

Der Bundeskanzler rechnete damit, wie bei der Diskussion um den Verteidigungsbeitrag, auch diesmal die Proteste überspielen zu können. Am 5. April 1957 erklärte er vor der Bundespressekonferenz: »Die taktischen Atomwaffen sind im Grunde nichts anderes als eine Weiterentwicklung der Artillerie, und es ist ganz selbstverständlich, daß... wir nicht darauf verzichten können, daß unsere Truppen auch bei uns – das sind ja besondere normale Waffen in der normalen Bewaffnung – die neuesten Typen haben, und die neueste Entwicklung mitmachen.« Diese Erklärung Adenauers erwies sich als schwerer politischer Fehler. Sie sollte beschwichtigend wirken, provozierte aber überall Entsetzen und Protest. »Eine solche Darstellung schien uns das Maß des Erträglichen weit zu überschreiten«, konstatierte Werner Heisenberg.

Carl Friedrich von Weizsäcker übernahm die Initiative und Federführung bei der Abfassung der »Göttinger Erklärung«, die von 18 Physikern unterzeichnet wurde. Im letzten Abschnitt hieß es:

> Für ein kleines Land wie die Bundesrepublik glauben wir, daß es sich heute noch am besten schützt und den Weltfrieden nach am ehesten fördert, wenn

es ausdrücklich und freiwillig auf den Besitz von Atomwaffen jeder Art verzichtet. Jedenfalls wäre keiner der Unterzeichneten bereit, sich an der Herstellung, der Erprobung oder dem Einsatz von Atomwaffen in irgendeiner Weise zu beteiligen. Gleichzeitig betonen wir, daß es äußerst wichtig ist, die friedliche Nutzung der Atomenergie mit allen Mitteln zu fördern, und wir wollen an dieser Aufgaben wie bisher mitwirken.[1)]

Karl Wirtz, der zu den Mitunterzeichnern gehörte, behielt die »ernste Grundstimmung« in Erinnerung, die die Physiker zu ihrer öffentlichen Erklärung veranlaßte. Die Presse sprach kurzerhand von den »Göttinger Achtzehn«. Damit war die Verbindung hergestellt zu den »Göttinger Sieben«, den sieben Professoren der Georg-August-Universität, die 1837 gemeinsam Protest gegen die Suspendierung der Verfassung eingelegt hatten. Im »Streiflicht« der Süddeutschen Zeitung schrieb Chefredakteur Werner Friedmann:

Wir nennen die Erklärung ein Manifest, denn neben dem unüberhörbaren sittlichen Ernst und der bekennerhaften Zivilcourage ist dies ihr wichtigster Inhalt: daß sie gewisse Dinge manifest, und das heißt auf Deutsch offenkundig macht.[2)]

Die Physiker hatten die öffentliche Meinung auf ihrer Seite und zwangen damit den Bundeskanzler zum Einlenken. Er lud einige der Unterzeichner zu einer Aussprache in das Palais Schaumburg.

Am Konferenztisch saßen Hahn, Gerlach, Riezler, von Laue und von Weizsäkker, ihnen gegenüber Strauß, Adenauer, Hallstein und Globke. Auch die Generale Heusinger und Speidel waren zugegen. Das Gespräch war gekennzeichnet durch die Konfrontation zwischen den Physikern und dem Verteidigungsminister und die souveräne Gelassenheit des Bundeskanzlers. Schließlich ging die Sitzung in gelokkerter Stimmung zu Ende; Hahn dankte für die Einladung und sagte, er sei am Morgen doch mit etwas Angst hereingekommen. Adenauer erwiderte: »Wat denken Sie, wat ich für Angst hatte.«

Zum Schluß erhielt er, woran ihm vor allem liegt: ein in seiner Art einzigartiges Kommuniqué, unerzeichnet von ihm selbst und sämtlichen anwesenden Regierungsvertretern sowie den anwesenden Physikern. Der Kernsatz darin ist die Feststellung, daß »die Bundesrepublik nach wie vor keine eigenen Atomwaffen produzieren wird und daß die Bundesregierung demgemäß keine Veranlassung hat, an die deutschen Atomwissenschaftler wegen einer Beteiligung an der Entwicklung nuklearer Waffen heranzutreten«[3)]

Der Kanzler war darauf bedacht, die Atomwaffenoption offenzuhalten. Den Physikern ist dies wohl nicht ganz deutlich geworden. Wirtz und seine Kollegen waren überzeugt, daß die Göttinger Erklärung in der ganzen Welt ein »größeres Verständnis« für ihre Bemühungen herbeigeführt hat, die Kernenergie ausschließlich friedlich zu nutzen.

> Daß insbesondere die Forschung im Kernforschungszentrum Karlsruhe in der Folgezeit eigentlich in Ost und West nie dem Verdacht ausgesetzt war, dort würden auch militärische Entwicklungen betrieben, schreibt Wirtz u. a. der Göttinger Erklärung zu.[4)]

Der von Karl Wirtz geleitete Arbeitskreis »Kernreaktoren« in der Deutschen Atomkommission hatte sich am 19. April 1956 konstituiert. Seine wichtigste Aufgabe war die Formulierung eines deutschen Atomprogrammes. Am 25. Januar 1957 traten die Mitglieder des Arbeitskreises im Gästehaus der Farbwerke Hoechst in Eltville zu einer Klausurtagung zusammen.

> Der Arbeitskreis beschäftigte sich zunächst grundsätzlich mit der Frage, in welchem Umfang die Atomenergie in den nächsten zwanzig bis dreißig Jahren genutzt werden könne. Daß eine vernünftige Ausnutzung des Urans nur mit Hilfe von Brutreaktoren möglich sein werde, war schon damals unbestritten.[5)]

Im ersten Entwurf des deutschen Atomprogramms war der Bau von vier bis fünf Atomkraftwerken von je 100 MWe bis zum Jahre 1965 vorgesehen. Karl Winnacker prägte die Formulierung vom »Eltviller 500 MW-Programm«.

> Fortgesetzt wurden die Beratungen am 29. März 1957 in Frankfurt... unter dem Vorsitz von Wirtz, der in Eltville verhindert war. Während in Eltville seitens des Bundesministeriums für Atomfragen lediglich Regierungsdirektor Joachim Pretsch teilnahm, waren bei der Sitzung in Frankfurt alle zuständigen Referenten hinzugezogen worden. Hier kam man zu einer Übereinstimmung... Große Unklarheiten bestanden noch über die Finanzierung, da der Bundeshaushaltsplan dazu naturgemäß noch keine Angaben enthielt.[6)]

Am 26. Mai 1959 schlossen sich vier Organisationen, die sich der Förderung der Kernenergie verschrieben hatten, unter dem Namen »Deutsches Atomforum« zu einer Dachorganisation zusammen. Zum Vorsitzenden des Präsidiums wurde Karl Winnacker gewählt. Ein Jahr später präsentierte sich das Deutsche Atomforum bei seiner ersten öffentlichen Veranstaltung in der Bonner Beethovenhalle vor 600 Zuhörern. Das Hauptreferat hielt Bundesminister Siegfried Balke über »Die Verwendung der Kernenergie in der Bundesrepublik«. Er stellte dabei die Ausbaupläne, d.h. das »Eltviller 500 MW-Programm«, der Öffentlichkeit vor.

Der erste, im Januar 1957 erarbeitete Entwurf war von Wirtz und seinem Arbeitskreis »Kernreaktoren« noch weiter überarbeitet worden und umfaßte fünf verschiedene Reaktortypen:

1. Ein schwerwassermoderierter und -gekühlter Druckkessel-Natururan-Reaktor. Dabei war an die Weiterführung des FR 2 in Karlsruhe gedacht. Es war auch ein Druckröhrenreaktor ins Auge gefaßt, wobei die Frage des Kühlmittels noch offenblieb...
2. Ein fortgeschrittener, leichtwassermoderierter und gasgekühlter Reaktor...
3. Ein fortgeschrittener, gasgekühlter, graphitmoderierter Reaktor mit Natururan...
4. Ein fortgeschrittener Hochtemperaturreaktor mit Gaskühlung und angereichertem Uran (Kugelhaufenreaktor)
5. Ein fortgeschrittener, mit organischer Substanz gekühlter Leistungsreaktor...[7)]

Bevor endlich mit dem Aufbau in Karlsruhe begonnen werden konnte, mußte noch einmal eine Standortdiskussion geführt, ein neuer Platz im Umkreis der Stadt gefunden und Einsprüche der benachbarten Landgemeinden abgewiesen werden.

Im Wettbewerb mit München ist, wie geschildert, die Stadt Karlsruhe zum Sitz des ersten deutschen Reaktorzentrums bestimmt worden. Oberbürgermeister Günther Klotz hatte am 20. September 1955 die Frage dem Stadtrat vorgelegt und mit 43:6 Stimmen die Unterstützung seines Gremiums erhalten. Das im Besitz der Stadt Karlsruhe befindliche und bereitwillig angebotene Gelände am Rhein war in einem vergleichenden Gutachten von Werner Heisenberg als durchaus geeignet bezeichnet worden. Trotzdem kamen jetzt Bedenken. Karl Wirtz schrieb in seinen Lebenserinnerungen:

> Eine Besichtigung des Geländes am Rhein, das die Stadt Karlsruhe für uns vorgesehen hatte, ergab, daß es ungeeignet war und zwar sowohl wegen Hochwassergefahr, als auch besonders deshalb, weil es meinem Gefühl nach zu nahe an der Stadt Karlsruhe lag.[8)]

Ob Wirtz damals kritisiert worden ist, daß er seine Einwände derart spät vorgebracht hat, wissen wir nicht. Jedenfalls erstatteten Mitarbeiter seiner Göttinger Reaktorgruppe im Mai 1956 ein entsprechendes Gutachten. Sie fanden zunächst ein besser geeignetes und mit Hilfe der staatlichen Forstverwaltung schließlich ein optimales Gelände im Hardtwald:

Mit Otto Haxel vor den Konstruktionszeichnungen des FR 2, 4. September 1957

> Dieses dritte, 10 km nördlich von Karlsruhe auf der Gemarkung Leopoldshafen gelegene, etwa 150 Hektar große Gelände, das vom Land kostenlos zur Verfügung gestellt wurde, wurde endgültig zum Standort der Reaktorstation Karlsruhe gewählt.[9)]

Am 6. April 1957 erteilte Josef Groß, der Landrat des Kreises Karlsruhe, die erste Baugenehmigung. Die Arbeiten begannen am 13. April 1957, am gleichen Tag übrigens, an dem die »Göttinger 18« ihr Manifest veröffentlichten.

Inzwischen hatten sich in den umliegenden Landgemeinden Widerstände gegen die Errichtung des deutschen Reaktorzentrums im Hardtwald erhoben. Die bäuerliche Bevölkerung befürchtete eine radioaktive Verseuchung und sorgte sich, die Ernte, insbesondere Tabak und Spargel, nicht mehr absetzen zu können. Die KBB und auch Karl Wirtz waren an dieser unliebsamen Entwicklung nicht unbeteiligt, hatten sie doch die Verlegung des Reaktors mit der Strahlengefahr für die Stadt Karlsruhe begründet.

Die Gemeinden Friedrichsthal und Linkenheim legten Widerspruch gegen die Baugenehmigung ein und erhoben schließlich Klage beim Verwaltungsgericht und beim Landgericht in Karlsruhe. Daraufhin wurde der Wortführer der Landwirte, der Bürgermeister der Gemeinde Friedrichsthal, in der überregionalen Presse als »Atomreaktionär« scharf angegriffen. »Schon als die gute alte Gaslaterne eingeführt wurde, hagelte es Proteste«, hieß es im *Stern*. Heute sei es »beinahe das gleiche«:

> Die Pläne sind bis auf den letzten i-Punkt fix und fertig. Der Atomreaktor bei Karlsruhe und 14 große Forschungsinstitute könnten gebaut werden... Siebzehn Gutachten geachteter Wissenschaftler des In- und Auslandes sagen dasselbe: Das Gelände im Hardtwald, elf Kilometer nördlich von Karlsruhe, ist denkbar geeignet. Die Umgebung kann nach menschlichem Ermessen nicht durch radioaktive Strahlungen gefährdet werden. Deutschland könnte jetzt die 15 Jahre aufholen, die ihm fehlen im Wettlauf um die friedliche Nutzung der Atomkraft. Es könnte – aber kann nicht, weil der Bürgermeister eines kleinen Dorfes nichts von Atomkraft wissen will, weil er droht, die Wissenschaftler mit Dreschflegeln zu vertreiben.[10)]

Der Bürgermeister galt als Querulant. Wissenschaft, Politik, Presse und Öffentlichkeit waren einhellig überzeugt: Der Atomenergie gehört die Zukunft. Sie wird eine neue industrielle Revolution einleiten.

Der Bau der Institute wurde durch die Einsprüche und Klagen glücklicherweise nicht behindert. Was das *Institut für Neutronenphysik und Reaktortechnik*, abgekürzt INR, betraf, so sollte das *Max-Planck-Institut für Physik* »geistiger Hintergrund und Vorbild« sein.

> Den Bau des INR-Gebäudes überließ ich zum großen Teil meinem jungen Mitarbeiter Karl Heinz Beckurts, nachdem wir uns über die Einzelheiten verständigt hatten. Danach sollte das Institut aus drei Teilen bestehen, dem Hauptinstitut, dem seitlichen Trakt mit den Werkstätten, sowie einer anschließenden, sogenannten Experimentarhalle. Das Hauptgebäude sollte im obersten Stock in vielen kleinen Zimmern die theoretische Abteilung enthalten.[11)]

Am 8. November 1957 berichtete Karl Wirtz an Heisenberg: »Der erste Teil des neuen Instituts für Neutronenphysik ist schon im Rohbau fertig. Wir hoffen, im März soweit zu sein, daß wir die Neutronenanlagen aus Göttingen nach hier überführen können.«

> Jetzt müssen wir nur noch unsere Prozesse gewinnen, dann steht dem Reaktor in Karlsruhe nichts mehr im Wege.[12)]

Tatsächlich schlossen die beiden Landgemeinden, allerdings erst ein Jahr später, mit der KBB einen außergerichtlichen Vergleich und zogen ihre Einsprüche und Klagen zurück.

Karl Wirtz trug nicht nur für sein »Institut für Neutronenphysik und Reaktortechnik« die Verantwortung, sondern in erheblichem Umfang auch für den Reaktor, das Herzstück des Kernforschungszentrums.

Im Dezember 1957 gab Wirtz in der Zeitschrift »Atomwirtschaft« Auskunft über die »Planung des FR 2«. Wie er zusammenfassend konstatierte, sollte an einem verhältnismäßig einfachen Reaktortyp die Gesamtheit der bei einer solchen Aufgabe auftretenden Probleme gelöst »und an Hand dieser Arbeit zugleich eine mit diesen Erfahrungen vertraute Gruppe von Physikern und Ingenieuren« herangebildet werden.

Sehr viel schneller als die Karlsruher kamen die Münchener zu ihrem Forschungsreaktor. Er wurde von der *AMF Atomic Inc.* gebaut, einer Tochtergesellschaft der *American Machine & Foundry Company.* Der FRM erreichte als erster deutscher Reaktor am 31. Oktober 1957 den kritischen Punkt, an dem die Kettenreaktion einsetzt.

> Unser Reaktor [berichtete Prof. Heinz Maier-Leibnitz] wurde von zwei Technikern der *American Machine & Foundry* in Betrieb genommen. Die ersten Neutronen ließen die Meßinstrumente ausschlagen. Ein Blick hinunter in das Wasserbecken des Schwimmbadreaktors zeigte ein blaues Leuchten. Die erste Kettenreaktion in Deutschland hatte stattgefunden. Wir sind dann noch zum Neuwirt [in Garching] und haben dort gefeiert; die Wirtin hat uns Sekt spendiert. Mittags flogen die beiden Ingenieure der Lieferfirma nach New York zurück. Wir haben nie wieder etwas von ihnen gesehen und waren von da an auf uns selbst angewiesen.[13)]

Inzwischen war die Viererkoalition in Bayern unter Wilhelm Hoegner durch eine Regierung unter Führung der CSU abgelöst worden. So überreichte Ministerpräsident Hanns Seidel am 3. Februar 1958 in einem kleinen Festakt die Betriebsgenehmigung an Prof. Maier-Leibnitz.

Auch die DDR konnte einen Erfolg feiern. Die Sowjetunion lieferte dem unter Leitung von Heinz Barwich stehenden Zentralinstitut für Kernphysik in Rossendorf bei Dresden einen mit angereichertem Uran betriebenen Wasser-Wasser-Forschungsreaktor für 2 MW Leistung. Er erreichte am 16. Dezember 1957, eineinhalb Monate nach dem FRM, den kritischen Punkt. Barwich berichtete:

> Mit Spannung und innerer Erregung verfolgten meine Mitarbeiter und ich, wie der Neutronenstrom einer in die aktive Zone eingebrachten Neutronenquelle durch Uranspaltung immer mehr verstärkt wurde, bis er schließlich, scheinbar unaufhaltsam, auch nach Entfernung der Neutronenquelle weiter anstieg, so daß sich zeitweise seine Stärke in 15 Sekunden verdoppelte. Die Beobachtung dieses Effektes, dieses eindeutigen experimentellen Beweises der selbständig ablaufenden Kettenreaktion, war von uns seit langer Zeit herbeigesehnt worden.[14)]

Karlstraße 42-44: Die »Residenz Karls des Großen«

Auch Berlin plante ein eigenes Kernforschungszentrum, das den Namen »Hahn-Meitner-Institut« erhielt. Dem Land Berlin gelang es, für den kernchemischen Teil Professor Karl-Erik Zimen zu gewinnen, während der für die kernphysikalische Abteilung vorgesehene Professor Arnold Flammersfeld den Ruf ablehnte. Ende September 1957 wandte sich Joachim Tiburtius, der Senator für Volksbildung, an Karl Wirtz, legte ihm den Berufungsvorschlag der Freien Universität vor und bat um sein Urteil. Der Vorschlag nannte an erster Stelle Martin Teucher (Bern, z.Zt. Chicago), an zweiter Hugo Neuert (Hamburg) und an dritter Stelle Heinz Ewald (München). Außerdem teilte der Senator mit, daß Max von Laue, der Vorsitzende der Atomkommission des Landes Berlin, »gern gesehen hätte, wenn Herr Professor Dr. Leo Szilard, zur Zeit Chicago, in den Berufungsvorschlag aufgenommen wäre«.

Wirtz empfahl dezidiert, den Erstplazierten »sowohl sachlich als auch persönlich sehr vorsichtig [zu] beurteilen«:

> Der an zweiter Stelle stehende Herr Neuert erschiene mir jedenfalls den Vorzug … zu verdienen, zumal er wirklich ein Kernphysiker ist, während sich Herr Teucher bisher fast ausschließlich mit kosmischer Strahlung befaßt hat … Obwohl vielleicht zu befürchten ist, daß Herr Szilard ablehnt, ist dieser Vorschlag für mein Empfinden sehr gut. Herr Szilard gehört einer ganz anderen Kategorie von Kernphysikern an als die drei in der Liste genannten und besitzt internationales Ansehen.[15]

Tiburtius beschloß, erst ein Gespräch mit Szilard abzuwarten. Berufen wurde schließlich der junge Heinz Lindenberger, der in Göttingen promoviert hatte.[16)]

In den ersten Monaten des Jahres 1958 war die Heisenbergsche »Weltformel« das Hauptgesprächsthema unter den deutschen Physikern. Seit Jahren hatte Heisenberg seine Anstrengungen auf eine Theorie des Mikrokosmos konzentriert. Er faßte die einzelnen Elementarteilchen als Ausprägungen eines »Urstoffes« auf, den man wegen der Einsteinschen Äquivalenz als Materie oder Energie bezeichnen kann. Sein wichtigster Diskussionspartner war der alte Freund und Kollege Wolfgang Pauli, der seit 1928 an der Eidgenössischen Technischen Hochschule in Zürich wirkte und 1945 den Nobelpreis für Physik erhalten hatte.

Am 24. Februar 1958 trug Heisenberg im Physikalischen Kolloquium der Universität Göttingen über die »Heisenberg-Pauli-Gleichung« vor. Unter den Zuhörern befand sich ohne sein Wissen ein Journalist, der, wie es im »Spiegel« hieß, »Heisenbergs theoretische Atombombe vorzeitig platzen« ließ. Gestützt auf eine dpa-Meldung brachte »Die Welt« auf ihrer Titelseite ein Faksimilé der »Weltformel«, »die es in der Geschichte der Physik zum ersten Male möglich machen könnte, aus ihr heraus die gesamte Physik abzuleiten«. Auch auf der großen Feier des 100. Geburtstages von Max Planck in der Kongreßhalle in West-Berlin im April sprach Werner Heisenberg vor 1.800 Zuhörern über seine neue Theorie, und noch einmal tausend fanden im Theatersaal und in der Vorhalle Platz.

Bei den namhaften Physikern der Vereinigten Staaten wurde die Theorie mit erheblichem Unglauben aufgenommen. Im Laufe der Jahre vermehrten sich die kritischen Stimmen, und heute glaubt wohl niemand mehr an die »Weltformel«.

Im Frühsommer 1958 feierte die Stadt München ihr 800jähriges Bestehen. Die große Festrede hielt Werner Heisenberg am 14. Juni im Kongreßsaal des Deutschen Museums. Sie war ihm selbst die emotionale Einstimmung zum Leben in der geliebten Stadt. Seit Januar wohnte er mit seiner großen Familie in der ihm von Sep Ruf gebauten Villa in der Rheinlandstraße am Rande des Englischen Gartens. In seiner »Hymne an die Isar-Metropole« sprach Heisenberg über das alte und das neue München und über die »Aluminiumkuppel des Garchinger Atomreaktors«, der »von der Technischen Hochschule erbaut und in diesem Jahr in Betrieb genommen worden ist«:

> Schon in der äußeren Form drückt dieser Bau aus, daß hier die Wege unserer Zeit beschritten werden, daß hier in einem der neuesten Wissenschaftsgebiete geforscht und unterrichtet werden soll. In der Stadt, in der man auch die ernsten Dinge gerne von ihrer heiteren Seite nimmt, hat dieser Bau längst den Namen »Atom-Ei« erhalten. Dort, wo die Autobahn in die nördlichen Vorstädte einmündet, entsteht, nur durch den Schwabinger Bach von den ersten Baumgruppen des Englischen Gartens getrennt, ein anderer moderner Bau, der auch der Atomforschung dienen wird und in den das Max-Planck-

Experimentierhalle im INR, Dezember 1958

Institut für Physik und Astrophysik noch im Herbst dieses Jahres einziehen wird.[17)]

Ob Karl Wirtz an einer dieser Veranstaltungen teilgenommen hat, können wir leider nicht sagen. Dazu fehlen uns seine Terminkalender, die bedauerlicherweise nicht mehr existieren. Was wir aber wissen, ist, daß er und seine Frau Ehrengäste der belgischen Regierung anläßlich der Weltausstellung in Brüssel gewesen sind. Die »Exposition universelle« wurde am 17. April 1958 vom jungen belgischen König Baudouin I. eröffnet. Die Ausstellung sei ein Mikrokosmos der heutigen Welt, die mehr denn je im Zeichen der Wissenschaft stehe. Symbol der Weltausstellung und Symbol des kommenden Zeitalters war das 102 Meter hohe »Atomium«.

Die Bundesrepublik hatte sich (mit anderen Nationen) an der Ausgestaltung des »Palastes der Wissenschaft« beteiligt. Hier wurde der Aufbau der Materie von den kleinsten Einheiten, den Atomen*, über die Moleküle zu den Kristallen und lebenden Zellen dargestellt. Als Präsident der deutschen Equipe fungierte der Freiburger Organiker und Nobelpreisträger Hermann Staudinger und als Leiter der Klasse »Atom« Karl Wirtz. Zu den Exponaten dieser Klasse gehörte das Holzmodell eines Betatrons im Maßstab 1:10, ausgeführt von den Siemens-Reiniger Werken in Erlan-

* Heute würde man bei noch kleineren Strukturen, den Quarks und den Elementarteilchen, beginnen.

gen, und eine Nachbildung des Original-Arbeitstisches von Otto Hahn, an dem dieser zusammen mit Fritz Strassmann die Kernspaltung entdeckt hatte.

Die Mühe wurde anerkannt. Bald konnte Wirtz seinem Rektor mitteilen, daß er vom belgischen König mit dem Orden »Officier de l'Ordre de la Couronne« ausgezeichnet worden sei.

Wirtz war ein vielgefragter Mann. Auf Vortragseinladungen teilte er mit, daß er solche schon seit längerer Zeit nicht mehr annehmen könne. Der Aufbau des Karlsruher Reaktors nehme ihn »weit über das übliche Maß in Anspruch«.

Am 31. August 1958 begann die zweite Internationale Konferenz der Vereinten Nationen in Genf über die friedliche Nutzung der Atomenergie.

> Wie schon 1955 prägen diplomatischer Stil und großzügige Repräsentanz das äußere Geschehen im alten Völkerbundpalast. 69 Länder haben über 5000 Teilnehmer geschickt, so daß selbst die große »Halle d'Assemblée« im Palast der Nationen nicht für alle Delegierten, Journalisten und sonstigen Teilnehmer ausreicht. Wiederum zieren die Teilnehmerlisten viele prominente Namen wie Cockcroft, Bhaba, Hammarskjöld, Emiljanoff, Lise Meitner, Teller. Konferenzpräsident ist der Franzose Francis Perrin. Beeindrukkend ist, daß die U.S.A. einen »Argonaut«-Forschungsreaktor während der Konferenz montieren und in Betrieb nehmen. Am 6. September um 13.00 Uhr wird der Reaktor auf Leistung gebracht. Konferenzteilnehmer dürfen mit ihm »spielen« und erhalten zur Erinnerung einen »Ehren-Reaktor-Führerschein«.[18)]

Eine Attraktion für die Physiker war auch die in Meyrin bei Genf gelegene Großforschungsanlage CERN, wo viele deutsche Kollegen arbeiteten. Bei CERN ging es um Grundlagenforschung auf dem Gebiet der Elementarteilchen. Zwei Monate zuvor hatte hier die große »International Conference on High Energy Physics« stattgefunden, bei der Heisenbergs neue Theorie heftig angegriffen worden war.

Das 600 MeV Synchro-Zyklotron (SC), die sogenannte »kleine Maschine«, befand sich seit einem Jahr in Betrieb und lieferte wertvolle Ergebnisse insbesondere über die schwachen Wechselwirkungen. Als Leiter der SC-Division wirkte seit 1955 Wolfgang Gentner, der damals auch die wissenschaftliche Leitung des geplanten Karlsruher Forschungszentrums hätte übernehmen können. Die »große Maschine«, das 25 GeV Protonensynchrotron, befand sich noch im Bau und die Experimente in Vorbereitung.

In ihrem Buch »Das unverstandene Wunder. Kernenergie in Deutschland« beschrieben Winnacker und Wirtz die Stimmung der deutschen Teilnehmer bei der Atoms-for-Peace-Konferenz. Gegenüber der ersten Tagung 1955 habe jetzt, drei Jahre später, die deutsche Delegation »sicherer« auftreten können. Sie beteiligte sich, »wenn auch noch zurückhaltend, mit eigenen Referaten und Diskussionsbeiträgen«.

> Im Rahmen der internationalen Ausstellung gab es auch schon einen bescheidenen deutschen Stand mit einer Fläche von hundert Quadratmetern, der über Pläne informierte. Dieser Ausstellungsstand fand wegen seiner guten architektonischen Ausgestaltung große Anerkennung. Der Münchener Forschungsreaktor, das »Atomei«, und ein Übersichtsplan des Kernforschungszentrums Karlsruhe mit dem FR 2 waren zu sehen.[19)]

Die Siemens-Schuckert-Werke AG zeigten im Palais des Expositions dem internationalen Publikum das 1:5 Modell eines 130 MW Leistungsreaktors als »réalisation entièrement allemande«.

Auch Minister Balke hielt einen Vortrag über die Bemühungen der Bundesrepublik:

> All recent achievements are still overshadowed by the very fact that it was not until 1955 that systematic work on nuclear research and development in Western Germany, after the collapse of 1945, became possible. The development is strictly confined to the field of peaceful utilization. We do not consider this a disadvantage – neither at the moment nor in the long run.[20)]

Karl Wirtz stellte in seinem Referat den im Aufbau befindlichen Karlsruher Forschungsreaktor vor:

> The type of reactor was fixed mainly by the condition to use natural uranium as fuel. A second condition was a high neutron flux. Therefore heavy water was chosen as moderator. The FR 2 is similar to the Canadian reactor NRX, but has heavy water as coolant.[21)]

Auch die DDR war mit einer (offiziell nicht anerkannten) siebenköpfigen Delegation vertreten. Wie Heinz Barwich berichtete, bekamen alle hohe Tagegelder, »damit wir nicht als devisenarme DDR-Bürger auftreten mußten«. Er erstattete einen ungeschminkten Bericht für Bruno Leuschner, den Vorsitzenden der staatlichen Plankommission in Ostberlin:

> Die Erfahrungen der Genfer Konferenz bestätigen die seit längerer Zeit gemachte Feststellung, daß die Entwicklung der Kerntechnik in der DDR nicht mit dem Tempo in anderen Ländern, insbesondere der Bundesrepublik, Schritt gehalten hat... Radikale Maßnahmen sind unbedingt erforderlich, wenn der westliche Vorsprung eingeholt werden soll. Ich kann nicht umhin, auf die unbefriedigende Zusammenarbeit mit der Sowjetunion hinzuweisen.[22)]

Mit Otto Hahn vor den Blaupausen des FR 2, Dezember 1958

Sechs Jahre später, im September 1964, nutzte Heinz Barwich die dritte Atoms for Peace-Konferenz in Genf, um sich in den Westen abzusetzen. Er sollte ein Ordinariat an der neuen Ruhruniversität in Bochum erhalten. Doch er starb bereits am 10. April 1966 mit 55 Jahren.

In einem Memorandum an das Bundesministerium für Atomfragen zogen die Geschäftsführung und die Institutsleiter des KfK das Resümee aus den in Genf gesammelten Erfahrungen: Auf dem Gebiet der experimentellen und technischen Kernenergieentwicklung müsse »in der Bundesrepublik in wesentlich größerem Umfang als bisher gearbeitet werden«.

Die Nutzung der Atomenergie war zu einer Sache des nationalen Prestiges geworden. Im November 1958 wurde im spanischen Kernforschungszentrum Moncloa bei Madrid ein kleiner, von der General Electric gelieferter Forschungsreaktor von 3 MW kritisch. An der feierlichen Einweihung nahm auch Karl Wirtz teil und lernte bei dieser Gelegenheit General Franco kennen.

> Später wurde die Zusammenarbeit auf dem Atomenergiegebiet zwischen der Bundesrepublik und Spanien langsam auf eine viel breitere Grundlage gestellt, in der auch das Atomministerium und die Botschaft eine Rolle spielten. Ich selbst bekam 1960 das Komturkreuz [mit Stern] des Ordens »Alphonso X El Sabio« von der spanischen Regierung verliehen, was nach Oteros Angaben die höchste spanische Auszeichnung in Anerkennung wissenschaftlicher Verdienste ist.[23)]

Im Jahre 1960, und zwar am 9. Mai, wurde in München – später als gedacht – der Neubau des Max-Planck-Institutes für Physik und Astrophysik mit einer akademischen Feier eingeweiht. Wirtz hat sich gefreut, viele alte Kollegen wiederzusehen. Im September 1960 wandte sich der Bundesminister für Atomkernenergie und Wasserwirtschaft im Auftrag des Auswärtigen Amtes mit der Frage an ihn, ob er geneigt wäre, eine Stellung bei der (1956 gegründeten) Internationalen Atomenergie-Behörde (I.A.E.A.) in Wien anzunehmen. Es ging um den Posten des Direktors der Abteilung für Reaktoren. Üblicherweise wurden solche Berufungen für zwei Jahre ausgesprochen.

> Es handelt sich um eine Stellung, an deren Besetzung durch einen Vertreter der Bundesrepublik das Auswärtige Amt größtes Interesse hat, da bisher die Bundesrepublik keine Möglichkeit hatte, einen der verhältnismäßig wenigen Direktorenposten in Wien zu besetzen.[24)]

Die Fakultät bat das Kultusministerium in Stuttgart, »Herrn Professor Wirtz zur Ablehnung... zu bewegen«. Sie würde »es außerordentlich bedauern, wenn die so erfolgreiche Arbeit durch diese neue Aufgabe unterbrochen würde und die Fakultät wieder völlig neue Wege suchen müßte, um die geplante Studieneinrichtung Reaktortechnik weiterführen zu können«. Wirtz war an der Stellung in Wien interessiert und führte die Verhandlungen mit großem Geschick. Zwei Wochen später gab die Fakultät für Maschinenwesen durch ihren Dekan gegenüber dem Kultusministerium in Stuttgart eine wesentlich positivere Stellungnahme ab:

> In Anbetracht der großen Bedeutung für die Bundesrepublik glaubt die Fakultät, die eigenen Wünsche gegenüber den Belangen des ganzen Staates zurückstellen zu müssen und sieht in dem Vorschlag von Herrn Professor Wirtz, ihn in der Zeit seiner eventuellen Beurlaubung... durch Herrn K. H. Beckurts vertreten zu lassen, eine durchaus brauchbare Lösung... Sollte jedoch eine Möglichkeit gefunden werden, Herrn Professor Wirtz dafür zu gewinnen, die Berufung nach Wien abzulehnen, so würde dieses den Wünschen der Fakultät nach wie vor am besten entsprechen.[25)]

Auch der Atomminister befaßte sich mit dem Fall und beklagte die Schwierigkeiten, die sich »aus der unterschiedlichen Vergütung der naturwissenschaftlichen und technischen Mitarbeiter bei nationalen und [im Vergleich damit bei] internationalen Institutionen der Kernforschung ergeben«:

> Sie erfüllen mich mit ernster Sorge für die Erhaltung einer qualifizierten Besetzung der – großenteils mit Bundesmitteln geförderten – deutschen Atomforschungsstätten.[26)]

Bundesminister Siegfried Balke mit dem späteren Leiter der Bauabteilung, Dipl.-Ing. Alfred Bauer, auf dem Gelände im Hardtwald, Mai 1959

Wirtz lehnte schließlich den Ruf nach Wien ab und vereinbarte mit dem Kultusministerium in Stuttgart eine Erhöhung seiner Bezüge.

Auch bei anderen Mitarbeitern bzw. Bewerbern bereitete das unterschiedliche Gehaltsniveau zwischen den nationalen und den internationalen bzw. europäischen Großforschungsanlagen Probleme. Aktenkundig sind zwei Fälle aus dem Jahr 1960, Dr. Rudolf Hagedorn und Dr. Friedrich Stummel. Der erstere gab einer Stellung bei CERN in Genf, der andere einer am Euratom-Forschungszentrum in Ispra den Vorzug vor Karlsruhe. Karl Wirtz schrieb an die Geschäftsführung:

> Mein Vorschlag ist, daß wir für »Senior Scientists« eine Bezahlungsgruppe schaffen, die der Bezahlung in der Industrie entspricht. Die Tätigkeit im Forschungszentrum Karlsruhe wird mehr mit einer Industrietätigkeit verglichen als mit der an der Hochschule oder in der Max-Planck-Gesellschaft.[27)]

Auch an der Technischen Hochschule gab es Probleme. Christian Gerthsen, sein alter Widersacher, war noch vor der Berufung von Wirtz überraschend im Alter von 63 Jahren verstorben. Die Fakultät für Natur- und Geisteswissenschaften verabschiedete unverzüglich, knapp zwei Monate nach seinem Tode, einen Berufungsvorschlag*, aber es gelang zunächst nicht, den Lehrstuhl zu besetzen. Ebenso blieb das Ordinariat für angewandte Physik vakant. Wirtz beurteilte die Situation

* Der Dreiervorschlag enthielt die Namen 1. Otto Haxel, 2. Wilhelm Walcher und 3. Peter Brix

sehr kritisch. Seinem alten Doktorvater Clemens Schaefer schrieb er im Mai 1959:

> Der Zustand ist unhaltbar, wenn man bedenkt, daß sich jährlich hunderte von Studenten für das Physikstudium hier anmelden. Hochschule und Ministerium wirken bei diesem Versagen zusammen, und zwar nicht nur die Hochschule in Karlsruhe, sondern die deutsche Hochschule allgemein.[28)]

Der Technischen Hochschule Karlsruhe gelang es aber sehr bald, Abhilfe zu schaffen. Bereits im Herbst 1959 wurde Fritz Stöckmann für das Ordinariat Angewandte Physik gewonnen.

> Damit setzte die stürmische Entwicklung der Karlsruher Physik ein. In knapp zweieinhalb Jahren konnten... drei weitere Lehrstühle für Experimentalphysik und drei Lehrstühle für theoretische Physik besetzt werden. Experimentalphysik: Prof. Dr. Werner Buckel (1960) und Prof. Dr. Heinz Kahle (1962). Experimentelle Kernphysik: Prof. Dr. Herwig Schopper (1960). Mathematische Physik: Prof. Dr. Gottfried Falk (1960). Theoretische Kernphysik: Prof. Dr. Gerhard Höhler (1960). Struktur der Materie: Prof. Dr. Walter Kofink (1961).[29)]

Was das KfK betraf, nahm Wirtz die erwähnten Absagen der Herren Hagedorn und Stummel zum Anlaß, sich bei der Geschäftsführung zu beklagen: Die Stimmung im Forschungszentrum sei schlecht, »weil die Fertigstellung des Reaktors sich verzögert«. Die »Schwierigkeiten der Gesellschaft (Bundesrechnungshof, Verschiebung der Aufsichtsratsitzung, Unsicherheit über den kommenden Etat, die Probleme der wissenschaftlichen Führung des Zentrums)« riefen »eine beträchtliche Unsicherheit unter den Mitarbeitern hervor«.

Von den etwa einem halben Dutzend Instituten und technischen Abteilungen, die Anfang der sechziger Jahre das Kernforschungszentrum bildeten, »war das Institut für Neutronenphysik und Reaktortechnik (INR) unter seinem Direktor Prof. Karl Wirtz das klar dominierende«. Dieses Urteil stammt von dem Physiker und leitenden Mitarbeiter Dr. Willy Marth:

> Wirtz leitete sein Institut mit patriarchalischer Hand; von seinen Mitarbeitern verlangte er Qualitätsarbeit. Fachlichen Tiefgang bei den Veröffentlichungen stellte er über alles. Um dies deutlich zu machen, lobte er einen INR-Preis aus, dessen Vergabe bei den jährlichen Weihnachtsfeiern einen Höhepunkt darstellte und der stets mit einer ausführlichen Laudatio des Chefs verbunden war. Der Preis war weit über seinen Realwert von 500 DM hinaus begehrt, wußten doch alle Institutsangehörigen, daß er nicht automatisch Positionsinhabern wie Gruppen- oder Abteilungsleitern zufiel, sondern

Mit Geschäftsführer Walther Schnurr.

> daß jeder eine Chance hatte... In seinen Weihnachtsansprachen vergaß Wirtz nie, neben den Leistungen der Wissenschaftler auch die Verdienste der sonstigen Mitarbeiter, etwa der Werkstätten und des Reinigungspersonals, hervorzuheben.[30)]

Bereits bei der Gründung der KBB hatten die Gesellschafter in Aussicht genommen, das Kapital von 30 auf 40 Millionen DM zu erhöhen, was dann auch am 13. Dezember 1957 erfolgte. Schon zehn Monate später empfahl der Aufsichtsrat eine nochmalige Kapitalerhöhung auf 60 Millionen. Das erregte bei den beteiligten Firmen beträchtlichen Unwillen. Trotzdem stimmte die Gesellschafterversammlung am 26. Juni 1959 dem Vorschlag zu.

Von nun an weigerte sich die Industrie, noch weitere Kapitalerhöhungen mitzumachen. Deshalb kamen das Atomministerium und das Stuttgarter Wirtschaftsministerium auf den Gedanken, zur KBB eine weitere Trägergesellschaft mit rein staatlicher Beteiligung zu gründen, was am 26. Juni 1959 geschah. Sie erhielt den Namen »Gesellschaft für Kernforschung mbH« und die Abkürzung K II*. Der Bund übernahm 75 Prozent, das Land Baden-Württemberg 25 Prozent der Anteile, d.h. der finanziellen Verpflichtungen. Bald signalisierte die Industrie, daß sie sich von dem

* Fortan nannte man die KBB auch K I

Mit Geschäftsführer
Rudolf Greifeld

ganzen Projekt zurückziehen und ihre Anteile an der KBB auf den Staat übertragen wolle.

Als geeigneter Zeitpunkt für ein Ausscheiden der Industrie aus der KBB erschien die Fertigstellung des Reaktors FR 2, denn inzwischen hatte sich herausgestellt, daß mit den bei [der] KBB verfügbaren 60 Millionen auch das Institut für Neutronenphysik und Reaktortechnik und seine Ausstattung nicht mehr finanziert werden konnten und das Gesellschaftskapital somit nur für den Bau des Forschungsreaktors verbraucht wurde.[31)]

7. Kapitel
Der Reaktor wird kritisch

»In früheren Jahren haben wir jedem einzelnen Mitarbeiter bei seinem Dienstantritt oder bald danach die Hand drücken können«, hieß es in einem Rundschreiben der Geschäftsführung vom 2. Januar 1961: »Die rasch anwachsende Zahl der Mitarbeiter läßt dies heute nicht mehr zu.«

> Wir hatten am 31.12.1956 achtzig Mitarbeiter, heute – vier Jahre später – sind es bereits 1.020. Dem monatlich durchschnittlichen Zuwachs um 25 Mitarbeiter entspricht der Ausbau der Arbeitsstätten.[1)]

Bereits am 18. März 1960 hatte der Betriebsrat der KBB die Geschäftsführung aufmerksam gemacht, daß, »sobald die Zahl von 500 Arbeitnehmern überschritten ist, Arbeitnehmer in den Aufsichtsrat zu wählen und zu entsenden« seien. Jedoch bestimmte das Betriebsverfassungsgesetz in §81, Abs. 1, daß diese Vorschrift auf Betriebe, die politischen, gewerkschaftlichen, konfessionellen, karitativen, erzieherischen, wissenschaftlichen oder künstlerischen Zwecken dienen, keine Anwendung findet. Das *Bundesministerium für Atomkernenergie und Wasserwirtschaft* als Aufsichtsbehörde kam zum Ergebnis, daß die KBB in diese Kategorie gehöre:

> Die KBB ist nach ihrem in der Satzung festgelegten Zweck als ein wissenschaftliches Forschungszentrum ausgerichtet. Primärer Zweck des Unternehmens ist nicht die wirtschaftliche Nutzbarmachung der Atomkernenergie, sondern die Schaffung der Voraussetzungen hierzu im Wege wissenschaftlicher Arbeit. Es kann daher kaum zweifelhaft sein, daß die KBB zu den sogenannten Tendenzbetrieben zu zählen ist, bei denen die Mitwirkung von Arbeitnehmervertretern im Aufsichtsrat gemäß §81 Betriebsverfassungsgesetz ausgeschlossen ist.[2)]

Während die Arbeiten am FR 2 mit Hochdruck vorangetrieben wurden, befaßte sich Wirtz mit dem Thema »Schneller Brüter«. Den Beginn des Projekts datiert man auf das Wintersemester 1957/58, als Karl Wirtz im Keller des Künstlerhauses in der Karlstraße 42-44 ein einschlägiges Seminar abhielt. Später hat sich der KfK-Kollege Willy Marth gründlich mit der Geschichte des Schnellen Brüters befaßt. Wirtz habe damals, sagt er, »Interesse an der Physik schneller Neutronen, dem Brutprozeß und der technischen Konzeptierung von Brütern« geweckt.

Im normalen Kernreaktor wird vom eingesetzten Brennstoff (natürliches oder angereichertes Uran) nur das Isotop 235 zur Energiegewinnung verwendet, während das im Natururan 135 Mal häufigere U 238 ungenutzt bleibt. Der Brutreaktor verwandelt das U 238 in Plutonium 239 und damit in Spaltstoff.

Als Vorsitzender des Arbeitskreises »Kernreaktoren« in der Deutschen Atomkommission konnte Wirtz gegenüber der Geschäftsführung des Kernforschungszentrums mit Autorität auftreten.

> Es ist folgerichtig, daß dem deutschen 500 Megawatt-Programm später eine Stufe mit Brutreaktoren folgt. Ehe jedoch konkrete einzelne Projekte in Angriff genommen werden können, müssen Grundlagenforschungen und Arbeiten an Prototypen gemacht werden.[3)]

Im März 1959 war Wolf Häfele, der Leiter der theoretischen Gruppe im INR, an das Oak Ridge National Laboratory zu Alvin Weinberg delegiert worden, um sich mit dem thermischen Brüter vertraut zu machen. In der Kernphysik und Kerntechnik wie auf vielen anderen Gebieten von Wissenschaft und Technik lagen die Vereinigten Staaten an der Spitze. Hatte es in der Physik früher geheißen »Germania docet«, galt jetzt »America docet«. Die Großzügigkeit, mit der die Amerikaner ausländische Kollegen an ihren Ergebnissen teilhaben ließen, war hoch erfreulich. Der Autor der vorliegenden Studie war damals als junger Physiker beim Deutschen Elektronen-Synchrotron in Hamburg tätig, und auch dort war es gängige Praxis, Mitarbeiter zum Cambridge Electron Accelerator im Staate Massachusetts zu delegieren, um sich frühzeitig mit den Problemen vertraut zu machen.

»Häfele kam nach einem Jahr begeistert und mit vielen neuen Ideen nach Deutschland zurück«, berichtete Willy Marth: Vor allem gab Häfele jetzt dem Schnellen Brüter vor dem Thermischen die Priorität:

> Als erstes überzeugte er Wirtz und die Geschäftsführung des Zentrums davon, daß eine so große Forschungsaufgabe als institutsübergreifendes Projekt abgewickelt werden müsse. Es war jedem Kundigen klar, daß der Projektleiter nur Wolf Häfele heißen konnte, womit dieser sich elegant von seinem Chef Wirtz abgenabelt hatte.[4)]

Später wurden von Häfele die Spannungen, die mit Wirtz bestanden, zwar nicht in Abrede gestellt, aber er betonte immer, wie viel er von ihm bei dem Erkennen und der Beurteilung komplexer Zusammenhänge (besonders wissenschaftspolitischer und personaler Art) gelernt habe. Das gilt auch für die Beurteilung neuer Mitarbeiter. Häfele war bei etwa 200 Bewerbungsgesprächen dabei und mußte über Wirtz' »Röntgenblick« staunen: »Innerhalb ganz kurzer Zeit lagen die Schwachpunkte offen zutage.« Die positiven Eigenschaften zu finden, fiel Wirtz allerdings viel schwerer.

Mit Wirkung zum 1. April 1960 bildeten das INR und die Technische Abteilung Reaktor die Projektgruppe »Schneller Brüter«, für die zunächst etwa zwanzig Mitarbeiter (Wissenschaftler und Ingenieure) vorgesehen waren. Am 21. April richtete Wirtz ein Memorandum an die Geschäftsführung, in dem er die Aufgaben näher beschrieb. Wirtz wies auf den großen Rechenbedarf hin und erörterte die Frage, ob die Arbeit mit einer gemieteten oder gekauften IBM 704 erledigt werden sollte. Willy Marth berichtete von der Zuse Z 22:

> Wenn die Wissenschaftler am Wirtzschen INR die Betriebsleiter des FR 2 beeindrucken wollten, dann zeigten sie ihnen den elektronischen Großrechner des Instituts. Es war eine Zuse Z 22. Sie füllte einen ganzen Raum aus und das Flackern der Dioden, Trioden und Pentoden registrierten die Besucher stets mit andächtigem Staunen.[5)]

Für den ersten Schritt des Projektes »Schneller Brüter«, die Vorauswahl der in Frage kommenden Reaktortypen, veranschlagte Wirtz mindestens 18 Monate. Bis dahin sollten die Arbeiten am FR 2 längst abgeschlossen sein.

> Das Jahr 1961 wird uns vor allem die Inbetriebnahme unseres Reaktors FR 2 bringen. Zahlreiche Mitarbeiter haben in den vergangenen Monaten und Jahren ihre ganze Person eingesetzt, um an einer baldigen Fertigstellung mitzuwirken... Der Reaktor wird Anfang des Jahres 1961 mit Null-Energie-Messungen in Betrieb genommen werden.[6)]

Bis zum 3. März wurden 24 Brennelemente in den Reaktor eingesetzt. Nach der Beseitigung von kleineren Störungen ging es drei Tage später mit der Beladung weiter. Am 7. März 1961, morgens um 3,40 Uhr, wurde der Reaktor mit dem Einsetzen des 53. Brennelementes kritisch. Dieser Erfolg für das Kernforschungszentrum war insbesondere ein Erfolg des INR und der Abteilung Häfele. Die Theoretiker hatten für das Eintreten der Kritikalität 54 Brennelemente errechnet.

Leider erwiesen sich sowohl der Aluminiumtank (Core-Tank) als auch der Stahltank (Abschirmung) als schadhaft. Die Reparaturen waren mühsam und führten nicht zu dem gewünschten Erfolg. Beide Tanks mußten neu hergestellt werden.

In das Jahr 1961 fiel auch der Bau der Berliner Mauer. Bei der Weihnachtsfeier am 8. Dezember gab Wirtz eine pessimistische Analyse:

> Ich bin überzeugt, daß die weltpolitischen Spannungen in den nächsten zwei Jahren noch erheblich zunehmen werden. Nicht überzeugt bin ich, daß es notwendigerweise einen nuklearen Krieg geben wird. Ich halte dies im Gegenteil für sehr unwahrscheinlich, wenn auch nicht für völlig ausgeschlossen.[7)]

Heisenberg besucht das Kernforschungszentrum Karlsruhe, 2. Mai 1961

Ein knappes Jahr später geriet die Welt tatsächlich an den Rand der Katastrophe. Amerikanische Aufklärungsflugzeuge lieferten von der Insel Kuba gestochen scharfe Photos, die eindeutig die Stationierung von Mittelstreckenraketen zeigten. Der neue amerikanische Präsident John F. Kennedy verhängte eine Seeblockade. Einige Stunden war völlig offen, wie die Sowjetunion reagieren würde.

Im Juli 1962 kamen endlich die neuen Reaktortanks, und planmäßig folgte die Remontage des FR 2. Auch die Probeläufe im Nullenergiebereich (bis 1 kW) verliefen zufriedenstellend.

Die erste Kettenreaktion hatte am 7. März 1961 stattgefunden. Nach mehr als eineinhalb Jahren war man endlich wieder so weit:

> Wir freuen uns, Ihnen heute mitteilen zu können, daß der Reaktor nach dem Auswechseln der Tanks am 12. November 1962, abends gegen 22 Uhr, bei voller Beladung mit 158 Brennelementen von der Betriebsmannschaft wieder kritisch gemacht werden konnte.
> Es ist der wirklich aufopferungsvollen, begeisterten Arbeit der an der Fertigstellung Beteiligten zu verdanken, daß damit der vor vielen Monaten aufgestellte Montageplan auf die Stunde genau eingehalten werden konnte.[8)]

Anfang Dezember 1962 waren die Nerven der Reaktormannschaft »fast über das Maß des Erträglichen hinaus« belastet. Ursache war aber jetzt kein technisches

Adolf Butenandt, der Präsident der MPG, im Kernforschungszentrum, November 1962

Problem, »sondern das Warten auf die Genehmigung zum lang ersehnten Vollastbetrieb«:

> Über eine Woche lang stand die »Stafette« zum Start bereit, über eine Woche lang pendelte die Leistung des FR 2 zwischen 0 und 1.000 Watt – wie das Gesetz es befahl. Am Abend des 5. Dezember war es dann soweit: Das Wirtschaftsministerium von Baden-Württemberg hatte die Genehmigung für den Vollastbetrieb – ein Dokument von über dreißig Schreibmaschinenseiten – erteilt. Anstelle der am Nikolaustag üblichen Süßigkeiten im Stiefel konnte die Geschäftsführung am 6. Dezember 1962 der Reaktor-Betriebsabteilung die ministerielle Genehmigung formgerecht übergeben.[9)]

Die Leistung des Reaktors wurde nun schrittweise erhöht. Am 7. erreichte man 100 kW, am 10. bereits 1 MW und eine Woche später, am 17. Dezember 1962, erstmals die Nennleistung von 12 MW. Die Geschäftsführung sandte Telegramme an die Mitglieder des Aufsichtsrates und die beteiligten Ministerien und Firmen.

Zur gleichen Zeit wurde in Bonn das Kabinett umgebildet. Die Presse kritisierte den Stil Adenauers, die Minister vor vollendete Tatsachen zu stellen. In einer Kabinettsitzung am 11. Dezember 1962 gab der Bundeskanzler seine Personalentscheidungen bekannt.

> Lemmer* trat sichtlich getroffen und erbittert in den Vorraum. Er lächelte mühsam, schüttelte, ohne ein Wort zu sagen, einige Hände... Unverständlich mußte dem alternden Manne bleiben, daß sein Kanzler ihm zuvor kein Wort gesagt hatte.[10)]

Zu den entlassenen Bundesministern gehörte auch Siegfried Balke. Er hatte an der Kabinettsitzung nicht teilgenommen. Der Pförtner seines Ministeriums hörte im Rundfunk von der Kabinettsumbildung und verständigte das Vorzimmer. So erfuhr der Minister durch seine Sekretärin von der Entlassung. In der Sache hatte Adenauer eine alte Forderung Balkes erfüllt, die Zuständigkeit seines Ministeriums auszudehnen:

> Eine wesentliche Neuerung ist das »Bundesministerium für wissenschaftliche Forschung«, wie nun das mit neuen ungeklärten und von den Ländern bestrittenen Kompetenzen aufpolierte Atomministerium firmiert. Siegfried Balke, der als einer der bedeutendsten Köpfe der früheren Bundesregierung nur im Verborgenen blühen durfte, muß ausgerechnet in dem Augenblick gehen, da dieses Ministerium den Anschein der Berechtigung bekommt. Sein Stuhl wird von Hans Lenz übernommen, dessen Neigungen in seinem bisherigen Leben mehr der Sprache und der Dichtung als der strengen, exakten Wissenschaft gegolten hatten. Nur der Koalitionsproporz kann derartige Ungereimtheiten erklären.[11)]

So war es Hans Lenz, der neue Bundesminister für wissenschaftliche Forschung, der den Karlsruhern zu ihrem Erfolg gratulierte:

> Geschäftsführung und Reaktorbetriebsgruppe übermittle ich... den Dank und die Anerkennung meines Ministeriums. Damit verfügt das Kernforschungszentrum Karlsruhe über den ersten größeren Forschungsreaktor, der in der Bundesrepublik Deutschland geplant, konstruiert und gebaut worden ist.[12)]

Siegfried Balke meldete sich als Privatmann und wünschte dem Forschungszentrum, daß auch »die kommenden Jahre an solchen Ereignissen nicht arm sein mögen«. Seine Arbeit für und mit Karlsruhe zähle er »zu den bewegendsten, aber auch interessantesten Perioden« seines Berufslebens.

»Stärker als der FR 2 haben uns alle die Arbeiten am Projekt Schneller Brüter beschäftigt«, hatte Karl Wirtz schon in seiner Weihnachtsansprache im Dezember 1961 gesagt, und er wiederholte seine Feststellung ein Jahr später:

* Ernst Lemmer, 1957-1962 Bundesminister für gesamtdeutsche Fragen

Auch im Jahr 1962 stand die Arbeit des INR vor allem im Zeichen des Schnellen Brutreaktors. Große neue Untersuchungen befinden sich in der Vorbereitung. Ich erwähne von den großen Projekten nur die Schnelle Unterkritische Anlage Karlsruhe (SUAK), den Schnell-Thermischen Argonaut-Reaktor (STARK), das große rotierende Kristallspektrometer, sowie den Van-de-Graaff. Diese Anlagen werden zum Teil im nächsten Jahr vom INR abgetrennt und in die neuen Institute der Herren Dr. Beckurts und Dr. Häfele überführt.[13)]

Karl Heinz Beckurts hatte sich 1961 an der Technischen Hochschule Karlsruhe für »Physikalische Grundlagen der Reaktortechnik« habilitiert. Das Verfahren sei »besonders gut verlaufen«, konstatierte Karl Wirtz, und habe »das Ansehen des INR gestärkt«:

Dr. Beckurts hat außerdem um dieselbe Zeit einen ehrenvollen Ruf als Direktor des Instituts für Neutronenphysik des Kernforschungszentrums Jülich erhalten. Wir sind glücklich, daß es... gelungen ist, Dr. Beckurts zu bewegen, in Karlsruhe zu bleiben.[14)]

Zum 1. Oktober 1961 wurde Beckurts stellvertretender Direktor des INR und erhielt zum 1. Januar 1963 die Leitung eines eigenen Instituts für Angewandte Kernphysik (IAK). Zur gleichen Zeit übernahm Wolf Häfele das Institut für Angewandte Reaktorphysik (IAR). Verstärkung erhielt das INR im Sommer 1963 durch die Aufnahme der Meß- und Regeltechnischen Abteilung (MRTA).

Mit der Fertigstellung des Reaktors FR 2 schied die Industrie aus dem Kreis der Gesellschafter aus, d.h. sie mußte sich nicht mehr an den Kosten des Kernforschungszentrums beteiligen. Aus diesem Anlaß fand am 2. Mai 1963 im Großen Saal der Schule für Kerntechnik eine Feier statt, an der bedeutende Vertreter von Bund, Land und Wirtschaft teilnahmen. Als Festredner bat Karl Winnacker den neuen Bundesminister für wissenschaftliche Forschung Hans Lenz und den neuen baden-württembergischen Wirtschaftsminister Eduard Leuze, die Anteile der Industrie als Geschenk anzunehmen. In der Beilage zu den »Badischen Neuesten Nachrichten« am 2. Mai 1963 anläßlich der Zusammenlegung der beiden Trägergesellschaften gab Karl Wirtz einen Überblick über die bisherige Entwicklung »Vom FR 2 zum Schnellen Brüter«:

Dankbar werden die Wissenschaftler in Karlsruhe der tatkräftigen Hilfe der deutschen Industrie in den Anfängen des Zentrums gedenken. Sie hoffen, daß die engen sachlichen und persönlichen Bande, die sich in den vergangenen Jahren zur Industrie gebildet haben, in Zukunft bestehen bleiben.[15)]

Karl Wirtz und Walther Schnurr begrüßen Hans Lenz, den neuen Bundesminister für wissenschaftliche Forschung, Mai 1963

Nach dem Rückzug der Industrie konnte auch die Dualität der beiden Trägergesellschaften beseitigt werden; ab 1. Januar 1964 gab es nur noch die »Gesellschaft für Kernforschung mbH«, abgekürzt GfK. Der Bund war mit 75 Prozent, das Land mit 25 Prozent beteiligt. Als Geschäftsführer blieben Rudolf Greifeld (Administration) und Walter Schnurr (Technik).

Im Frühjahr 1963 hatte Karl Wirtz Termine in Fernost und den U.S.A.: die Teilnahme an einem Kongreß des Japan Atomic Industrial Forum über Radionuklide in Tokio und Besprechungen an verschiedenen Orten in den Vereinigten Staaten vor allem über die deutsche Beteiligung an einem Reaktorprojekt in Arkansas. Daraus ergab sich eine Reise um die Welt.

Mitte Mai flog er über Bangkok und Hongkong, die er beide »sehr genoß«, nach Tokio, wo ihn sein japanischer Kollege Toshizo Titani am Flughafen erwartete. Schon in den dreißiger Jahren hatte Wirtz mit Titani über molekularphysikalische Themen korrespondiert. Nach dem Kriege, als beide über Atomenergie arbeiteten, war Titani mit einer Gruppe von Japanern nach Göttingen gekommen.

Beim Kongreß in Tokio war Karl Wirtz einer der drei Festredner, die über die »Production and Utilisation of Radio-Isotopes« in ihrem Land berichteten. »Die Festsitzungen wurden sehr feierlich eröffnet, die Festredner offiziell vorgestellt; eine Sammlung dieser Vorträge lag gedruckt vor.«

> Ich war erstaunt, welches Interesse man mir in Tokio entgegenbrachte und... wie großartig man mich empfing. Vor allem die japanische Industrie tat sich

hervor, ... welche noch im Stande der Unschuld bezüglich der Atomenergie, aber voll Begierde nach dem kommenden Einstieg war.[16)]

In Begleitung von Titani besuchte Wirtz einige Institute im Land, vor allem das Kernforschungszentrum Tokai. Hier hielt er zwei Vorträge, einen inoffiziellen vor der Arbeitsgruppe für Schnelle Reaktoren (»die über die Karlsruher Arbeiten ziemlich gut Bescheid wußte«) und einen offiziellen »vor fast dem gesamten wissenschaftlichen Staff«. In seinem Reisebericht zog er das Resümee:

> Japans Atomenergieentwicklung ist stark von [den] U.S.A. beeinflußt. Es werden von Wirtschaft und Regierung große Mittel investiert, von der Regierung allerdings wohl nicht so große wie in der Bundesrepublik... Wie in manchen anderen Ländern der Welt arbeitet die junge Generation zwischen zwanzig und dreißig sehr zielbewußt, der Zukunft zugewandt und westlich orientiert. Die Bundesrepublik gilt als ein Land in ähnlicher Lage wie Japan und hat viele Sympathien. Wie überall in Ostasien ist jedoch der amerikanische Einfluß beherrschend.[17)]

Nach einem »bewegten Abschied« von Titani flog Wirtz am 1. Juni von Tokio nach Honolulu auf Hawaii. Hier unterbrach er für zwei Tage, »um die Sonne und den Strand und auch das amerikanische Ambiente zu genießen«.

In San José in Kalifornien besuchte er Karl Cohen von der General Electric: »Die Stimmung für die Kühlung eines Schnellen Brüters mit überkritischem Dampf ist besser als im letzten Herbst. Man nimmt an, daß Nickelstähle (Incolloy) ein besseres Cladding-Material seien.« Am 5. Juni besichtigte er den Standort des geplanten SEFOR-Reaktors in der Nähe von Fayetteville in Arkansas:

> Fayetteville ist eine Stadt von etwa 21 000 Einwohnern, darunter 7.000 Studenten der State University. Die State University interessiert sich offenbar für das Projekt. Unterbringung von deutschen Fachleuten... soll keine Schwierigkeiten machen... Die Landschaft ist schön. Es war sehr heiß; trotzdem ist offenbar dank genügender Niederschläge die Vegetation ähnlich wie im Oberrheintal. Große Städte sind weit entfernt.[18)]

Das Kernforschungszentrum Karlsruhe und die Euratom beteiligten sich am SEFOR (Southwest Experimental Fast Oxide Reactor). Die Zusammenarbeit lief – trotz der vielen Partner – reibungslos.

Nach einem Besuch bei Babcock und Wilcox in Lynchburg, Virginia, und des Argonne National Laboratory in Lemont, Illinois, nahm Wirtz in Salt Lake City an der Tagung der American Nuclear Society teil. Im Kommentar zu einem Vortrag von Dr. Fortescue sprach Wirtz eine Viertelstunde über die Gaskühlung von Brutreaktoren, die in den Vereinigten Staaten jetzt viel positiver beurteilt wurde: »Wir andererseits hätten unser Augenmerk inzwischen auch der Natrium-Kühlung eingehender zugewendet. Insgesamt müßte man feststellen, daß alle Kühlmethoden Vorteile und Schwierigkeiten böten, die noch lange nicht genügend untersucht seien.«

In seinem Reisebericht empfahl er, die großen Tagungen der ANS stärker zu beachten: »Zumindest für die westliche Welt erfährt man hier besser als durch das Studium der Fachliteratur jeweils den gegenwärtigen Stand der Entwicklungen auf dem Gebiet der Reaktortechnik.«

In Salt Lake City hielt sich Wirtz vom 17. bis 19. Juni 1963 auf. Die Stadt ist Hauptsitz der Mormonen. Er wohnte in einem Hotel unmittelbar gegenüber dem Temple Square, dem Platz mit der Kathedrale. Im Nachttisch des Hotelzimmers fand er »The Book of Mormon« und las am Abend »in dem etwas mühseligen Werk«. Für fünfzig Cents kaufte er es bei der Rezeption und hinterließ wie gewünscht seine Adresse.

Vier Wochen nach seiner Rückkehr erhielt er den Besuch von zwei jungen Amerikanern, die versuchten, ihn zum Eintritt in ihre Kirche zu bewegen. Er erfuhr, daß es in Karlsruhe etwa 300 Mormonen und ein Versammlungslokal gab. Ein Jahr später hat er im Rotary-Club Karlsruhe einen Vortrag über die Mormonen gehalten und ein im ganzen sehr positives Bild der Sekte entworfen.

In diesem Jahr 1963 fiel nach Rudolf Mössbauer (1961) wieder ein Physik-Nobelpreis an einen deutschen Forscher. Ausgezeichnet wurde der Heidelberger Kernphysiker Hans D. Jensen für seine Arbeiten über die »magischen Zahlen« und die Schalenstruktur des Atomkerns. Jensen teilte den Preis mit der aus Deutschland stammenden Amerikanerin Maria Göppert-Mayer, die unabhängig auf ähnliche Ergebnisse gekommen war. In Analogie zur Atomhülle gibt es auch für den Kern einen Schalenaufbau, das heißt, nach einer bestimmten Anzahl von Teilchen wird eine besonders stabile Anordnung erreicht.

In seiner Nobelrede am 10. Dezember in Stockholm würdigte Jensen die Anregungen, die er von Otto Haxel und Hans Suess erhalten hatte. Karl Wirtz kannte alle drei und interessierte sich für die näheren Umstände der Entdeckung. Bei einem viel späteren Besuch in La Jolla in Kalifornien hat Wirtz ein Interview mit Hans Suess geführt. »Ich habe mich außerordentlich gefreut«, sagte ihm Suess, »daß Jensen einen Anteil am Nobelpreis bekam, und ich war auf ihn nicht neidisch«:

> Es ist ganz klar, daß weder ich ohne Hilfe von Jensen, noch Jensen ohne mich zu dieser Erkenntnis gekommen wäre.[19)]

Bei der Weihnachtsfeier des INR am 19. Dezember 1963 konnte Wirtz auch die Mitarbeiter des Instituts für Angewandte Kernphysik (Beckurts), des Instituts für Angewandte Reaktorphysik (Häfele) und der neu hinzugekommenen Meß- und Regeltechnischen Abteilung begrüßen.

> Obwohl die Mitarbeiterzahl des eigentlichen INR zurückging, ist unsere festliche Versammlung größer als je zuvor. Die erweiterte Familie, wenn ich so sagen darf, bestehend aus INR, IAK, IAR und MRTA, feiert zusammen.[20]

Die Weihnachtsansprache war wie immer auch ein Rechenschaftsbericht. Er bemühte sich, Fehlentwicklungen festzustellen und, wenn möglich, abzustellen. Dieses Mal ging es ganz allgemein um den Besuch von Tagungen. Dadurch gehe wahrscheinlich zu viel Zeit verloren: »Wir müssen zu einem viel ökonomischeren Einsatz unserer Kräfte kommen.«

> Es ist andererseits zuzugeben, daß in vielen Fällen der Besuch von Tagungen notwendig ist, um eine bestimmte Arbeit bekannt zu machen und ihr im internationalen Gespräch das notwendige Gesicht zu verleihen. Auf Tagungen wird heutzutage – so merkwürdig es klingt – diejenige Auswahl von Arbeiten getroffen, die aus der fast unübersehbaren Flut von Literatur wirklich gelesen werden muß.[21]

In seiner Rede kam Wirtz auch auf das Gutachten zu sprechen, das die Professoren Werner Heisenberg (MPI für Physik München), Heinz Maier-Leibnitz (TH München), Heinrich Mandel (RWE) und Josef Wengler (Hoechst) kürzlich im Auftrag des Wissenschaftsministeriums über das Kernforschungszentrum Karlsruhe erstattet hatten:

> Das Gutachten stellt dem Zentrum ein glänzendes Zeugnis aus... Wir sind umso dankbarer für die günstige Beurteilung, als es derzeit durchaus nicht unüblich ist, auch öffentlich an der Arbeit von Kernforschungszentren Kritik zu üben. Karlsruhe kommt, soweit ich es beurteilen kann, im In- und Ausland hierbei sehr gut weg.[22]

Wirtz war ein geübter Redner. Auffällig an seiner Sprache ist für uns heutige der Gebrauch von Formulierungen aus der zurückliegenden Ära. Neue Mitarbeiter wie die der MRTA »stießen« zum INR und verstärkten die »Gefolgschaft«. Der Kritik von Außenstehenden, »das Kernforschungszentrum arbeite nicht genügend mit der Industrie zusammen«, hielt er in der Weihnachtsansprache 1963 entgegen: »Kritik von ferne stört den Einsatz der Männer an der Front, wenn ich mich so ausdrücken darf.« Und schließlich ein letztes Beispiel: In seiner Ansprache im Göttinger Max-Planck-Institut für Physik zum 50. Geburtstag von Werner Heisenberg hatte er sich selbst als »eine Art Ia« im Stabe des großen Physikers bezeichnet, d.h. als den ersten Generalstabsoffizier.

Wirtz konnte aber auch einer höheren Vision sprachlichen Ausdruck verleihen. In seiner Einführung in den Karlsruher Vortragszyklus »Moderne Reaktortechnik« am 8. Dezember 1962 sagte er:

Betrachten wir das gestirne Firmament, so empfinden wir nicht nur mit Kant ehrfürchtig die Größe der Schöpfung, sondern wissen, daß die funkelnden Fixsterne Fusionsreaktoren darstellen, in denen ein gewaltiges nukleares Feuer leichtere Elemente in schwerere verbrennt.[23)]

Am 16. Juli 1963 feierte der Vater seinen 80. Geburtstag. »Du bist ihm doch schrecklich ähnlich«, hatte Frau Ottoni fast zwei Jahrzehnte zuvor an ihren in Farm Hall internierten Mann geschrieben. Über die Ähnlichkeit in Figur und Gesichtsform mußte man staunen. Während aber der Sohn glattrasiert war, trug der Vater einen Oberlippenbart. Auch die charakterlichen Übereinstimmungen waren verblüffend. Beide Männer besaßen hohe Intelligenz, starken Willen und Ehrgeiz. Wahrscheinlich verfolgte der Vater seine Ziele mit größerer Geschmeidigkeit.

Tochter Christiane Clarenbach hat berichtet, daß ihr Großvater seiner Frau immer in großer Liebe zugetan war. Carl Wirtz sen. hatte im Sommersemester 1905 in Freiburg studiert und in dieser Zeit seine Hildegard beim Tennisspiel kennengelernt: »Wenn er von der ersten Begegnung erzählte, stiegen ihm immer Tränen in die Augen.«

Er hielt sich sehr gerade, war sehr streng, früher mit seinen Kindern, später mit uns Enkelkindern, die ihn manchmal etwas gefürchtet haben. Seine eindrucksvolle Strenge war noch aus der Zeit, als absoluter Gehorsam galt, den er ebenso einforderte. Sicher rührt daher auch die Strenge im Wesen meines Vaters, der durch seinen Beruf jedoch weltläufig wurde und mehr Humor hatte... Mein Großvater war vielseitig interessiert und gebildet, kannte sich bei Pflanzen aus, in der Geologie, hatte eine kleine Steinsammlung, sammelte auch Münzen und Briefmarken, spielte gerne Geige (ich mußte ihn am Klavier begleiten, wenn er bei uns war) und interessierte sich für Geschichte im allgemeinen und speziell für die Freiburger Stadtgeschichte... Wenn er bei uns war, half er meiner Mutter viel im Garten. Im Sommer waren seine Dahlien seine besondere Freude... Seine Schwiegertochter, meine Mutter, hatte er mit aller Herzenswärme in seine Arme geschlossen und war immer sehr glücklich mit ihr und umgekehrt.[24)]

Im Haus in der Siebenmannstraße in Wolfartsweier hatten Carl und Hildegard Wirtz bereits ihre goldene Hochzeit und den 75. Geburtstag des Senatspräsidenten gefeiert. Es war für Karl Wirtz eine große Freude, die Eltern einzuladen und mit einer schönen Rede zu ehren. »Mein Vater war ungewohnt großzügig«, berichtete Christiane Clarenbach: »Es gab Getränke, die wir sonst nie hatten, die er aus den U.S.A. kannte, Cola, Canada Dry, Tonic Water, Ginger Ale und Erdbeerbowle. Es war ein Genuß für alle.« Diese Getränke gab es immer bei den Familienfesten. Sie gehörten zur Tradition.

> Es wurden Kanons für die Großeltern eingeübt (»Lobet alle Gottes Güt' und Macht...«), Gedichte von den Jüngeren aufgesagt, zur Gitarre Lieder vorgetragen und natürlich kleine Reden gehalten. Beim ersten Familienfest [zum 75. Geburtstag] hat uns der Großvater alle in den »Erbprinzen« in Ettlingen zum sonntäglichen Mittagessen eingeladen. Später gingen wir sonntags in andere Restaurants, die nicht ganz so feudal waren.[25)]

Die Eltern Carl und Hildegard Wirtz lebten nun schon seit fast zwanzig Jahren in Freiburg im Breisgau. Adolf und Eugen Krebs, die Brüder von Frau Hildegard, waren inzwischen verstorben. Das Bankhaus J. A. Krebs wurde jetzt als offene Handelsgesellschaft von den Neffen Adolf und Heinz Krebs weitergeführt.

Die Mutter Hildegard geb. Krebs war eine ausgeglichene, kluge, auch im Alter an allem interessierte Dame, die von jedermann geschätzt wurde. Sie nahm am familiären und politischen Geschehen Anteil, diskutierte intensiv, las viel, auch als sie schon bettlägerig war. Sie konnte herrlich erzählen, war lustig und blickte auf ein großbürgerliches Leben im Freiburger Bankhaus Krebs zurück.

Was man von Karl Wirtz nicht ohne weiteres erwartet hätte: Auch er konnte phantastische Geschichten erzählen und hatte Freude daran. Die Tochter berichtete:

> In Göttingen ist er mit mir alleine weit spazieren gegangen. Er hat mich immer mitgelockt, indem er spontan herrliche Geschichten erfand, die teilwei-

Urlaub auf Sylt

> se so lang und spannend waren, daß sie einen weiteren Sonntagsspaziergang erforderten. Oft gab es anschließend ein Eis. Später trafen wir uns Sonntag morgens regelmäßig mit Freunden und deren Kindern zu Wanderungen. Sehr selten, aber perfekt hat er kleine Gesellschaften mit witzigen, spannenden Geschichten unterhalten, z.B. auf Sylt. Da konnte er unter Freunden überhaupt sehr witzig sein. Zuhause war er eher ernst. In jungen Jahren, in Berlin und seltener auch in Göttingen, hat er gedichtet oder Schüttelreime erfunden. Das war fast ein Sport unter den damaligen Freunden. Noch in Karlsruhe hat er mit Vergnügen Witze zum besten gegeben, die er aufgeschnappt hatte.[26)]

Die Mutter Hildegard Wirtz erzählte gelegentlich auch von ihrem Vater Eugen Krebs (also dem Großvater von Karl Wirtz). Er hatte als Physiker an der Universität Freiburg am Tag des Auszuges in den deutsch-französischen Krieg promoviert. Nach drei Jahren als Privatdozent am Polytechnikum Aachen (der späteren Rheinisch-Westfälischen Technischen Hochschule) mußte er schweren Herzens die Leitung der Bank übernehmen.

Das Haus Krebs am Münsterplatz in Freiburg entwickelte sich bald zu einem Treffpunkt von bedeutenden Künstlern und Gelehrten. So war im Jahre 1882 der Komponist und Klaviervirtuose Franz Liszt eine ganze Woche zu Gast. Ihm wurde die erste Etage eingeräumt. Hildegard Wirtz berichtete später über den Aufenthalt des Meisters:

> Er kam mit einem Diener, der ihm jeden Abend seine schöne weiße Mähne mit Cognac waschen mußte. Schon früh morgens begab er sich, der zu dieser Zeit schon die niederen Weihen hatte, zur Messe ins Münster. Nach dem Frühstück gehörte ihm die Zeit bis gegen Mittag, wo sich dann vor dem Hause auf dem Münsterplatz eine kleine Gesellschaft versammelte, die ihm ein Ständchen brachte. Gerne hörte er auf dem Balkon stehend zu oder plauderte mit den Besuchern, die um diese [Zeit] den verehrten Meister sprechen konnten. Zur Mittagstafel wurden Freunde und Verehrer stets nach seinem Wunsch eingeladen. Auch abends war offenes Haus; es wurde musiziert auf einem Flügel, den die Firma Steinway eigens zum Besuch Liszts meinen Eltern ins Haus geschickt hatte.[27)]

Auch Karl Wirtz besaß eine musikalische Begabung und hatte in seinen jungen Jahren Klavier gespielt. Besonders liebte er Opern. Einmal, als Ottoni verreist war, besuchten Vater und Tochter eine Aufführung von Verdis Rigoletto im Staatstheater. In Vertretung der erkrankten Sopranistin übernahm Lucia Popp die Rolle der Gilda.

Tochter Christiane besuchte das Markgrafengymnasium in Durlach und begann mit Latein als erster Fremdsprache. Offenbar war der Vater vom Bildungswert der alten Sprachen überzeugt. Er engagierte sich als Vorsitzender des Gesamtelternbeirates und mit seinen Beziehungen und seinem Organisationstalent gelang es ihm, Sponsoren für einen neuen Flügel zu finden. Anfang 1964 berichtete er einem Freund, daß Carlinchen Tanzstunde habe, die sie mit Vergnügen und Erfolg absolviere. Die Tochter erzählte von der damaligen Zeit:

> Wenn ich für die Schule eine Aufgabe zu lösen hatte, die mir schwer fiel, hat er sich abends sofort mit mir hingesetzt und mir geholfen. Es war ihm geradezu ein Vergnügen, über solche anderen Fragen zu brüten, sei es für das Fach Deutsch oder Mathematik, wobei er für mich fremdartige Lösungswege beschritt, aber sich nach kurzer Überlegung der Methode des Mathematiklehrers anpaßte und stolz war auf seine Erkenntnis.[28)]

Karl Wirtz hatte einen voll ausgefüllten Arbeitstag. Auch die Vorbereitung der Lehrveranstaltungen kostete viel Mühe. In drei aufeinander folgenden Semestern las er eine zweistündige Vorlesung über »Grundlagen der Reaktortechnik« I, II und III, dazu gab es ein zweistündiges Seminar »Reaktortechnik«. Durch die Beteiligung von Mitarbeitern (Beckurts, Schulten, Smidt), von Kollegen (Erwin Willy Becker) und von Lehrbeauftragten (Gerhard Matz, Ulrich Rombusch) kam ein beachtliches Lehrangebot zustande. Die »Reaktortechnik« wurde 1966 als Vorlesungsmanuskript gedruckt und kam in zwei Teilen heraus.

In seinem zweiten Jahr in Karlsruhe war das von ihm gemeinsam mit Karl Heinz Beckurts verfaßte Lehrbuch »Elementare Neutronenphysik« im renommierten Springer-Verlag erschienen. 1964 folgte eine umgearbeitete und erweiterte Neuauflage, bezeichnenderweise in englischer Sprache und erneut unter dem Namen der beiden Autoren. Inzwischen war Beckurts als Leiter des Instituts für Angewandte Kernphysik Kollege von Wirtz geworden und entsprechend hielt man sich an die alphabetische Reihenfolge, d.h. Beckurts stand jetzt an der ersten Stelle.

> Due to the rapid expansion of neutron physics over the past few years, the size of this book had to be increased considerably. Nearly all chapters had to be rewritten und six additional chapters were compiled ... This new edition was written almost exclusively by K.H. Beckurts.[29]

8. Kapitel
Der Atomwaffensperrvertrag

Bei den Bundestagswahlen am 19. September 1965 errang Bundeskanzler Ludwig Erhard einen fulminanten Wahlerfolg. Zur absoluten Mehrheit im Bundestag fehlten der Union nur drei Mandate. Als Parteivorsitzender mußte Konrad Adenauer dem Bundespräsidenten Heinrich Lübke den ungeliebten Nachfolger zur erneuten Ernennung vorschlagen. Erhard setzte die Koalition mit der F.D.P. fort. Zu den wenigen neuen Gesichtern im Kabinett gehörte Gerhard Stoltenberg, der Hans Lenz als Bundesminister für wissenschaftliche Forschung ablöste.

In Karlsruhe wurde am 29. September der zweite Reaktor kritisch, der von der Firma Siemens gebaute Mehrzweckforschungsreaktor MZFR. Es handelte sich wieder um einen Natururan-Schwerwasserreaktor mit einer elektrischen Leistung von 50 Megawatt. Er wurde überwiegend zur Stromerzeugung betrieben:

> Die Vorteile dieses [Druckwasser-]Reaktors: Er ist mit einem elektrischen Teil versehen, so daß die Stromabgabe an ein elektrisches Netz über einen längeren Zeitraum erprobt werden kann. Er ist so ausgestattet, daß man die Brennelemente während des Betriebes auswechseln konnte... Im Grunde genommen hat sich der MZFR zum ersten Versuchskernkraftwerk eigener Konzeption hin entwickelt.[1)]

Ende Oktober nahm Karl Wirtz an der Jahrestagung der American Nuclear Society in Los Alamos und Santa Fé teil. Beim »Trinity Meeting« hielt er den Abendvortrag über die deutschen Arbeiten zur Nutzung der Kernenergie von der Entdeckung Hahns bis zur Gegenwart.

Am 3. Dezember veranstaltete der unter der Leitung von Karl Wirtz stehende Arbeitskreis »Kernreaktoren« der Deutschen Atomkommission seine 50. Sitzung in Eltville. Karl Wirtz konstatierte, daß »eine erste große Phase der Kernenergieentwicklung in der Bundesrepublik abgeschlossen« sei:

> Es gibt eine leistungsfähige Reaktorindustrie. Die Industrie baut große Leistungsreaktoren, einschließlich der zugehörigen Brennstoffe und aller Nebenanlagen. Die Energieversorgungs-Unternehmen haben die Bedeutung der neuen Energieart erkannt. Allgemein herrscht die Überzeugung vor, daß die Atomenergie künftig elektrischen Strom billiger als jede andere Primärenergieform produzieren kann.[2)]

Leistungserhöhung des FR 2 auf 44 MW, August 1966.
Von links: Bundesminister Stoltenberg, Beckurts, Wirtz, Staatssekretär Cartellieri (verdeckt), Greifeld

Auf der Sitzung gab Professor Heinrich Mandel bekannt, daß das Rheinisch-Westfälische Elektrizitätswerk die Absicht habe, »im nächsten Jahr ein Atomkraftwerk vom Leichtwassertyp mit einer elektrischen Nettoleistung von 600 MW einem deutschen Industriekonsortium in Auftrag zu geben«. Finanziert werden sollte das Kraftwerk auf rein wirtschaftlicher Basis ohne jede Unterstützung der öffentlichen Hand.

Tatsächlich erteilt wurde der Auftrag dann erst 1969 nach Gründung der Kraftwerksunion (KWU), in die Siemens und AEG ihre gesamten Aktivitäten auf dem Gebiet der Leichtwasserreaktoren einbrachten. Der Bau von Biblis A mit einer Nettoleistung von 1146 MWe wird von Wolfgang D. Müller in seinem Standardwerk über die *Geschichte der Kernenergie in der Bundesrepublik Deutschland* als »endgültiger Durchbruch der Kernenergie zu einer konkurrenzfähigen Energiequelle für die Elektrizitätserzeugung« gewertet.

Die Zahl der KfK-Mitarbeiter hatte am 30. September 1966 die 3.000 überschritten. Am 19. Juli 1956 war die »Kernreaktor Bau- und Betriebsgesellschaft mbH« gegründet worden. Dieses Datum gilt als Geburtstag des Kernforschungszentrums. Aus Anlaß des zehnjährigen Bestehens erschien eine Festschrift mit einem Überblick über die bisher erreichten Ergebnisse:

> Der FR 2 ist heute das wichtigste Forschungsinstrument des Forschungszentrums Karlsruhe. Mit dem neuen Core vereinigt er in sich die Eigenschaften eines Materialprüfungsreaktors und die eines Forschungsreaktors hohen Flusses. Die großzügige Auslegung des Reaktors und seiner Hilfseinrichtungen wird noch lange den steigenden Bedürfnissen des Zentrums gerecht werden können. Das Kernforschungszentrum Karlsruhe ist glücklich, eine so wertvolle Anlage zu besitzen.[3)]

Eine Irritation brachte damals der Vorschlag des Instituts für Experimentelle Kernphysik (IEK), vertreten durch die Professoren Herwig Schopper, Anselm Citron und Arnold Schoch, einen großen Protonenbeschleuniger von mindestens 5 GeV am Zentrum zu entwickeln und zu bauen. Karl Wirtz hat sich entschieden gegen das Projekt ausgesprochen. Es hätte den Charakter des Kernforschungszentrums grundlegend verändert. Die mit einem Großprotonenbeschleuniger betriebene Hochenergiephysik ist etwas ganz anderes als die Forschung und Entwicklung auf dem Gebiet der Atomenergienutzung.

Einen großen Teil der manpower erforderte der Schnelle Brüter. In einem Projektbericht vom Dezember 1965 heißt es:

> Man hat guten Grund, wegen der begrenzten natürlichen Spaltstoffvorräte überhaupt Brüterentwicklung zu betreiben. Wegen des ausgezeichneten wirtschaftlichen Potentials des Schnellen Brüters hat man jedoch Grund, das schnell zu tun.[4)]

Das Hauptproblem war die Wahl des Kühlmittels. Nach den ursprünglichen Vorgaben von Wolf Häfele sollten Natrium, Dampf und Helium untersucht werden. Bereits 1963 war Helium ausgeschieden. 1965 schlug die Projektleitung Schneller Brüter vor, sofort mit der Planung zweier Prototypen der 300 MWe-Klasse zu beginnen, von denen der eine mit Natrium, der andere mit Dampf gekühlt werden sollte.

Im Frühsommer des Jahres 1966 erreichte Karl Wirtz ein höchst ehrenvoller Ruf. Bundesminister Gerhard Stoltenberg wollte ihn als Generaldirektor des Euratom-Forschungszentrums Ispra als Nachfolger des früheren Karlsruher Geschäftsführers Dr. Gerhard Ritter benennen. Das sollte im Hinblick darauf geschehen, daß die großen kerntechnischen Entwicklungen in Karlsruhe, wie der Minister meinte, »sich dem Abschluß näherten«:

> Ich konnte diesem Vorschlag aus verschiedenen Gründen nicht folgen. Die Zukunft Euratoms ist ungewiß. Ispra ist ein Zentrum, das nicht im selben Maß einheitlich gewachsen ist wie Karlsruhe. Die kerntechnischen Entwicklungen in Karlsruhe nähern sich nicht dem Abschluß. Karlsruhes Zukunft erfordert auch in den kommenden Jahren die Kräfte aller. Vor allem aber

Sitzung der Projektgruppe Schneller Brüter, 9. Dezember 1966. Von links: Wirtz, Beckurts, Seelmann-Eggebert, Häfele (stehend), Smidt, Engelmann, Schnurr, Ritz

> wollte ich das INR nicht gerne zurücklassen, denn Aufbau und Arbeit eines Instituts erfordern vor allem Kontinuität.[5)]

Hinsichtlich des Schnellen Brüters waren »trotz unserer eigenen und der internationalen Anstrengungen« immer noch grundlegende Probleme ungelöst:

> Der dampfgekühlte schnelle Brüter hat eine ungenügende Brutrate, beim natriumgekühlten Brüter sind für den Fall, daß die Brutrate genügend groß gemacht wird, immer noch gewisse Sicherheitsprobleme ungeklärt. Ein heliumgekühlter Brüter würde eine gute Brutrate und keine besonderen nuklearen Sicherheitsprobleme bieten, jedoch sind kostenmäßig und im Anlagenwirkungsgrad gewisse Fragen offen.[6)]

Die Entwicklung wurde von der Industrie übernommen. Die Gruppe Siemens/Interatom sollte den Natriumbrüter projektieren, das Konsortium AEG/Gutehoffnungshütte/MAN den Dampfbrüter. Wissenschaftliche Grundfragen blieben weiterhin die Aufgabe des Kernforschungszentrums. Dazu gab es einige Versuchsanlagen, wie die Schnelle Unterkritische Anlage Karlsruhe (SUAK) und die Schnelle Nullenergie-Anlage Karlsruhe (SNEAK). Um Erfahrungen mit der Natriumkühlung zu sammeln, wurde die Kompakte Natriumgekühlte Kernenergieanlage

(KNK) gebaut, ein prototypisches kleines Kraftwerk von 20 MWe. Seine Leistung hätte damals ausgereicht, eine mittlere Stadt mit 40 bis 50.000 Einwohnern zu versorgen. Grundsteinlegung war Mitte 1966.

Die Schnelle Kritische Nullenergie-Anlage SNEAK wurde dem drei Jahre zuvor gegründeten, unter Leitung von Wolf Häfele stehenden *Institut für Angewandte Reaktorphysik* anvertraut. »Diese Abtrennung von Häfele habe ich aus verschiedenen Gründen sehr begrüßt«, sagte Wirtz:

> Sie hatte jedoch den entscheidenden Nachteil, daß nunmehr in einer Hand die Leitung eines Instituts mit einer Projektleitung vereinigt war. Das INR blieb weitgehend eingespannt, vor allem für die theoretischen Rechnungen.[7)]

In diesem Jahr 1966 erhielten Otto Hahn, Lise Meitner und Fritz Straßmann den mit 50.000 Dollar dotierten Enrico-Fermi-Preis der amerikanischen Atomenergiekommission. Die Verleihung durch Glenn T. Seaborg fand Im Festsaal der Hofburg in illustrer Gesellschaft einschließlich des österreichischen Bundeskanzlers Josef Klaus am 23. September statt. Wie die meisten auswärtigen Gäste war Wirtz zur Zehnten Generalkonferenz der International Atomic Energy Agency (IAEA) nach Wien gekommen. Er traf eine Reihe von alten Kollegen und Freunden wie Sigvard Eklund, den Generaldirektor der IAEA, Otto Robert Frisch, den Neffen von Lise Meitner, und José M. Otero Navascués, den Präsidenten der spanischen Atomenergiekommission.

Otto Hahn war jetzt 87 Jahre alt. Das Amt des Präsidenten der Max-Planck-Gesellschaft hatte er 1960 niedergelegt, und Adolf Butenandt war sein Nachfolger geworden.

Das erste atomgetriebene Frachtschiff war am 13. Juni 1964 in Kiel von Stapel gelaufen und von Hanna Lenz, der Frau des Bundesministers für wissenschaftliche Forschung, in Anwesenheit des Nobelpreisträgers auf den Namen »Otto Hahn« getauft worden. Die erste Fahrt mit Kernenergieantrieb hat die »Otto Hahn« am 11. Oktober 1968, zweieinhalb Monate nach dem Tod des Namenspatrons, absolviert.

Das 16.900 BRT große Schiff war ebenso zuverlässig und anspruchslos wie Otto Hahn selbst. Besondere Verdienste bei der Entwicklung des Reaktors zum Schiffsantrieb hatten sich die beiden in Farm Hall internierten Physiker Erich Bagge und Kurt Diebner erworben.

Auch der unter Leitung von Karl Wirtz stehende Arbeitskreis »Kernreaktoren« hatte sich mit dem Thema »nuklearer Schiffsantrieb« beschäftigt:

> In unserer 48. Sitzung [am 1. und 2. Juli 1965] haben wir noch einmal die Ergebnisse der Schiffsreaktorstudien – wie alljährlich – vor uns Revue passieren lassen. Diese verschiedenen Studien, fünf an der Zahl, werden in geeigneter Form der Öffentlichkeit zugänglich gemacht werden. Nur eine, näm-

IAEA-Symposium über Schnelle Brüter in Karlsruhe, 30. Oktober 1967 mit Wirtz und Häfele

lich die des fortgeschrittenen Druckwasserreaktors (FDR) von Babcock und INTERATOM, wird wirklich gebaut, nämlich als Antrieb des Forschungsschiffs »Otto Hahn«, über welches der Arbeitskreis in seiner 42. Sitzung abschließend und empfehlend beraten hatte.[8)]

»Unser guter Bundeskanzler Erhard hat restlos abgewirtschaftet«, hieß es Anfang Dezember 1966 in Bonn: »Selten hat ein Regierungschef sich das eigene Grab geschaufelt wie er. Vor allem durch Entschlußlosigkeit und Führungsschwäche, die umso krasser auffielen, als wir vom Vorgänger das Gegenteil gewohnt waren.«* Die Regierung Erhard wurde durch eine Große Koalition unter Kurt Georg Kiesinger abgelöst. Willy Brandt, der Vorsitzende der SPD, übernahm das Amt des Außenministers und Vizekanzlers. Brandt hatte ursprünglich Wissenschaftsminister werden wollen:

> 1966 meinte ich, wenn ich schon dabei sein sollte, dann im Forschungsministerium... Forschung hatte damals einen hohen Stellenwert; das Ministerium galt als das Zukunftsressort schlechthin. Doch in der engeren Parteiführung herrschte die Meinung vor, der Vorsitzende habe den »zweitwichtigsten Posten« zu übernehmen.[9)]

* Rolf Lahr: Zeuge von Fall und Aufstieg. Private Briefe 1934-1974. Hamburg 1981, S. 452

Gerhard Stoltenberg blieb Bundesminister für wissenschaftliche Forschung sowie Mitglied im Bundesverteidigungsrat.

Schon seit zwei Jahren verhandelten in Genf die Großmächte über einen Vertrag zur Rüstungsbegrenzung. Dieser sogenannte »Atomwaffensperrvertrag« sollte verhindern, daß immer mehr Staaten in den Besitz von Atomwaffen gelangten.

Im Januar 1967 wurde die Regierung Kiesinger/Brandt mit dem ersten Vertragsentwurf konfrontiert. Es fiel den politisch Verantwortlichen schwer, den physikalischen Hintergrund zu verstehen. Wolfgang Cartellieri, der Staatssekretär im Wissenschaftsministerium, empfahl dem Kabinett, Karl Wirtz als Experten zuzuziehen. Mitten in einer Vorlesung erhielt er die Nachricht, daß man ihn am nächsten Tag in Bonn erwarte.

> Nach einem kurzen Gespräch nahm Bundeskanzler Kiesinger den Karlsruher Professor mit in eine Sitzung des Verteidigungskabinetts, dem damals neben anderen Außenminister Willy Brandt, Franz Josef Strauß und Gerhard Stoltenberg angehörten... Wirtz hielt einen knappen Vortrag von etwa zwanzig Minuten. »Ich fühlte mich dabei wenig wohl, denn ich hatte keine Gelegenheit gehabt, mich mit diesem ersten Entwurf des Atomsperrvertrages auch nur einigermaßen gründlich auseinanderzusetzen. Immerhin hatte ich am Vortag mit meinen beiden Kollegen Wolf Häfele und Otto Haxel noch kurze Gespräche führen und ein Rohkonzept meines Vortrages entwickeln können.«[10)]

Wenn man den Kernsprengstoff besaß, also Uran 235 oder Plutonium 239, war kein großer technischer Aufwand zum Bau von Atombomben mehr nötig. Es kam also darauf an, die Herstellung und Lagerung des Sprengstoffes zu kontrollieren.

> Die Diskussion im Verteidigungskabinett war angesichts der mangelnden Vertrautheit mit dem Vertragswerk kurz. Lediglich Franz Josef Strauß und Willy Brandt stellten einige Fragen. Danach wurde beschlossen, einen Arbeitskreis aus Vertretern des Auswärtigen Amts und einigen Kernwissenschaftlern, darunter Wirtz, zu bilden. Den Vorsitz... übernahm Botschafter Swidbert Schnippenköter vom Auswärtigen Amt, der als deutscher Beobachter bei den weiteren Genfer Abrüstungsgesprächen fungieren sollte.[11)]

Politisch lief der Atomwaffen-Sperrvertrag darauf hinaus, daß es für alle Zukunft zwei Gruppen von Nationen geben sollte: solche, die Atomwaffen besaßen wie die beiden Großmächte, Großbritannien, Frankreich und China, und auf der anderen Seite Länder ohne Atomwaffen wie Deutschland, Japan und Italien. Auch Wirtz gehörte zu den (meist der CDU/CSU nahe stehenden) Persönlichkeiten, die für die Bundesrepublik die Kernwaffenoption offen halten wollten. Ganz offensichtlich hatte sich seine Einstellung in den zehn Jahren seit der Unterzeichnung des »Göttinger Manifestes« grundlegend geändert.

> Vergeblich versuchte Wirtz, Bundeskanzler Kiesinger zu bewegen, bei dem amerikanischen Bündnispartner gegen diese Zweiteilung anzugehen. Wirtz: »Ich bin heute noch (1975) der Meinung, daß wir diese Trennungspläne aus dem Vertragswerk herausbekommen hätten, falls mit aller Härte verhandelt worden wäre.« Doch der verbindliche Kiesinger wollte keinen Ärger mit Washington.[12)]

Bundeskanzler Kiesinger sandte Karl Wirtz mit einem Beamten des Auswärtigen Amtes nach Washington, um dort »der Deutschen Botschaft Hilfestellung für die ersten Gespräche mit den Amerikanern zu geben«. Ansprechpartner war Bernd von Staden, der spätere deutsche Botschafter in den Vereinigten Staaten. Auch in der Arbeitsgruppe der Deutschen Botschaft war, wie Wirtz registrierte, die Tendenz gering, für die Offenhaltung der Atomwaffenoption zu kämpfen. Die drei Wochen in Washington brachten aber doch noch ein Ergebnis: Wirtz konzipierte einen neuen Kontrollmechanismus. In seiner Ansprache bei der INR-Weihnachtsfeier am 15. Dezember 1967 sah er bereits »ein weiteres wichtiges Gebiet kerntechnischer Forschung im Entstehen«:

> Es betrifft die Instrumentierung der Kontrollanlagen für den Fluß des spaltbaren Materials zwischen den Reaktoren, den Brennstoff-Fabriken, den Wiederaufbereitungsanlagen etc. Sie haben vom sogenannten Prinzip der instrumentierten Spaltstoff-Flußkontrolle gehört. Hierbei spielen die sogenannten plombierten Instrumente eine Rolle, die zum erstenmal von amerikanischer Seite ins Gespräch gebracht wurden. Die Idee, solche plombierten Instrumente an bestimmten strategischen Punkten des Spaltstoff-Flusses zu verwenden und daraus ein Kontrollprinzip zu machen, stammt von uns.[13)]

Als Kämpfer erwies sich wieder einmal der 91jährige Altbundeskanzler. Er beklagte die »flaue Haltung« der Regierung Kiesinger und qualifizierte den Atomwaffen-Sperrvertrag als »Morgenthau-Plan im Quadrat«. Die deutsche Wirtschaft solle konkurrenzunfähig gemacht werden. Obwohl er es in dieser Form nie ausgesprochen hatte: Ziel der Politik Adenauers war von Anbeginn, der Bundesrepublik wieder einen anerkannten Platz als Großmacht zu verschaffen. Dazu gehörte der Besitz von Atomwaffen.

Auf seiner Reise nach Spanien im Februar 1967 hielt der Altbundeskanzler in Madrid vor tausend geladenen Zuhörern eine große Rede, die sich vor allem gegen den Vertrag richtete. In einigen Interviews und bei einer Ansprache vor der Deutschland-Stiftung in München wiederholte er seine Kritik.

Aber die Zeit des Patriarchen war abgelaufen. Am 19. April 1967 starb Konrad Adenauer in seinem Haus in Rhöndorf.

Das Pontifikalrequiem im Kölner Dom hielt Kardinal Josef Frings vor den führenden Staatsoberhäuptern und Regierungschefs der westlichen Welt. Das Leben Adenauers hatte in Köln begonnen, und in Köln war er 15 Jahre Oberbürgermeister gewesen. Jetzt nahm hier die Welt von ihm Abschied.

> Nach der Trauerfeier im Kölner Dom wurde der Sarg Adenauers im feierlichen Zuge durch eine riesige Menschenmenge zum Rheinufer gebracht und auf ein Schiff der Bundesmarine getragen, um nach Rhöndorf überführt zu werden. Als das Schiff die Strommitte erreicht hatte, schloß sich ihm ein Geleit anderer Boote... an... Einen gewaltigeren Trauerzug hatte der Strom wohl... nie gesehen, ein großartigeres Geleit konnte Europa dem Staatsmann, der sich um dieses verdient gemacht hatte, nicht geben, und eine geeignetere Trauerstraße für den Toten, der sich immer als Rheinländer gefühlt hatte, ließ sich nicht vorstellen.[14)]

400 Millionen Menschen haben den Staatsakt an ihren Fernsehern verfolgt. Es kann kaum anders gewesen sein: Auch der gebürtige Kölner Karl Wirtz hat die Übertragung gesehen. Seit letztem Jahr besaß die Familie ein Fernsehgerät.

Bei Gelegenheit einer späteren (improvisierten) Festrede zu Ehren seines Freundes Wirtz hat Carl Friedrich von Weizsäcker gesagt, dieser habe immer sehr viel Verständnis für Adenauer gehabt, »denn das war auch ein kreativer Pessimist«:

> Das war auch ein Mann, der alles Negative vorhersah und sich so einrichtete, daß man es überdauern konnte.[15)]

Auf der Jahrestagung der Vereinigung Deutscher Elektrizitätswerke (VDEW) in Hannover gab Karl Wirtz in seinem Vortrag am 31. Mai 1967 einen Überblick über den Stand und die Tendenzen in der Kernenergieentwicklung.

> Bis heute sind allein in den USA rd. 30.000 MW auf Atombasis teils in Betrieb, teils im Bau, teils bestellt, und zwar in Einheiten, die zum Teil über 1.000 MW liegen. Auch in England, Frankreich, Rußland, der Bundesrepublik, Kanada, Italien, Japan, Schweden und in anderen Ländern wurden Kernkraftwerke errichtet und in Betrieb genommen. Von den Experten lange vorausgesagt, von der bedrohten Konkurrenz oft nur skeptisch beurteilt, wurde das Kernkraftwerk an vielen Stellen der Welt als der absolut billigste Elektrizitätserzeuger erkannt.[16)]

Am 20./21. Januar 1968 erschien in der Wochenendausgabe der Süddeutschen Zeitung ein großer Aufsatz über den »Exodus der Wissenschaftler«. Es ging um die

Abwanderung von jungen deutschen Forschern in die Vereinigten Staaten und die tieferen Ursachen. Verfasser war Robert Gerwin, ein freier Publizist, der schon oft über einschlägige Themen geschrieben hatte, auch über solche aus dem Bereich der Kernenergie. Drei Jahre später wurde Gerwin Pressereferent der Max-Planck-Gesellschaft.

Der Verfasser registrierte mehrere Auswanderungswellen: die erste 1933 durch die Rassengesetze des Dritten Reiches, die zweite unmittelbar nach Kriegsende, die dritte etwa ab 1949, die »spätestens gegen Ende der fünfziger Jahre in die vierte Auswanderungswelle deutscher Naturwissenschaftler und Techniker über[ging]«:

> Diese vierte Welle hält noch immer unvermindert an, ja, sie ist möglicherweise sogar noch im Anschwellen begriffen.[17)]

Nach dem bisherigen »brain drain« war klar, daß sich die Bundesrepublik weitere Verluste an geistigem Kapital nicht leisten konnte. In einem langen Brief wandte sich Wirtz an Gerwin: »Sie schreiben, daß in den U.S.A. nicht die Liebedienerei beim Leiter des Instituts zählt, sondern die Leistung. Sie apostrophieren die deutsche Verwaltungsbürokratie. Sie stellen fest, daß man monströse Institutsbauten zu Ehren amtierender Direktoren errichtet, wo einfache Zweckbauten voll genügen würden. Ferner, daß im Keller der Institute kostspielige wissenschaftliche Instrumente stehen, die kaum benutzt werden. Sie geben den Rat, daß man sich energisch bemühen müsse, die Auswanderer zurückzuholen.«

> Was mich bekümmert, ist die Allgemeinheit der Feststellungen. Der Leser gewinnt den Eindruck, als sei es überall so. In Wirklichkeit liegen die Probleme, glaube ich, doch noch viel tiefer... Die Bundesrepublik ist auf einem langsamen Weg zu einem Zustand, der in Amerika und Rußland schon länger herrscht. Die Investition eines größeren Teils des Volkseinkommens geht in die wissenschaftliche und technische Entwicklung. Solange wir hier nicht gleichziehen mit den U.S.A. oder Rußland, werden wir auch nicht denselben Prozentsatz von jungen Akademikern im Lande beschäftigen können. Jedenfalls nicht in adäquaten Stellungen. Das führt zu Unzufriedenheit. Minister Stoltenberg ist dabei, dem tatkräftig abzuhelfen.[18)]

Karl Wirtz kannte die Probleme. Auch er stand mehrfach vor der Frage, ob er nicht in die Vereinigten Staaten gehen solle.

> Die Bundesrepublik wird niemals Breite und Umfang amerikanischer wissenschaftlicher Forschung erreichen. Dafür sind Volk und Land zu klein trotz relativ guter wirtschaftlicher und industrieller Situation. Die Attraktivität der U.S.A. ruht meiner Meinung nach auch nur zum kleinsten Teil darauf, daß dort die Bezahlung besser, der Lebensstandard höher, die Professoren

> weniger bonzig etc. sind... Nach meiner relativ guten Kenntnis amerikanischer Verhältnisse ist dort, jedenfalls in den großen Forschungszentren, die Bürokratie ungleich stärker als bei uns. Wahrscheinlich gilt das auch für die Hochschulen... Die Mittel, die zur Zeit für die deutschen Forschungszentren zur Verfügung gestellt werden, sind nicht schlecht. Ich darf zum Beispiel für den Bereich des Kernforschungszentrums feststellen, daß wir sicherlich in der Vergangenheit viele Schwierigkeiten hatten, jedoch niemals finanzielle.[19)]

Den wahren Grund für die Attraktivität der Vereinigten Staaten sah Wirtz in der »Problematik der europäischen politischen Gesamtsituation«. Gemeint war die Gefahr, daß Europa eines Tages in den Machtbereich des kommunistischen Totalitarismus fallen könnte. Bestätigt in seinen Sorgen fühlte sich Wirtz am 21. August 1968 durch die Invasion der Warschauer Pakt-Staaten in die Tschechoslowakei. Als besonders schändlich mußte man die Beteiligung der DDR empfinden, waren doch seit dem Überfall des Dritten Reiches auf die tschechische Republik erst dreißig Jahre vergangen.

Sein Hauptinteresse im Forschungszentrum galt nach wie vor dem Schnellen Brüter. Zwei Jahre zuvor war von Wolf Häfele die Natrium- und die Dampfkühlung des Schnellen Brüters noch als »komplementär«, d.h. im Prinzip als gleichwertig, bezeichnet worden. Jetzt neigte sich die Waage zugunsten der Natriumkühlung. Auf der Sitzung des Projektkomitees Schneller Brüter schlug die mit der Planung und dem Bau beauftragte AEG vor, die Entwurfsarbeiten am Dampfbrüter zu beenden. Im Dezember 1968 kam der unter Leitung von Wirtz stehende Arbeitskreis » Kernreaktoren« der Deutschen Atomkommission einstimmig zum gleichen Ergebnis.

Am 23. und 24. Januar 1969 veranstaltete Forschungsminister Gerhard Stoltenberg eine Experten-Anhörung unter Beteiligung von Abgeordneten des Bundestagsausschusses für wissenschaftliche Forschung. Referate hielten unter anderen Wolf Häfele und Ludolf Ritz, die sich entschieden für die Natrium- bzw. Dampfkühlung einsetzten, während Karl Wirtz eine eher vermittelnde Rolle einnahm und über Gaskühlung referierte.

Die Entscheidung des Bundesforschungsministers fiel am 5. Februar zugunsten der Natriumkühlung. Dazu las man in der »Atomwirtschaft«:

> Diese Entscheidung und die ihr vorausgehenden Ereignisse erregten in ungeheuer starkem Maße eine breite Öffentlichkeit und führten zu einer teilweise sehr heftigen Kontroverse.[20)]

Gemeint war die Frankfurter Allgemeine. Als einzige deutsche Zeitung besaß die F.A.Z. schon damals eine eigene Wissenschaftsredaktion mit Kurt Rudzinski als Ressortleiter. Einmal in der Woche, am Mittwoch, behandelte die Zeitung unter »Natur und Wissenschaft« einschlägige Themen. Seit 1965 befaßte sich Rudzinski

Kurt Rudzinski im Gespräch mit dem Pressereferenten Walter M. Lehmann, 15. Februar 1971. Rechts im Hintergrund Rudolf Greifeld

mit dem Schnellen Brüter, und es war für die Kenner offensichtlich, daß es sich um eine einseitige Parteinahme zugunsten der Dampfkühlung handelte. »Verspielt Karlsruhe eine Chance der Atomtechnik?«, hatte es beispielsweise am 1. Mai 1965 geheißen. Dazu schrieb Karl Wirtz an Hans Reuter, den Aufsichtsratsvorsitzenden der DEMAG:

> Der Aufsatz in der F.A.Z. irritiert uns natürlich auch. Autor ist wiederum Herr Rudzinski, ein Redakteur der F.A.Z. Ich kenne ihn gut. Er hat eine Leidenschaft für den Dampfbrüter gefaßt, obwohl er ein Laie auf dem Gebiet ist. Wir werden Schritte unternehmen, haben jedoch schon früher vergeblich versucht, an derselben Stelle einmal einen Aufsatz zu veröffentlichen. Von der Sache her haben wir keinerlei Besorgnis. Weder wird der KNK-Reaktor (Interatom) gestoppt, noch wird die Natriumlinie verlassen.[21)]

Bei einer späteren Mitarbeiter-Versammlung im Kernforschungszentrum machte ein junger Physiker den Vorschlag, doch einmal Rudzinski nach Karlsruhe einzuladen, um mit ihm sachlich über das Thema zu diskutieren. Die Antwort, die damals Otto Haxel gegeben hat, ist diesem Physiker bis heute im Gedächtnis geblieben: »Wir wollen uns doch nicht in der Gosse herumwälzen.«

Der damals für die Öffentlichkeitsarbeit zuständige Peter Sperling widerspricht dieser Darstellung. Die Verantwortlichen im Zentrum hätten die Kritik sehr ernst genommen und Rudzinski immer wieder zu Gesprächen eingeladen.

Inzwischen haben die Professoren an den Universitäten und Forschungsanstalten gelernt, daß, wie es einmal Bundeskanzler Helmut Schmidt sagte, die Wissenschaft eine Bringschuld gegenüber der Öffentlichkeit besitzt.

9. Kapitel
»Langsam an die Abwicklung der Geschäfte denken«

Für die Tochter war es keine leichte Entscheidung. Sollte sie das Angebot annehmen, die Eltern in die Vereinigten Staaten zu begleiten? Nach dem Abitur war »Carlinchen« für ein halbes Jahr nach England gegangen, um die Sprache zu lernen, und seit April 1967 studierte sie an der Universität Freiburg Chemie und Biologie. Schon im ersten Semester hatte sie einen Kommilitonen kennengelernt, den sie »nicht gerne wieder im Weltall verschwinden lassen wollte«, wie sich der Vater ausdrückte. Sie entschied sich für die Reise. »Das war sicher gut«, sagte Karl Wirtz zwei Jahre später bei der Hochzeit.

Ende September 1969 flog die Familie nach Seattle, wo Wirtz für ein dreiviertel Jahr eine Gastprofessur an der University of Washington übernahm. Den Machtwechsel in Bonn hat er nur aus der Ferne registriert. Bei den Wahlen am 28. September 1969 wurden die Unionsparteien erneut die Gewinner, wie bei allen Bundestagswahlen zuvor, und zwar mit dem beträchtlichen Stimmenanteil von 46,2 Prozent. Jetzt aber bildeten Sozialdemokraten und Liberale eine Koalition. Willy Brandt wurde Bundeskanzler, Walter Scheel Außenminister. Der parteilose Hans Leussink trat als Nachfolger von Gerhard Stoltenberg an die Spitze des »Bundesministeriums für Bildung und Wissenschaft«, wie es jetzt hieß.

Leussink war Professor für Technische Mechanik an der Universität Karlsruhe und damit Fakultätskollege von Wirtz. 1958 bis 1961 hatte sich Leussink als Rektor, 1960 bis 1962 als Präsident der Westdeutschen Rektorenkonferenz und 1965 bis 1969 als Präsident des Wissenschaftsrates einen Namen gemacht.

Wirtz lagen die umfangreichen Karlsruher Verpflichtungen wie eine Last auf der Seele, und die Zeit in den U.S.A. empfand er als Befreiung. Genossen hat er auch die uneingeschränkte Anerkennung durch die amerikanischen Kollegen. »Das Jahr in Seattle war für meinen Vater eine ganz besondere Freude«, bestätigte Tochter Christiane:

> Er lebte richtig auf, pflegte die neuen Freundschaften, war unternehmungslustig an den Wochenenden und in den kurzen Ferienzeiten. Er verlor seine ganze Unnahbarkeit, die sich in Karlsruhe zu unserem Leidwesen ausgeprägt hatte. Daher war es auch für meine Mutter ein schönes Jahr.[1)]

Von Seattle aus hat die Familie mehrere Reisen unternommen. Mit großem Vergnügen besuchte er mit Frau und Tochter in San Francisco das Musical »Hair«, das er kurz zuvor dort schon einmal gesehen hatte. Es war die Zeit der Hippiebewegung, und wie die Tochter erzählte, sah es auf den Straßen von San Francisco genau so aus wie auf der Bühne, und es wurden die gleichen Lieder gesungen.

Die Hippiebewegung erfaßte auch Seattle: »Mein Vater hat das mit gewissem Wohlgefallen und Verständnis für die Jugend betrachtet; er war ja selbst in bester Stimmung.« Entschieden verboten aber hat er seiner Tochter, auf einer der häufigen Studentendemonstrationen gegen den Vietnam-Krieg mitzuziehen. »Zu Recht«, sagt sie heute, »denn ich war zwar ›resident‹, aber Gast im Land.«

Um die Weihnachtszeit fuhren die Wirtzens nach La Jolla bei San Diego an der mexikanischen Grenze. Zu Ostern ging es nach Hawaii, wo er schon 1963 auf seiner Weltreise gewesen war. Die Freunde daheim erfuhren, wahrscheinlich durch Briefe von Ottoni Wirtz, daß es ihnen in den Vereinigten Staaten ausnehmend gut gefiel. »Ich höre übrigens«, schrieb Albrecht Hoepfner, »daß Deine Frau der Tennisstar von Seattle ist. Was auch für ein Wunder bei der backhand, die sie praktiziert und die ja kein Mensch mehr zurückgeben kann. Daß Carlinchen von den jungen Burschen auf Händen getragen wird, versteht sich von selbst.«

In einem Brief an Karl Winnacker berichtete Wirtz von der Reaktion der Amerikaner auf die Politik der neuen Bundesregierung. Man wundere sich über das Ausmaß, »in dem den Studenten und Assistenten an den Universitäten nachgegeben werde«:

> Man ist skeptisch gegen Brandts Ostbemühungen. Auch glaubt man, daß Brandt die psychologischen Rückwirkungen im Westen nicht völlig überblickt bzw. unterschätzt. Auch glaubt man, daß die Bundesrepublik die eigene wirtschaftliche Position ein wenig, die eigene politische aber stark überschätzt.[2)]

Zu Seattle gehörte auch ein großes rotes Sport-Coupé. »Nie hätte er sich eine solche Farbe in Deutschland zugelegt«, meinte die Tochter, »doch am Ende hatte er einen Platz auf dem Schiff bestellt.« Die Familie wollte mit dem vielen Gepäck die Rückfahrt per Schiff unternehmen:

> Leider hatte das Schiff dann einen Schaden, und er mußte das Auto vor dem Rückflug in New York verkaufen. Wir Frauen gewannen den Eindruck, daß mein Vater in den U.S.A. verhältnismäßig viel Zeit hatte. Natürlich ging er täglich und ausführlich ins dortige Institut, doch abends und an den Wochenenden hat er nicht wie zu Hause noch lange am Schreibtisch gesessen. Er verfaßte in Seattle seine neue Vorlesung, die er in späteren Jahren dort mehrfach wiederholte und wohin ihn meine Mutter oft begleitet hat. [3)]

Rückkehr aus »Amerikum«. Institutsfest im INR, Juli 1970

Institutsfest im Juli 1970. Man beachte den ironischen Hinweis auf die straffe Institutsführung

Nach ihrer Reise im roten Ford-Coupé quer durch die Vereinigten Staaten kehrten die Wirtzens am 19.Juli nach Karlsruhe zurück. Wie die Tochter beobachtete, hatte ihn das Sabbatical »geradezu verjüngt«. Die Mitarbeiter feierten seine Rückkehr mit einem Fest. Eine Gruppe trug Schillers Ode an die Freude in der Vertonung von Beethoven in einer umgedichteten Fassung vor:

> Freude, schöner Götterfunken,
> Forscher aus Amerikum.
> Du betrittst nun freudetrunken,
> Göttlicher, Dein Heiligtum.
>
> Deine Zauber binden wieder,
> was hierarchisch streng geteilt,
> alle Forscher sind nun wieder
> unter Deiner Hut vereint.
>
> Wem der große Wurf gelungen,
> noch in Charly's Team zu sein,
> wer die Promotion errungen,
> mische seinen Jubel ein.[4)]

Das »Heiligtum« war natürlich das Institut für Neutronenphysik und Reaktortechnik. Er fand es »fast unverändert« und war mit der inzwischen geleisteten Arbeit durchaus zufrieden. Im größeren Kreis, d.h. im Kernforschungszentrum, sah er dagegen »allerhand Probleme«. Mit Erreichung der Altersgrenze war der technische Geschäftsführer Dr. Walter Schnurr in den Ruhestand getreten. In einem Brief an Werner Heisenberg hieß es:

> Herr Haxel ist jetzt Wissenschaftlich-Technischer Geschäftsführer. Ich halte es für ein Unglück. Die Führungsschwäche, an der das Zentrum von Anfang an leidet, ist nicht behoben.[5)]

Nach Ansicht des Verfassers war dieses Urteil ungerecht. Haxel nahm sich viel Zeit für die wissenschaftlich-technischen Aufgaben. Willy Marth, der verantwortliche KNK-Projektleiter, erinnerte sich, daß er jeden Mittwoch um 11 Uhr eine Stunde lang in Haxels Büro, auf dem Sofa sitzend, über die Fortschritte berichtete: »Mit der Zeit kamen wir in engeren Kontakt.«

> Er erzählte mir freimütig von seinem Ärger, den er mit Professor Wirtz hatte und der offenbar noch aus der gemeinsamen Zeit in Göttingen herrührte. Aufgefrischt wurde er durch differierende Ansichten bei der zukünftigen Struktur des Zentrums. Wirtz wollte wenige, aber große und heterogene In-

> stitute, Haxel favorisierte kleine, spezialisierte Einheiten... Im Nachhinein gesehen hatte Haxel wohl recht, aber Wirtz war damals noch ein sehr einflußreicher und mit allen Wassern gewaschener Kontrahent.[6)]

Warum Wirtz seine Vorbehalte gegen Haxel ein Leben lang gepflegt hat, ist schwer zu verstehen. Animositäten überspielen konnte Wirtz nicht, wie seine Tochter konstatierte: »War er durch jemanden verletzt oder geärgert worden, war er unversöhnlich. Eine solche Person hatte nie mehr eine Chance bei ihm.«

Im Falle Haxel spielte sicher eine Rolle, daß Wirtz gerne an dessen Stelle Wissenschaftlich-Technischer Geschäftsführer des Kernforschungszentrums geworden wäre. Das war schon bei der Gründung des Zentrums der Fall gewesen, und jetzt, 1970, war der Wunsch wahrscheinlich noch stärker. Für ihn als nunmehr Sechzigjährigen wäre das ein erneuter Karrieresprung gewesen. »Wirtz hätte das mit Grandezza gemacht«, sagte Willy Marth.

Im zitierten Brief an Werner Heisenberg dankte Wirtz für dessen Telegramm zum 60. Geburtstag am 24. April. Inzwischen waren die beiden zum freundschaftlichen »Du« übergegangen.

> Wie lange liegen die Jahre gemeinsamer Anstrengungen, vor allem die Nachkriegsjahre in Göttingen, nun schon zurück. Mit sechzig muß man langsam an die Abwicklung der Geschäfte denken. Die Reise über den amerikanischen Kontinent war strapaziös und brachte mir immer wieder deutlich in Erinnerung, daß man in diesem Alter nicht mehr so herumtoben soll.[7)]

Heisenberg hatte seine im Herbst 1969 erschienene Autobiographie »Der Teil und das Ganze« dem früheren Mitarbeiter nach Seattle gesandt. Einige Kapitel waren auf einer Kreuzfahrt ins östliche Mittelmeer entstanden, auf der Heisenberg sie in den Morgenstunden schrieb und am Abend seiner Frau, seiner Tochter Maria und seinem Schwiegersohn Michael Hirsch vorlas.

Mit diesem Buch zeigte Heisenberg seine sprachliche Meisterschaft. Die Lebenserinnerungen besitzen poetischen Duktus und stellen alles in den Schatten, was Physiker sonst in dieser Hinsicht zu leisten vermögen. Seinen Memoiren hatte er die Form von Dialogen gegeben, wie dies einst Platon und Galilei mit ihren Texten getan hatten. Die Gesprächsform ermöglichte es Heisenberg, sich noch einmal mit den verschiedenen erkenntnistheoretischen Positionen seiner Kollegen auseinanderzusetzen. Seinen wichtigsten Gesprächspartnern – Wolfgang Pauli, Arnold Sommerfeld, Niels Bohr, Carl Friedrich von Weizsäcker, Hans Peter Dürr – hat er auf diese Weise ein Denkmal gesetzt.

Karl Wirtz wird zwar einige Male namentlich erwähnt, aber näher auf ihn eingegangen ist Heisenberg nicht. Frau Ottoni war darüber enttäuscht; über seine Gefühle wissen wir nichts. In dem späteren Buch von Elisabeth Heisenberg wurde er jedoch gewürdigt:

> Wirtz – so empfand es zumindest Heisenberg – war in gewissem Sinne der politischste Kopf unter seinen nahen Freunden und ein überzeugter Antinazi.[8)]

Zum Jahresende 1970 wurde Heisenberg als Geschäftsführender Direktor des Max-Planck-Instituts für Physik und Astrophysik in München emeritiert. Die Geschäftsführung des Gesamtinstituts übernahm Ludwig Biermann. Die Nachfolge als Direktor des Teilinstituts für Physik trat Leon Van Hove an. Nach dessen Ausscheiden bildeten die Wissenschaftlichen Mitglieder des Instituts ein Direktorium mit rotierendem Vorsitz.

Die letzten Jahre Heisenbergs waren überschattet von der ausbleibenden Anerkennung für seine Theorie der Elementarteilchen. Zur Grundlage der weiteren Forschung wurde nicht die Weltformel Heisenbergs, sondern das Quark-Konzept von Murray Gell-Mann. Noch mehr gelitten hat Heisenberg unter der Kritik an seinem Verhalten während des Krieges. Wenn es ihm möglich gewesen wäre, warf man ihm vor, hätte er nicht gezögert, eine Atombombe zu entwickeln.

Auch Wirtz sah sich, wenn auch in schwächerem Maße, mit dieser These konfrontiert. In seinem Buch »Brennpunkt Vemork« berichtete der norwegische Ingenieur Jomar Brun von einem Brief, den er nach dem Kriege von Wirtz erhalten hatte:

> Sie werden sich erinnern, daß es auf der deutschen Seite nie um eine Atombombe ging, immer nur um einen Reaktor. Erst wenn dieses Ziel erreicht worden wäre, hätten sich die Deutschen mit Plutonium beschäftigt, über dessen Existenz sie sich im klaren waren. Inzwischen war ihnen jedoch bewußt geworden, daß in den letzten Kriegsjahren Aufwand und Mittel, um diesen Weg zu verfolgen, das Industriepotential bei weitem überfordert hätte.[9)]

Im Oktober 1970 mußte der Posten des Wissenschaftsattachés an der Deutschen Botschaft in Washington neu besetzt werden. Das Bundesministerium für Bildung und Wissenschaft wandte sich an Wirtz, ob er sich bereit finden könne, eine solche Stellung anzunehmen. Kurz zuvor hatte dieser an Heisenberg geschrieben: »Amerika wäre für mich eine große Versuchung, wenn ich nicht etwas zu alt wäre.« Das war nun vergessen. Er interessierte sich lebhaft für die näheren Bedingungen.

Der Dekan informierte das Kultusministerium in Stuttgart:

> Die Fakultät ist sehr besorgt, daß ihr aufgrund dieses ehrenvollen und finanziell sehr attraktiven Angebots die wertvolle und seit vielen Jahren bewährte Mitarbeit... verloren gehen könnte... Herr Professor Wirtz erfreut sich in der Fakultät als Wissenschaftler und Persönlichkeit allgemeiner Wertschätzung. Er ist ein international bekannter Wissenschaftler auf dem Gebiet der Kern-

technik, die als Sonderforschungs- und Lehrgebiet der Fakultät besonders gepflegt wird.[10)]

Das Ministerium wurde gebeten, »alle seine Möglichkeiten auszuschöpfen, um Herrn Professor Wirtz für die Fakultät und die Universität Karlsruhe zu erhalten«. Auch dieses Mal gelang es, Wirtz zur Ablehnung »des für ihn herrlichen Angebotes«, wie die Tochter sagte, zu bewegen: »Verantwortungsbewußt, wie er war, sah er sich nicht in der Lage, seine jungen Leute in seinem Karlsruher Institut im Stich zu lassen. Er hätte sich das nie verziehen.«

Den Posten des Wissenschaftsattachés in Washington übernahm Professor Klaus Gottstein, der bei Wirtz diplomiert und promoviert hatte und nach längeren Forschungsaufenthalten in Bristol und Berkeley Leiter der experimentellen Abteilung und Wissenschaftliches Mitglied des Max-Planck-Instituts für Physik geworden war. Für Gottstein und seine Familie wurden es schöne und interessante Jahre in Washington. In einem Vortrag in Bonn hat er damals die Tätigkeit des Wissenschaftsattachés genauer beschrieben.* Dieser hat ähnliche Aufgaben wie sie Wirtz schon einmal gleichsam nebenbei in Sachen Atomsperrvertrag bei der Beratung der Bundesregierung geleistet hatte.

Auf der Weihnachtsfeier des INR konnte Wirtz am 18. Dezember 1970 wieder seine gewohnte Ansprache halten. Nach wie vor standen die Arbeiten für den Schnellen Brüter im Mittelpunkt. Das Institut besaß nun 125 Mitarbeiter, wozu noch 13 ausländische Gäste und fünf Diplomanden kamen. Seit neun Jahren gehörte es zur guten Tradition, auf der Weihnachtsfeier den von der Demag AG, Duisburg, gestifteten INR-Preis an einen Mitarbeiter oder ein Team zu verleihen. 1970 erhielt diesen Preis der Mitarbeiter Dr. Dieter Staschewski für seine Arbeiten über die Schwerwasserdestillation.

Im folgenden Jahr 1971 fand von 6. bis 19. September die vierte Konferenz zur friedlichen Nutzung der Kernenergie in Genf statt. Von den fünf offiziellen deutschen Delegierten kamen zwei aus dem staatlichen Bereich (Bundesminister Hans Leussink und Staatssekretär Hans-Hilger Haunschild), zwei aus der Industrie (Karl Winnacker und Heinrich Mandel) und einer aus der Wissenschaft (Wolf Häfele). Ob Wirtz das gegenüber seinem früheren Mitarbeiter Häfele als Zurücksetzung empfunden hat, wissen wir nicht.

Kenner berichten, daß Wirtz auf der dritten Atomkonferenz 1964 ausgesprochen sauer auf den Erfolg Häfeles gewesen sei. In seinem Vortrag über das von ihm geleitete Projekt des Schnellen Brüters habe Häfele geradezu visionär das Ende aller Energieprobleme verkündet. Die Journalisten seien außerordentlich interessiert gewesen, und es habe Wirtz überhaupt nicht gepaßt, »daß Häfele immer einflußreicher wurde«.

* Abgedruckt in den Physikalischen Blättern. Jg. 29 (1973), S. 435-444

Auch anläßlich der Atomkonferenz 1971 bat der Chefredakteur der Zeitschrift »Atomwirtschaft« seinen Mitherausgeber Wirtz, die fachlichen Höhepunkte und seine eigenen Eindrücke »in einer ersten schnellen Bilanz zusammenzufassen«:

> Schon wenige Tage vor Konferenzbeginn wurde das erste Highlight bekannt, das geeignet war, die Konferenz in zahlreichen Diskussionen in den Wandelgängen zu beleben. Gulf General Atomics gab bekannt, daß es von dem Energieversorgungsunternehmen Philadelphia Electric Co. einen Letter of Intent auf zwei Kernkraftwerke von je 1160 MWe mit gasgekühlten Hochtemperaturreaktoren vom Typ Fort Vrain erhalten hatte. Diese Bestellung hat eine Bedeutung, die weit über den Vorgang als solchen wirken dürfte und an das »Oyster-Creek-Ereignis« der Genfer Konferenz von 1964 erinnert. Die Bestellung von Oyster Creek signalisierte damals den Durchbruch der Leichtwasserreaktoren auf dem freien Energiemarkt der U.S.A. Die Bestellung der großen gasgekühlten Hochtemperatur-Kernkraftwerke steht dem in nichts nach: Ein neues Reaktorsystem hat Anerkennung auf dem Energiemarkt gefunden. Sicherlich wird es eine Reihe von Neuorientierungen zur Folge haben und das Gesamtgebiet der gasgekühlten Hochtemperaturreaktoren... ungemein stimulieren.[11)]

Der amerikanische Stromversorger Jersey Central Power & Light Co. hatte Ende 1963 der General Electric einen Auftrag auf Errichtung eines Kernkraftwerkes mit Siedewasserreaktor erteilt. Es wurde etwa 65 Kilometer nördlich von Atlantic City am Oyster Creek in New Jersey errichtet und mit Meerwasser gekühlt.

Am 9. Oktober 1971 feierte die Familie ein großes privates Fest, »eine klassische Hochzeit mit Braut und Bräutigam, Brauteltern und Bräutigamseltern, Freunden und Verwandten«. Tochter Christiane heiratete Peter Clarenbach. Der Bräutigam studierte Medizin, und das Wort des Vaters in seiner Festrede von der »klassischen Hochzeit« war ein wenig ironisch gemeint. Zu seiner Zeit mußte ein junger Mann, der heiraten wollte, ein eigenes Einkommen besitzen. Der Brautvater war trotzdem »zuversichtlich für die Zukunft der beiden«. Im folgenden Jahr legte Peter Clarenbach das medizinische Staatsexamen ab.

Der Vater schenkte seiner Tochter eine Eigentumswohnung in Freiburg in der Kartäuserstraße 134. Noch heute läßt sich aus dem Nachlaß ersehen, daß die Wohnung 99,56 qm groß war. Elf Jahre lebten die Clarenbachs in der Kartäuserstraße, zuletzt mit den drei Söhnen Jacob Johannes, geboren 1974, Christian Friedrich (1976) und Carl Philipp (1979). Tochter Maria Dorothee kam 1985 in Bonn zur Welt.

Auf das erfreuliche Familienereignis folgte ein politischer Tiefschlag. Die am 26. Januar 1956 gegründete Deutsche Atomkommission, der zuletzt auch Wirtz als Mitglied angehörte, wurde nach mehr als 15 Jahren am 19. Oktober 1971 aufgelöst. Wahrscheinlich galt die überwiegende Mehrheit der Mitglieder für die neue sozial-

Vor dem Reaktor,
29. April 1971

liberale Koalition als zu stark mit den konservativen Kräften in Staat, Wirtschaft und Wissenschaft verbunden. »Dieses Vorgehen hat der Arbeit des Ministeriums nicht genützt«, urteilten Winnacker und Wirtz: »Anstelle eines historisch gewachsenen, vielleicht auch zuweilen überalterten Systems entstand lange Zeit ein Vakuum.«

Es war die Zeit der Studentenrevolte. Oft kam Karl Wirtz mit seinem Schwiegersohn auf das Thema zu sprechen. Seine Studenten stünden dieser Bewegung ganz fern, und er selbst werde nicht direkt damit konfrontiert. Er war deshalb von den Ereignissen nicht besonders berührt. Doch sprach er sich deutlich gegen die Studentenbewegung aus.

In diesem Punkt stimmte er völlig mit Werner Heisenberg überein. Differenzen gab es in der Bewertung der Ostverträge. Im Frühjahr 1972 ging es um die Ratifizierung im Bundestag. Die Abstimmung war völlig offen, da die (schon ursprünglich knappe) Mehrheit der sozial-liberalen Koalition durch Parteiübertritte auf des Messers Schneide stand. Am 27. April verfehlte die CDU/CSU mit Rainer Barzel das konstruktive Mißtrauensvotum gegen Bundeskanzler Willy Brandt um zwei Stimmen. Tags darauf erhielt der Verlierer Genugtuung. Der Kanzlerhaushalt wurde mit 247 : 247 Stimmen abgelehnt.

Im Vorfeld dieser Ereignisse bemühte sich Werner Heisenberg, eine Gruppe von führenden Vertretern der Wissenschaft für einen Aufruf zugunsten der Ratifizierung zu gewinnen: »Die jetzt vereinbarten Verträge nicht zu ratifizieren, heißt alles aufs Spiel zu setzen, was durch eine weitsichtige, aktive Außenpolitik für das Ansehen der Bundesrepublik und für den Frieden bisher erreicht worden ist.«

Wie in der Bevölkerung waren auch unter den Wissenschaftlern die Meinungen geteilt. Als Heisenberg mit seiner Frau Mitte März 1972 eineinhalb Tage bei den Wirtzens in Karlsruhe verbrachte, traten im Gespräch, wie Elisabeth Heisenberg registrierte, »massive politische Meinungsverschiedenheiten« zu Tage. Wirtz vermochte sich dem positiven Urteil Heisenbergs über die Ostverträge nicht anzuschließen. Seine Einstellung gegenüber der Sowjetunion blieb weiterhin von Mißtrauen geprägt.

Aus dem Brief Elisabeth Heisenbergs an Ottoni Wirtz von 21. März 1972 geht hervor, daß es ihr nach dem schönen Aufenthalt in Karlsruhe (mit einem Ausflug in den Schwarzwald) in München »erstmal garnicht gefiel«. Im Unterschied zu ihrem Mann war Frau Heisenberg »ja sowieso kein großer Verehrer unserer heimlichen Hauptstadt«.

Ob Heisenberg und Wirtz im März 1972 auch auf die Kernenergie zu sprechen kamen, wissen wir nicht. Die Jahre 1970-1975 waren – hinsichtlich der friedlichen Nutzung – die »Zeit der Euphorie«. Im September 1973 hielt die Bundesregierung als Maximalziel die Installierung einer Kapazität von 18.000 MWe bis 1980 und darüber hinaus von 40.000 MWe (besser 50.000 MWe) für erforderlich. Im Betrieb und im Bau waren Anlagen mit einer Gesamtleistung von 7.200 MWe.

Am 6. Oktober 1973 begann der Jom-Kippur-Krieg. Ohne Kriegserklärung wurde Israel von syrischen und ägyptischen Truppen angegriffen. Gegen die westlichen Industrieländer setzten die arabischen Staaten mit einer Drosselung der Produktion und Erhöhung des Preises das Öl als politisches Druckmittel ein. Monatelang gab es in Bonn keine Kabinettsitzung, auf der nicht über die Ölversorgung beraten worden wäre. Im November und Dezember wurden vier autofreie Sonntage eingeführt. Nichts hat dem Bundesbürger den Ernst der Lage deutlicher demonstriert als die leeren Autobahnen.

Die Zahl der Arbeitslosen, die in den letzten Jahren deutlich unter 300.000 gelegen hatte, stieg 1974 auf 600.000 und 1975 auf 1,1 Millionen. Das Kabinett beschloß »die Verkürzung der Genehmigungs- und Prüfungsfristen für Energieinvestitionen (insbesondere Kohle- und Atomkraftwerke)«.

> In den Jahren 1973 und 1974 gingen bei den deutschen Genehmigungsbehörden Anträge zur Errichtung von insgesamt zehn Kernkraftwerken ein. Das entsprach einem Zubauvolumen von rund 13.000 MWe... Einen deutlichen Höhepunkt der siebziger Jahre bildete die Inbetriebnahme des ersten 1.200 MW-Kraftwerkes Biblis A. Technisch war es ein großer Erfolg, denn es war weltweit das erste Kraftwerk dieser Größenklasse. Und in Biblis gab es damals ein Volksfest der Anwohner.[12)]

Anfang des Jahres 1974 übernahm Wirtz im Auftrag der American Nuclear Society die Aufgaben eines European Associate Editors zunächst für zwei, dann für drei Fachzeitschriften. Dafür vergütete ihm die Zeitschrift »Nuclear Technology« neben einem Herausgeberhonorar Spesen, Reisekosten und eine halbe Sekretärinnenstelle.

> In Karlsruhe hatte ich die Möglichkeit, jüngere Mitarbeiter in dieses Geschäft einzubeziehen, besonders was die Routinearbeiten anlangte. Bald wurde mir klar, daß ich nicht nur auf den Eingang von Manuskripten warten konnte... Meine Aufgabe... bestand also darin, geeignete Autoren anzusprechen und um passende Arbeiten zu werben. Daraus entwickelte sich im Laufe der Jahre vor allem die Aufgabe, sogenannte »Special Issues« zu arrangieren, in denen geeignete Autoren ein Thema im Zusammenhang darstellen.[13)]

Ende April 1974 kam es in Bonn zur Spionageaffäre Guillaume. Willy Brandt übernahm die politische Verantwortung und trat am 6. Mai zurück. Der Bundestag wählte Helmut Schmidt zum neuen Kanzler. Karl Wirtz war in dieser Zeit (wieder einmal) in den Vereinigten Staaten, und Frau Ottoni sandte ihm ein paar Zeitungsausschnitte. Ihr Brief läßt keinen Zweifel an den Antipathien:

> Brandt spielt den Märtyrer, und das kann mich zu sehr ärgern... Aber der Schmidt Bundeskanzler!! Ehmke ist weg, was Dich beruhigen wird.[14)]

Horst Ehmke war seit 15. Dezember 1972 Bundesminister für Forschung und Technologie. Bei der Regierungsumbildung wurde Hans Matthöfer sein Nachfolger. Als parlamentarischer Staatssekretär wirkte Volker Hauff, als beamteter Hans-Hilger Haunschild.

Im Brief Ottonis ging aber auch noch »eine schöne Nachricht« in die Vereinigten Staaten: »Carlinchen hat ihr Assessorexamen bestanden.«

Ein Jahr später, am 27. Mai 1975, erhielt Karl Wirtz aus der Hand von Hans-Hilger Haunschild das Große Bundesverdienstkreuz. Seine Dankesrede war ein kurz gefaßter Rechenschaftsbericht über die achtzehnjährige Tätigkeit für das Kernforschungszentrum. Für Karlsruhe habe er sich vorgenommen, stetig in der Anstrengung und in der Zielsetzung zu sein: »Außer am FR 2 wirkte unser Institut an den Anlagen STARK, SNEAK, SUAK, dem Grenobler Hochflußreaktor, an KNK 2 und an den Projekten Schneller Brüter, Spaltflußkontrolle und anderen teils als Anreger, teils bei der Durchführung mit.«

Unter den Gratulanten war auch der frühere Mitarbeiter Wolf Häfele:

> Einmal ist das für Sie eine persönliche Auszeichnung, gleichzeitig ist damit aber auch der Umstand geehrt, daß wir in Deutschland in der Zeit nach 1955 überhaupt in der Lage waren, mit der kerntechnischen Entwicklung zu be-

Verleihung des Großen Bundesverdienstkreuzes durch Staatssekretär Hans-Hilger Haunschild, 27. Mai 1975

ginnen... Daß es heute einen funktionierenden FR 2 gibt, ist ja doch weitgehend Ihr persönliches Verdienst.[15)]

Ende September 1975 nahm Wirtz als deutscher Delegierter in Mexico City an der Tagung über »Nuclear Power and Applications in Latin America« teil. Der mittelamerikanische Staat besaß ausreichende Erdölvorkommen und benötigte deshalb vorerst keine Atomenergie. Man war jedoch überzeugt, daß sich das auf längere Sicht ändern werde. Auch in Mexico gab es deshalb in der Nähe der Hauptstadt ein Kernforschungszentrum. Wirtz hat bedauert, daß er es nicht besichtigen konnte.

Von Tagungsteilnehmern aus den Vereinigten Staaten wurde er auf das erst Ende Juni zwischen Brasilien und der Bundesrepublik abgeschlossene Regierungsabkommen angesprochen. Es sollte den Rahmen für eine weitgehende Zusammenarbeit auf dem Atomenergiegebiet abstecken und schloß die Weitergabe des im Kernforschungszentrums Karlruhe entwickelten »Trenndüsenverfahrens« zur Trennung der Uranisotope ein. Das Abkommen war in der amerikanischen Presse sehr kritisch kommentiert worden. In seinem für das Wissenschaftsministerium bestimmten Reisebericht schrieb Wirtz:

Das Kernforschungszentrum im Jahre 1974

Karl Wirtz
im September 1975

> Man möge die ins Politische reichende Frage verzeihen: Müßte man sich nicht viel eingehender mit der amerikanischen Regierung abstimmen und verständigen und derartige Schritte, die nun einmal naturnotwendig den wirtschaftlichen Bereich bei weitem überschreiten, auch politisch vorbereiten?[16)]

Wirtz wußte seit Monaten, daß Heisenberg ernstlich erkrankt war. Nach der Rückkehr von Mexico erfuhr er zu seiner Beruhigung, daß es dem verehrten Freund wieder etwas besser ging. Die ganze Familie Wirtz hatte »mit großer Sorge die Krankheit verfolgt«. Wahrscheinlich handelte es sich aber nur um eine (bewußte oder unbewußte) Selbsttäuschung des »unverbesserlichen Optimisten«, wie man Heisenberg genannt hat. Bei einer Explorationsoperation wurde Krebs im fortgeschrittenen Stadium an Nieren und Gallenblase festgestellt. Am 1. Februar 1976 starb Werner Heisenberg in seinem Haus in der Rheinlandstraße in München.

> Am nächsten Abend versammelten sich seine zahlreichen Assistenten, Kollegen, Freunde und Mitarbeiter trauernd beim Institut, um in einer Lichterprozession zu seinem Haus zu ziehen – und jeder stellte seine brennende Kerze auf die Stufen von Heisenbergs Tür.[17)]

Am 12. Mai veranstaltete die Max-Planck-Gesellschaft in der Münchner Residenz eine »Akademische Gedenkfeier«, an der auch Bundespräsident Walter Scheel teilnahm. Nach kurzen Ansprachen des Präsidenten der Max-Planck-Gesellschaft Reimar Lüst und des Bayerischen Ministerpräsidenten Alfons Goppel würdigten Bartel Leendert van der Waerden, der frühere Leipziger Kollege, und Carl Friedrich von Weizsäcker, der engste Freund, das Lebenswerk und die Persönlichkeit.

In diesem Jahr war Wirtz wieder in den Vereinigten Staaten. In La Jolla in Kalifornien traf er den alten Kollegen Hans Suess, den er noch aus den Zeiten des Uranvereins kannte. Suess war im Krieg als Mitarbeiter von Paul Harteck wie Wirtz verantwortlich für die Schwerwasserproduktion in Norwegen. Hier führte Wirtz (das schon erwähnte) Interview mit Suess über dessen Anteil an den mit dem Nobelpreis gekrönten Arbeiten über die Schalenstruktur des Atomkernes. Ganz sicher sprachen die alten Freunde über Hans D. Jensen, der 1973 im Alter von 64 Jahren verstorben war. Seine letzten Monate waren überschattet von den Studentenunruhen in Heidelberg. Es kam zu einer scharfen Kontroverse zwischen dem großen Physiker und dem ASTA. Als auf die Nachricht vom Tode Jensens die Mitglieder des Großen Senats sich von ihren Plätzen erhoben, verweigerten die Studenten dem Nobelpreisträger demonstrativ die letzte Ehre.

Auch für Wirtz war die Zeit gekommen, sich mit dem Gedanken an seinen Rücktritt zu befassen. Am INR bildete sich eine Kommission, die dafür plädierte, die bisherige Institutsstruktur beizubehalten, insbesondere die Größe, die Interdisziplinarität und die Verbindung zur Hochschule durch Besetzung der Institutsleiterstelle mit einem Lehrstuhlinhaber. Die Emeritierung als Ordinarius der Universität Karlsruhe stand erst mit Ablauf des 68. Lebensjahres an, während die Gesellschaft für Kernforschung beabsichtigte, ihn schon (wie bei Angestellten üblich) mit 65 Jahren in den Ruhestand zu schicken. Wirtz wünschte sich eine Zusammenlegung der beiden Termine, und es gab deshalb einige Besprechungen mit der Universität und dem Forschungszentrum. Schließlich wurde die formelle Beendigung seiner Leitungsfunktionen am INR zum 30. April 1975 vereinbart, also zum 65. Geburtstag, jedoch mit dem Zusatz, daß er die Leitung so lange weiterführt, bis der Nachfolger sein Amt wirklich antritt. Die Suche erwies sich als schwieriger als gedacht.

Weihnachten und Silvester 1976 verbrachten Ottoni und Karl Wirtz mit ihren besten Karlsruher Freunden, den Hoepfners, den Skiurlaub in Verbier in der Schweiz. Albrecht Hoepfner war der Eigentümer der gleichnamigen Privatbrauerei, die als sogenannte »Bierburg« mitten in der Stadt in der Nähe der Universität liegt. Kennengelernt hatten sich die Familien im Sommer 1962 auf Sylt.

Wenige Tage nach der Rückkehr von Verbier erlitt Karl Wirtz einen Schlaganfall.

> Er konnte zunächst nicht sprechen, nicht schreiben, nicht gehen, nicht selbst essen. Es war schlimm, und am Anfang wollte er nicht mehr leben. Auf fremde Hilfe angewiesen zu sein, war – wie für jeden – entsetzlich.[18)]

Im Krankenhaus besserte sich sein Zustand erfreulich schnell. Mitte März ging er zur Rehabilitation für vier Wochen in das Schwarzwald-Höhensanatorium nach Höchenschwand. Seine Frau begleitete ihn.

> Meine Mutter hat schnell Erkundigungen eingeholt, wie man ihn nach der Rehabilitation zuhause am besten weiter fördern könne. Sie fand eine sehr nette Dame, die jeden Tag zur Gymnastik kam, energisch mit ihm wochenlang arbeitete und ihn relativ gut in Schuß brachte. Er hat sich immer auf sie gefreut, alle drei haben sich bestens verstanden und später weiter Kontakt gepflegt.[19)]

Am 7. April 1977 fiel Generalbundesanwalt Siegfried Buback einem Mordanschlag der RAF zum Opfer. Freund Albrecht Hoepfner informierte Wirtz über das Attentat. Zufällig war Hoepfners Schwiegersohn Christoph Klaas drei Minuten nach dem Anschlag mit dem Fahrrad am Tatort und hatte, »bleich und erschüttert von diesem gräßlichen Ereignis« berichtet.

Noch von Höchenschwand aus bat Wirtz den Vorstand der Gesellschaft für Kernforschung und den Rektor der Universität Karlsruhe, ihn zum 31. März (Ende des Wintersemesters 1976/77) oder zum 30. September 1977 (Ende des Sommersemesters) von seinen Dienstaufgaben zu entbinden. Er wurde zum 31. März 1977 emeritiert.

42 Jahre hatte sein Berufsleben gedauert. Zwei Jahre war er Hochschulassistent gewesen, zwanzig Jahre Mitarbeiter bei der Kaiser-Wilhelm- bzw. Max-Planck-Gesellschaft und zwanzig Jahre Ordinarius an der Universität Karlsruhe und Institutsdirektor im Kernforschungszentrum.

Zuerst übernahm Dr. Klaus Schretzmann die kommissarische Leitung des Instituts für Neutronenphysik und Reaktortechnik. Am 7. Dezember hielt die Senatskommission »Nachfolge Wirtz« ihre erste Sitzung ab, um »Pläne für die Neuausrichtung des... freigewordenen Lehrstuhles auszuarbeiten«.

Das Jahr 1977 brachte schließlich noch zu allem Überfluß das Buch »Der Atom-Staat« von Robert Jungk. Dieser hatte sich zu einem militanten Kernkraftgegner entwickelt und bezeichnete schon im Untertitel die friedliche Nutzung der Kernkraft als »Fortschritt in die Unmenschlichkeit«. Das Opus ist dem Politologen Eugen Kogon gewidmet. Der aber wurde vor allem durch seine schonungslose Analyse des Dritten Reiches bekannt. Der Leser soll also, muß man schließen, »Atom-Staat« mit »SS-Staat« assoziieren.

Auch Wirtz kam nicht ganz ungeschoren davon. Jungk unterstellte ihm, sich zu den Verhandlungen über den Atomsperrvertrag gedrängt zu haben. Besonders unter Beschuß genommen wurde der frühere Mitarbeiter Wolf Häfele:

> Der schwäbische Pfarrerssohn... ist erwähnenswert, weil er den neuen Typ der unbekümmerten, aber einflußreichen Anreger und Befürworter technischer Großobjekte besonders deutlich verkörpert. Das sind nicht mehr die geduldigen, bescheidenen, verantwortungsvollen Forscher von einst, denen die Naturwissenschaften ihre Geltung verdanken, sondern Unternehmer und Manager in Sachen Wissenschaft, die es verstehen, den Staat und die Wirtschaft für ihre abenteuerlichen Mammutvorhaben einzufangen. Daher wohl auch ihre Affinität zu »dynamischen Führungskräften«, denen sie im gemeinsamen Machtstreben verbunden sind und deren forsches, autoritäres Auftreten sie nachahmen.[20)]

Man kann verstehen, daß Wirtz den Publizisten als Feind betrachtet hat. Sogar Carl Friedrich von Weizsäcker, der mit persönlicher Kritik immer außerordentlich zurückhaltend war, hat in diesem Fall ein deutliches Wort gesprochen:

> Ich bin nicht imstande, mich nicht zu empören über Jungks Methode, seine Sachgegner persönlich zu verunglimpfen, durch meist unkontrollierbare Anekdoten, die, wo ich sie nachprüfen konnte, stets tendenziös erzählt, ja schlicht falsch waren.[21)]

Am 24. Januar 1978 veranstaltete das Zentrum eine Abschiedsfeier für Karl Wirtz. Die große Zahl der Teilnehmer unterstrich seine Bedeutung. »Ich habe das Gefühl«, konstatierte Dr. Claus Berke, der Präsident des Deutschen Atomforums,

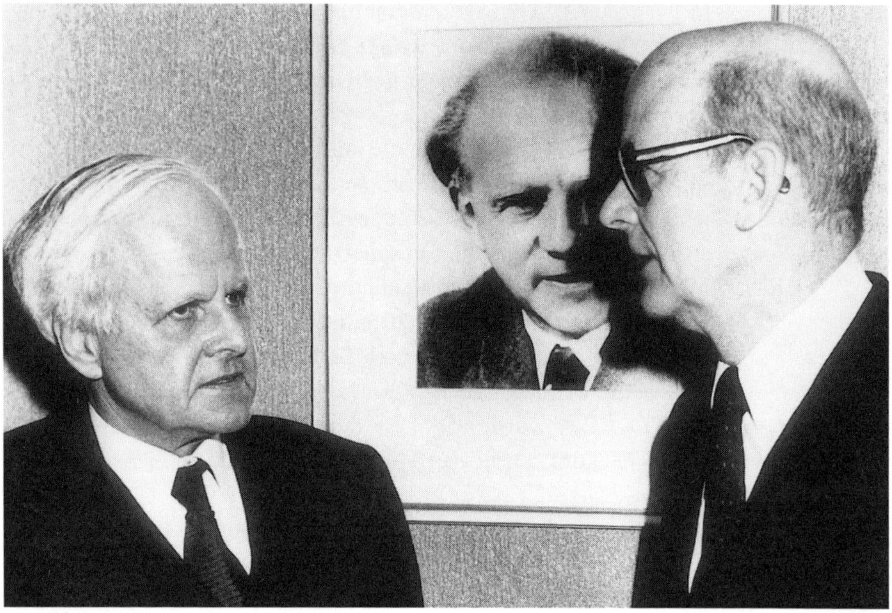

Abschiedsfeier am 24. Januar 1978. Weizsäcker und Wirtz vor dem Porträt ihres Lehrers Werner Heisenberg

»daß mit Ihrem Ausscheiden die Jugendzeit der Kernenergie endgültig zu Ende geht«. In einem Privatbrief würdigte der KfK-Kollege Willy Marth die Tätigkeit für Karlsruhe und das INR. Nicht irgendein Institutsleiter verlasse das Zentrum, »sondern ein Wirtz, der nach zwanzig Jahren eine sichtbare Spur seines Schaffens hinterläßt und in dieser Zeit dem Zentrum mit Eloquenz und Tatkraft seinen Stempel aufgedrückt hat«.

> Sie werden in diesen Tagen eine Menge Post bekommen. Erlauben Sie mir, daß ich Ihnen zur Bändigung des Papiers so etwas Altmodisches wie den beigelegten Briefbeschwerer schenken möchte. Dem Edelstahlklotz sind die Daten der ersten Kritikalität von KNK II und FR 2 eingraviert – beides Reaktoren, denen Sie maßgeblich verbunden waren. Darüber hinaus, zur Erhöhung des »personal touch«, habe ich mir gestattet, zusätzlich einige persönliche Daten einzudrucken – gewissermaßen unter Negierung des Datenschutzgesetzes.[22)]

An der Abschiedsfeier nahm auch Elisabeth Heisenberg teil und verbrachte ein paar Tage bei den Wirtzens in Wolfartsweier. Zur Erinnerung erbat sie sich das Photo, das anläßlich der Feier aufgenommen worden war und Karl Wirtz neben Carl Friedrich von Weizsäcker vor einem großen Bild Heisenbergs zeigt. – Nicht

Am Rande der Abschiedsfeier. Von links: Karl Heinz Beckurts, Karl Winnacker und Hellmut Wagner, der stellvertretende Vorstandsvorsitzende

nach Karlsruhe kommen konnte der alte Freund Julius Hiby in Aachen. Er kündigte aber seinen baldigen Besuch in Wolfartsweier an:

> Du hattest neulich am Telefon eine elegische Stimme, als Du davon sprachst, wie schnell die Zeit abläuft... Ich spüre dies auch oft mit Verwunderung, aber nicht mit Trauer. Eigentlich fühle ich mich immer dankbar, wie alles gekommen ist, wie merkwürdig die Zufälle sich gefügt haben. Und das Leben ist noch immer so schön und interessant wie je zuvor. Das Ende »in ferner Zukunft« schreckt mich nicht. Selten hat mich etwas so beeindruckt, wie der letzte Satz, den Heisenberg sprach, wie Weizsäcker in seinem schönen Nachruf schrieb: »Das Sterben ist leicht – ich habe das nicht gewußt.«[23)]

Die Teilnehmer an der Abschiedsfeier, insbesondere die engeren Freunde, waren erleichtert, »daß Karl alles so gut hat mitmachen können«. Es sprachen der Freund Carl Friedrich von Weizsäcker, sein früherer Mitarbeiter Dieter Smidt, jetzt Vorsitzender des Wissenschaftlich-Technischen Rates, und das Mitglied der Geschäftsführung Rudolf Harde.

Die Aufbauphase des Karlsruher Forschungszentrums wie die der Kerntechnik in der Bundesrepublik überhaupt sei endgültig zu Ende, sagte Professor Harde. Die nukleare Welt habe sich verändert, und wir müßten diesem Faktum Rechnung tragen: »Uns bläst nun der Wind ins Gesicht, die Sicherstellung unserer Forschungsbudgets ist nicht mehr trivial, und die Zeiten sind vorbei, wo kerntechnische Wissenschaftler mit der Aureole der Erleuchteten ihre Einsichten einer ehrfurchtsvollen Öffentlichkeit nur zu verkünden brauchten.«

Am Schluß sprach Karl Wirtz selbst über seine Freunde und Förderer:

> Fragt man mich, wem ich vor allem in meinem Leben mich zu Dank verpflichtet fühle, so muß ich Werner Heisenberg nennen. Von ihm lernten wir nicht nur die Wissenschaft von den Reaktoren. Er war in einer Zeit unklarer Werte durch seine Person ein Anhaltspunkt für die jüngere Generation. Auch die Gründung des Zentrums Karlsruhe überwachte er sorgfältig und blieb ihm bis zu seinem Tod verbunden.
>
> Karlsruhe benötigte jedoch darüber hinaus noch weitere Unterstützung. Hier muß ich vor allem Herrn Professor Winnacker nennen, der in einer Zeit, als das Geld noch sehr wertvoll war, bei der Industrie dreißig Millionen für den FR 2 sammelte. Auch gab er den unerfahrenen Wissenschaftlern den Rückhalt und die Erfahrung für die Praxis, die in Deutschland nur die Industrie und zwar die Großindustrie geben konnte. Er tat dies uneigennützig und unter Sachgesichtspunkten. Ich fühle mich ihm heute noch eng verbunden in allen Fragen, die die Kernenergie betreffen.[24)]

Wie erwähnt hatte Wirtz zusammen mit Winnacker ein Buch über die Kernenergie in Deutschland unter dem Titel »Das unverstandene Wunder« geschrieben. Dem Einfluß von Winnacker war es zu danken, daß es zu einer englischen, französischen und portugiesischen Übersetzung kam. Zur Vorstellung der fremdsprachigen Ausgaben flogen beide nach Paris, New York und Atlanta.

Höhepunkt war die Präsentation im April 1978 in Brasilien, wo Ottoni und Karl viel vom Land sahen und sehr verwöhnt wurden. Nur der ursprünglich geplante Flug mit der Concorde hat sich nicht verwirklichen lassen. Nach der Rückkehr hat Ottoni Wirtz einen begeisterten Bericht von zwanzig Schreibmaschinenseiten über ihre Erlebnisse geschrieben. Die Buchvorstellung fand in Sao Paulo mit einem Riesenaufgebot an namhaften Persönlichkeiten aus Industrie und Wissenschaft statt. Anschließend folgte noch eine Diskussion mit den Journalisten, »die manchmal etwas unangenehm war und sich gegen die brasilianische Atompolitik richtete«.

Auch bei anderen Gelegenheiten spürte er die Freundschaft Winnackers. Jedes Jahr zu Weihnachten erhielt er von den Farbwerken Hoechst eine Kiste Wein. Er dankte für die »ganz erlesenen Gewächse, die der gewöhnliche Sterbliche sonst nicht zu Gesicht bekommt«.

Karl Wirtz war, wie seine Sekretärin Manuela Wettstein sagte, ein »Alles Aufheber«. So sind auch noch heute im Nachlaß die Belege für den beim Weingut Albert Abril in Bischoffingen am Kaiserstuhl bestellten 1959er Steinburgunder (und für

Ottoni und Karl Wirtz, Mai 1978

viele andere Weine) vorhanden, übrigens zusammen mit den Listen der Mitarbeiter, die bei ihm zum Abendessen eingeladen waren.

Sechs Wochen nach der Abschiedsfeier für Karl Wirtz hielt Carl Friedrich von Weizsäcker eine vielbeachtete Rede im Bonner Wissenschaftszentrum über die friedliche Nutzung der Kernenergie. Vor dem Bundespräsidenten Walter Scheel, zahlreichen Professoren und Ministerialbeamten befürwortete der Physiker und Philosoph die Nutzung der neuen Energie: »Im Normalbetrieb darf man einen Kernreaktor unbedenklich umweltfreundlicher nennen als ein fossil befeuertes Kraftwerk.« Weizsäcker glaubte, daß sich auf die Dauer »die nahe Angst vor der Arbeitslosigkeit gegenüber der fernen Angst vor der Radioaktivität durchsetzen werde.«

Bekanntlich hat sich diese Erwartung nicht erfüllt. Damals waren die (vielfach hochemotionalen) Gegner der Kernenergie tief enttäuscht von Weizsäcker. Der Schriftsteller Carl Amery empfand »eine fast physische Abneigung« gegen Weizsäckers »desodorierten Denk- und Sprachstil«. Eine Reihe von Kernkraftgegnern übte in einem 1979 erschienenen Buch heftige Kritik an von Weizsäckers Atom-Thesen.

Am 28. März 1979 begann in Hannover in einer Messehalle das auf sechs Tage angelegte Anhörungsverfahren »Rede-Gegenrede« zum nuklearen Entsorgungskonzept Gorleben. Unter der Gesprächsleitung von Carl Friedrich von Weizsäcker diskutierten 65 Wissenschaftler und Ingenieure aus acht Ländern, ob Entsorgung grundsätzlich möglich und das Konzept brauchbar sei. Nach Hannover gekommen waren vom Kernforschungszentrum Karlsruhe Franz Baumgärtner, der Direktor des Instituts für Heiße Chemie, und von der Kernforschungsanlage Jülich Karl Heinz Beckurts, der Vorsitzende des Vorstandes.

Wie Ministerpräsident Ernst Albrecht zur Eröffnung sagte, ging es auf dem Symposium nicht um eine energiepolitische Entscheidung, sondern allein darum, ob Sicherheit für die Menschen in und nahe der Anlage gewährleistet werden könne und ob Salzstöcke überhaupt zur Endlagerung geeignet seien.

Kritiker und »Gegenkritiker« vertraten (wie zu erwarten) gegensätzliche Positionen. Am Ende bescheinigte Weizsäcker den Befürwortern der Kernenergie einen »Sieg nach Punkten«.

Wenige Stunden vor Beginn des Gorleben-Hearings ereignete sich im amerikanischen Kernkraftwerk »Three Mile Island« bei Harrisburg in Pennsylvania ein schwerer Störfall. Die Reaktorkatastrophe provozierte eine Großdemonstration von 40.000 Kernkraftgegnern in Hannover. Bundesinnenminister Gerhart Baum (F.D.P.) sandte Sicherheitsexperten nach Harrisburg. Diese schlossen nach einer ersten Analyse aus, daß sich ein Unfall dieser Art in der Bundesrepublik ereignen könnte.

> Auf Grund des Ergebnisses des Hearings forderte die Niedersächsische Landesregierung in ihrer Regierungserklärung vom 16. Mai 1979 eine Herabsetzung der Höchstgrenzen für die radioaktiven Emissionen des Entsorgungszentrums, eine Verbesserung bestimmter Anlagenkomponenten und vorsorgliche Maßnahmen zur Handhabung radioaktiver Substanzen. Unter der Voraussetzung solcher Verbesserungen bestätigte die niedersächsische Landesregierung ausdrücklich, daß das geplante nukleare Entsorgungszentrum »sicherheitstechnisch realisierbar« sei, stellte dann aber im folgenden Halbsatz für alle Beteiligten und Betroffenen völlig unerwartet fest, daß es »politisch nicht durchgesetzt« werden könne.[25)]

An der Universität Karlsruhe wurde für die Nachfolge von Karl Wirtz primo et unico loco Gerhard Memmert auf die Berufungsliste gesetzt, der kurz vor der Altersgrenze stand. Für ihn hatte sich besonders das KfK-Vorstandsmitglied Hans-Henning Hennies eingesetzt. Als Memmert überraschend absagte und an die TU Berlin ging, empfand Hennies die Absage als persönliche Kränkung und brach die Beziehungen ab.

Daraufhin wurde die Personalunion des Lehrstuhles für physikalische Grundlagen der Reaktortechnik mit der Leitung des Instituts für Neutronenphysik und Reaktortechnik gelöst. An der Hochschule kam es zu einer Umwidmung in ein »Institut für Zuverlässigkeit und Schadenskunde im Maschinenbau«. Zum 1. Mai 1980 wurde Dietrich Munz als neuer Ordinarius berufen. Die Leitung des INR erhielt

Erster Tag im Emeritus-Zimmer im INR, Oktober 1978. Als »European Associate Editor« für die führenden amerikanischen Fachzeitschriften hatte Wirtz eine »angenehme Tätigkeit im Ruhestand« gefunden. Das Photo auf dem Schreibtisch dokumentiert ein kürzliches Herausgeber-Meeting.

Günther Keßler. Mit der Hochschule war er über einen Lehrauftrag und später als Honorarprofessor verbunden.

In den ersten Jahren kam Wirtz noch fast täglich ins Institut. Sein Büro war nur zwei Zimmer von dem des neuen Direktors entfernt. Durchschnittlich alle vier Wochen haben sich Wirtz und Keßler über die Entwicklung im Zentrum ausgetauscht. »Wirtz ist noch in fast alle Seminare gekommen«, berichtete Keßler, »und hat auch alle Institutsversammlungen besucht.«

Als »European Associate Editor« der Zeitschriften »Nuclear Technology«, »Nuclear Science and Engineering« und »Fusion Technology« hatte Wirtz eine für ihn »angenehme Tätigkeit im Ruhestand« gefunden. Fast jedes Jahr flog er zum Sommer- oder Wintermeeting der »American Nuclear Society« in die Vereinigten Staaten, um dort als European Associate Editor an den Herausgeber-Sitzungen und an den Besprechungen des »Journals`, Periodicals` und Critical Reviews` Committee« teilzunehmen. Er hat dabei gute Arbeit geleistet und die Kontakte zu den amerikanischen Kollegen gepflegt.

Einer seiner besten Freunde drüben war der zehn Jahre jüngere Oktave J. Du Temple, der Executive Director der American Nuclear Society. Er hatte ihn Anfang der sechziger Jahre kennengelernt, und die Beziehungen waren immer enger und herzlicher geworden.

> Most recently I was honored by the society's »Exceptional Service Award«, where I felt your hand in the background.[26)]

In einem Brief nach Amerika berichtete ihm seine Frau von den Enkeln, den »beiden kleinen wilden Jungen«, und vom herrlich blühenden Garten:

> Eben habe ich Carl Friedrich aus Haigerloch gehört. Es war sicher die Sendung vom SWF, die zuerst Du machen solltest. Er hat das ganz gut gemacht, aber ich vermißte Deinen Namen. Er sprach nur immer »unsere Gruppe« und auch mal den Namen Heisenberg aus, aber kein Wort von Dir.[27)]

Ende des Jahres 1979 erlebte Wirtz noch eine politische Genugtuung. Er hatte den Einmarsch der sowjetischen Truppen in Afghanistan vorausgesagt, während von Schwiegersohn Peter Clarenbach dieser Gedanke »als etwas präsenil« abgetan worden war.

> Das hatte meinen Vater getroffen. Vier Wochen später waren die Russen in Afghanistan eingefallen.[28)]

1980 gratulierte Wirtz Elisabeth Heisenberg zum Erscheinen ihres Buches über »Das politische Leben eines Unpolitischen«, einer Biographie über Werner Heisenberg. Sein Haupteinwand war »die dem ganzen Text zugrundeliegende Tendenz, Werner zu verteidigen«. Die Witwe hat diese Kritik nicht akzeptiert: »Darstellung muß ja schließlich nicht Rechtfertigung sein.«

> Ich sehe ihn immer noch vor mir in seinen letzten Tagen, wie er zu mir sagte: »Meinst Du nicht, ich werde vor der Nachwelt doch letzten Endes ganz gut dastehen?« Darüber hat er wohl in seinen letzten Tagen viel nachgedacht und war sehr empfindlich an dieser Stelle.[29)]

Elisabeth Heisenberg war der Ehrengast bei seinem 70. Geburtstag. Eingeladen hatten Karl und Ottoni Wirtz die engsten Freunde und Kollegen zu einem festlichen Mittagessen im Forschungszentrum. »Es war ein harmonisches Fest«, berichtete er an Adolf und Erika Butenandt, die im letzten Augenblick absagen mußten. »Meine drei Geschwister mit Ehepartnern sowie Kurd Albrecht von Ziegner mit Frau waren auch da. Nachmittags ging das Fest im Kreis der Familie und einigen Freunden weiter, nunmehr ergänzt durch die Enkel.«

Absagen mußten auch Ina und Karl Heinz Beckurts, die gerade ihren Wohnsitz von Jülich nach Straßlach an der Isar südlich von München verlegten. Beckurts trat in den Vorstand der Siemens AG ein. »In diesen Wochen«, schrieb der frühere Mitarbeiter, »die für mich den Übergang von der Wissenschaft zur Industrie bringen, denke ich oft an Karlsruhe. Mir wird dabei immer wieder deutlich, wie viel ich Ihnen zu verdanken habe.«

Am 16. Mai 1980 wurde das Atomkeller-Museum in Haigerloch eingeweiht. Hier hatten die Mitarbeiter Heisenbergs noch kurz vor Kriegsende ihren letzten Reaktorversuch ausgeführt. Beim Aufbau des Museums war Wirtz der wichtigste Berater, und er hielt jetzt den Festvortrag.

> Das Ziel der deutschen Kriegsarbeiten konnte nur sein, die Kettenreaktion in einem kleinen Atomreaktor zu realisieren... Die Atombombe stand nicht auf dem Programm.[30)]

In der von der Stadtverwaltung Haigerloch zwei Jahre später veröffentlichten Broschüre ist ein Photo der Festversammlung im Atomkeller zu sehen. In der ersten Reihe sitzen (von links) Karl und Ottoni Wirtz, Carl Friedrich von Weizsäcker, Frau Gundalena von Weizsäcker sowie Otto Haxel.

Der 21. Dezember 1981 war für das Karlsruher Forschungszentrum ein historischer Tag. Nach zwei Jahrzehnten wurde der Forschungsreaktor FR 2 mit einer kleinen Feier endgültig abgeschaltet. Der Emeritus Karl Wirtz kam dazu in das Reaktor-Foyer, wo viele Freunde und Mitarbeiter von Vorstandsmitglied Dr. Hans-Henning Hennies begrüßt wurden.

> Der Zeiger der Normaluhr in der Schaltwarte rückte gerade auf 11.16 Uhr, als Professor Dr. Karl Wirtz beim Surren der Fernsehkameras und Blitzen der Pressefotographen den Roten Knopf in der Mitte des Schaltpultes niederdrückte und den ersten deutschen Eigenbau-Forschungsreaktor, den FR 2 im Kernforschungszentrum Karlsruhe, nach über 20jährigem, außerordentlich erfolgreichem Betrieb... zum letzten Mal abschaltete. Damit wurde ein wichtiges Kapitel in der Geschichte der friedlichen Nutzung der Kernenergie in der Bundesrepublik Deutschland abgeschlossen.[31)]

Mitte der achtziger Jahre reduzierte Wirtz seine Präsenz im Forschungszentrum. Er kam jetzt nur noch zwei Mal in der Woche. Er fühlte sich aber noch immer zugehörig und nahm Anteil an den kleinen und großen Sorgen der Mitarbeiter. Mehr als früher pflegte er die private Korrespondenz. Er diktierte seine Briefe und entschuldigte sich. Seit seinem Schlaganfall mache es ihm »immer noch gewisse Schwierigkeiten«, mit der Hand zu schreiben.

Am 28. Juni 1982 feierte der (zwei Jahre jüngere) Carl Friedrich von Weizsäcker den 70. Geburtstag. Sein Schüler Klaus M. Meyer-Abich bereitete eine Festschrift vor, die unter dem Titel »Physik, Philosophie und Politik« im Carl Hanser Verlag in München mit einem Vorwort von Bundeskanzler Helmut Schmidt erschien. Meyer-Abich war von 1964 bis 1972 Mitarbeiter Weizsäckers an der Universität Hamburg und dann Ordinarius für Naturphilosophie an der Universität Essen gewesen. Zur

Letzte Schnellabschaltung des FR 2, 21. Dezember 1981

damaligen Zeit amtierte er als Senator für Wissenschaft und Forschung der Freien und Hansestadt Hamburg.

Meyer-Abich hatte auch Karl Wirtz um einen Beitrag zur Weizsäcker-Festschrift gebeten. Der aber zögerte und sagte schließlich ab: »Die Gründe sind komplex, und ich möchte sie nicht näher erläutern.« Eine Rolle spielte sicher, daß sich der Freund politisch in Richtung SPD und »Grüne« entwickelt hatte und der friedlichen Nutzung der Kernenergie zunehmend skeptisch gegenüberstand. In seinem Geburtstagsbrief erinnerte Wirtz an die früheren Gemeinsamkeiten und insbesondere die Göttinger Erklärung vom April 1957.

> Mit der Zeit wurde das Individuelle ausgeprägter. Der Preis war, wenigstens für mich, ein Verlust an Stärke und Wirksamkeit, den die Gemeinsamkeit gebracht hatte.[32)]

10. Kapitel
»Ein echtes Stück Nachkriegsgeschichte«

Im August 1982 zogen die Clarenbachs von Freiburg nach Bad Godesberg. Schwiegersohn Peter hatte sich noch in Freiburg habilitiert und übernahm jetzt eine Oberarzt-Stelle an der Neurologischen Universitätsklinik Bonn. Karl Wirtz besaß ein derart tiefsitzendes Unbehagen vor den Sowjets, daß er seinen Kindern dringend empfahl, auf jeden Fall eine Wohnung auf der linken Rheinseite zu nehmen.

Frau Ottoni kümmerte sich weiterhin mit viel Liebe und Engagement um die drei Enkel. »Infolgedessen sind häufige Reisen nach Bonn notwendig«, heißt es in einem seiner Briefe: »Auch Weihnachten haben wir dort verbracht.«

Im September und Oktober sprach man von der »Wende«. Gemeint war das Ende der sozialliberalen Koalition durch ein konstruktives Mißtrauensvotum gegen Helmut Schmidt und die Bildung einer Regierung von CDU/CSU und F.D.P. unter Kanzler Helmut Kohl. Wissenschaftsminister wurde der Chemiker Heinz Riesenhuber; Staatssekretär Hans-Hilger Haunschild blieb im Amt.

> Der neue Minister Riesenhuber gewann das Vertrauen der Wirtschaft – also im Falle des Brüters das von Siemens und RWE – indem er via Kabinettsbeschluß die unbedingte politische Unterstützung für das Projekt [des SNR 300 in Kalkar] zusicherte sowie das Versprechen abgab, die Finanzierungslücke in Höhe von 2,8 Milliarden DM zu schließen.[1)]

Mit der vorgezogenen Bundestagswahl am 6. März 1983 wurde die neue Regierungskoalition vom Wähler bestätigt; die Union erhielt 48,8 %, die F.D.P. 7 % der Stimmen. Ohne Zweifel haben Karl und Ottoni Wirtz Genugtuung über den Machtwechsel empfunden.

Unterdessen reduzierte Wirtz seine privaten Aktivitäten. Während er sich dem Musikverein »Einheit« in Wolfartsweier weiterhin verbunden fühlte, erklärte er seinen Austritt aus dem Badischen Kunstverein. »Leider werden aus Ihrer Mitteilung nicht die Gründe ersichtlich«, schrieb ihm der Vorsitzende und wollte wissen, ob zuviel abstrakte Kunst gezeigt würde. Wirtz antwortete lapidar: »Bin zu alt.«

Im März und April verbrachte das Ehepaar mit Tochter und den drei Enkeln schöne Skiwochen in Verbier. Er war, so die Tochter, »ein glücklicher Großvater«:

> Nie hätte ich gedacht, daß er soviel Geduld und Nachsicht aufbringen und das Temperament von drei kleinen Jungs mit ihrer ganzen Lautstärke wochenlang mit Genuß ertragen würde... Bereits nach zwei Tagen wollte er wissen, wie das mit den Windeln gehe und wie man ein Hipp-Glas wärme. Dann schickte er uns, ohne daß wir noch etwas besprechen durften, auf die Berge, während er mit dem Kinderwagen durch Verbier schob. Am Abend erzählte er uns beschwingt von seinen Begegnungen im Ort, vor allem mit »anderen« jungen Müttern.[2)]

Vom 15. bis 17. Mai trafen sich die ehemaligen Angehörigen der Kaiser-Wilhelm-Institute für Physik und Chemie auf den historischen Gefilden. In Hechingen fanden die Physiker »die alten Arbeitsstätten im Gebäude der Textilfabrik Grotz«. Nach einem Ausflug bei strahlendem Sonnenschein besichtigten die etwa 25 Damen und Herren die schöne barocke Schloßkirche in Haigerloch und anschließend den Felsenkeller unter der Kirche. Die Kollegen vermißten den Hahn-Schüler Hans Götte. Zehn Tage später erhielten sie die Todesanzeige.

Im August 1983 hätte – nach einer Pause von zwölf Jahren – abermals eine große Konferenz der Vereinten Nationen in Genf über die friedliche Nutzung der Atomenergie stattfinden sollen. Dazu aber kam es nicht. Zwischen den Industrie- und den Entwicklungsländern wurde keine Einigung über die Bedingungen erzielt, unter denen das nukleare Know how weitergegeben werden durfte. Während die einen an der möglichst freizügigen Weitergabe interessiert waren, forderten die Atommächte eine strenge Beachtung des Atomwaffensperrvertrages.

Am 6. Oktober 1983 verlieh die Kerntechnische Gesellschaft Karl Wirtz die Ehrenmitgliedschaft. Besonders gefreut hat ihn, daß Karl Winnacker ebenfalls die Auszeichnung erhielt. Die Würdigungen sprach Dr. Hans-Henning Hennies.

Zwölf Jahre später, nach dem Tode von Karl Wirtz, beschloß die KTG, einen Preis für Nachwuchswissenschaftler zu stiften und nach ihm, dem »Pionier der Kernforschung und Reaktorentwicklung«, zu benennen. Der mit 3.000 Euro dotierte Karl-Wirtz-Preis wurde erstmalig im Mai 1995 bei der Jahrestagung in Nürnberg verliehen und kommt jedes dritte Jahr zur Auslobung. Ottoni Wirtz hat es als Ehrenpflicht empfunden, bei den Verleihungen anwesend zu sein.

Am 25. Mai 1984 forderten »Die Grünen« im Deutschen Bundestag die Abschaltung aller Kernkraftwerke und zitierten dabei Albert Einstein:

> Die entfesselte Gewalt des Atoms hat alles verändert, nur unsere Denkweise nicht, und so gleiten wir auf eine Katastrophe zu, die die Welt noch nicht gesehen hat.[3)]

Das klingt, als wäre Einstein ein grundsätzlicher Gegner der Kernenergie gewesen. »Die Grünen« haben sich jedoch zu Unrecht auf ihn berufen. Das wird sofort klar, wenn man aus Einsteins Statement den unmittelbar folgenden Satz hinzufügt:

> Wir Wissenschaftler, die wir diese ungeheure Kraft entfesselt haben, tragen eine außerordentlich große Verantwortung in diesem weltweiten Kampf um Leben und Tod – einem Kampf, der darauf abzielt, das Atom zum Segen und nicht zum Ruin der Menschheit zu nutzen.[4)]

Es ging Einstein, wie auch den 18 Göttinger Atomphysikern im Jahre 1957, um die friedliche Nutzung der Atomenergie »zum Segen der Menschheit«.

Im Laufe des Jahres 1985 vollzog Carl Friedrich von Weizsäcker seinen persönlichen Bewußtseinswandel. Für eine Studie der »Vereinigung Deutscher Wissenschaftler« schrieb er eine auf den 30. November datierte Einleitung und gab die »ausdrückliche und zitierbare Korrektur« seiner »älteren Äußerungen« bekannt:

> Meiner wissenschaftlichen Herkunft nach war ich bis zum Anfang der siebziger Jahre ein spontaner Befürworter der Kernenergie. Freilich hatte ich schon um 1968 schlaflose Nächte wegen des Schutzes kerntechnischer Anlagen im Falle eines Krieges. Im Winter 1974/75 habe ich als Berater des Bundesministers für Forschung und Technologie auf die unausweichlich kommende öffentliche Kernenergiedebatte hingewiesen. Die Form, in der die öffentliche Kritik an der Kernenergie dann ausgesprochen wurde, empfand ich freilich als sachlich viel zu undifferenziert. Ich bedurfte einer psychologischen Überlegung, um mir die Leidenschaft der Kernenergiegegner begreiflich zu machen.[5)]

Einige Zeit später ging Wirtz in einem Brief kritisch auf den Frontwechsel des Freundes ein:

> Stärker als notwendig hast Du Dich gelegentlich in wechselnde Lager begeben, deren Teilanliegen berechtigt sein mögen, aber, wie immer in solchen Fällen, doch nicht der ganzen Wahrheit entsprechen. Nimm es mir bitte nicht übel.[6)]

Am 18. Januar 1985 wurde in Bonn als letzter Enkel Maria Dorothee Clarenbach geboren. Drei Monate später feierte Karl Wirtz seinen 75. Geburtstag. Die Festreden im Kernforschungszentrum hielten die früheren Mitarbeiter Wolf Häfele und Karl Heinz Beckurts. Häfele übernahm die persönliche Würdigung, während Beckurts über »Bilanz und Perspektiven der Kernenergienutzung in Deutschland«* sprach. Die friedliche Nutzung sei »mit ihren Höhen und Tiefen, mit technisch-

* Ähnliche Ausführungen hatte Beckurts bereits ein halbes Jahr zuvor bei der Verabschiedung des Chefredakteurs der Zeitschrift »Atomwirtschaft«, Wolfgang D. Müller, gemacht. Ganz gewiß hat Beckurts den Jubilar vorher um Zustimmung gebeten.

wissenschaftlichen Spitzenleistungen, aber sicher auch manchmal zu kühnen Höhenflügen, Fehleinschätzungen, Fehlschlägen und mit sehr viel, manchmal zu viel Politik« ein »echtes Stück Nachkriegsgeschichte«. Am Ende seines Vortrags wandte sich Beckurts direkt an den Jubilar:

> Arbeit, viel Arbeit ist es gewesen, aber es ist auch etwas geschaffen worden, das Bestand hat und uns hoffen läßt. Sie, lieber Herr Wirtz, haben als Wissenschaftler, als Hochschullehrer, als Forschungsmanager und oft auch als Wissenschaftspolitiker während des größten Teils Ihres beruflichen Lebens an der Gestaltung der Kernenergie in Deutschland wesentlich mitgewirkt. Sie haben dabei deutliche Akzente gesetzt und sichtbare Spuren hinterlassen. [7)]

Wie beurteilte Beckurts die zukünftige Entwicklung? Nach dem Wechselbad der siebziger Jahre sei man wieder in etwas ruhigeres Fahrwasser gekommen. In der Öffentlichkeit werde das Urteil über die Kernenergie zunehmend »stärker von Fakten und weniger von Emotionen geprägt«.

Das war leider nur Wunschdenken. Genau ein Jahr später ereignete sich der schwere Reaktorunfall im ukrainischen Kernkraftwerk Tschernobyl. Einer von vier Blöcken des graphitmoderierten Druckröhrenreaktors wurde durch Explosion und Brand zerstört. Radioaktive Wolken zogen zuerst über Skandinavien, dann über Mittel- und Westeuropa. Eine schlagartige Emotionalisierung war die Folge. Am 15. Mai 1986 sagte Hans Jochen Vogel im Bundestag als Führer der Opposition: »Nach Tschernobyl ist nichts mehr so, wie es vorher war.« Auf Demonstrationen sah man Schilder mit den Aufschriften »Wacht auf! Tschernobyl ist überall!« und »Weg mit den ganzen Scheiß-Atomkraftwerken«.

> Was vor Tschernobyl als Protestaktion »einiger hundert herumreisender Chaoten und Berufsdemonstranten« abgetan werden konnte, ist nunmehr zu einer breiten Bewegung geworden: Mehr als 80 Prozent der Bevölkerung halten nach einer Repräsentativumfrage im Auftrage des Spiegel einen weiteren Ausbau der Kernenergie nicht für wünschenswert.[8)]

Das schrieb damals ein Kernkraftgegner. Auch der linke Sozialdemokrat Erhard Eppler konstatierte das »Ende der Akzeptanz«. Es sei etwas geschehen, was den seit eineinhalb Jahrzehnten im Gange befindlichen Bewußtseinswandel »vertieft und verstärkt«.

Von nun an nahm nach den »Grünen« auch die SPD eine prinzipiell ablehnende Haltung zur Kernenergie ein. »Wir müssen einen als lebensgefährlich erkannten Weg verlassen«, erklärte der frühere Wissenschaftsminister Volker Hauff, »und eine Politik gestalten für eine sichere Energieversorgung ohne Atomkraft«.

75. Geburtstag. Feier im Forschungszentrum. Von links: Beckurts, Häfele, Wirtz, Böhm und Keßler. Vorne: Der Enkel Christian Friedrich Clarenbach.

Die Medien beschäftigten sich wochenlang mit dem Thema. Dabei erfuhr man, daß es in der Welt insgesamt 361 Atomkraftwerke gab und 175 weitere geplant waren.

Mit der Emotionalisierung im Zusammenhang stand der Vorsatz der RAF, der »Roten Armee Fraktion«, Zeichen zu setzen und führende Repräsentanten des Staates und der Wirtschaft, des »militärisch-industriellen Komplexes«, wie sie sagten, »unschädlich zu machen«. Am 9. Juli 1986 traf es Karl Heinz Beckurts.

Früh um 7.28 Uhr, kurz nachdem er sein Haus in Straßlach am Isarhochufer südlich von Grünwald verlassen hatte und mit seinem BMW auf dem Wege zu Siemens in München war, fiel er zusammen mit seinem Fahrer einem Attentat zum Opfer.

> Als der Wagen wenige Meter hinter dem Ortsschild [»Straßlach«] einen großen Laubbaum mit schütterer Krone am Straßenrand passierte, zerriß eine Explosion das monotone Rauschen des Berufsverkehrs. Augenzeugen berichten von einer zwanzig Meter hohen Stichflamme. Das Auto wurde quer über die Straße, einen Grünstreifen und einen Fahrradweg in die Fichtenhecke geschleudert... Die Täter haben eine Bombe mit einer Explosionskraft von zehn Kilogramm Sprengstoff am Fuße des Baumes vergraben. Von dort führte ein Kabel in das angrenzende Jungholz. Die Beamten nehmen an, daß

die Täter in dem Dickicht warteten und die Bombe per Fernzündung hochgehen ließen. Der Zeitpunkt war so genau gewählt, daß der nachfolgende Wagen mit den Bewachern [vom Siemens-Werkschutz] kaum beschädigt wurde; lediglich die Windschutzscheibe ging zu Bruch.[9)]

Im Kernforschungszentrum Karlsruhe arbeitete Manuela Wettstein weiter als Sekretärin für Karl Wirtz. Sie hatte am Morgen die Nachricht im Südwestfunk gehört. Als Wirtz gegen zehn Uhr kam, setzte sie ihn sofort vom Anschlag in Kenntnis und sah, wie er blaß wurde.

Der Generalbundesanwalt in Karlsruhe zog das Verfahren an sich und beauftragte das Bundeskriminalamt mit den Ermittlungen. Auf seiner Pressekonferenz noch am gleichen Tage erklärte Kurt Rebmann, mit dem Straßlacher Anschlag solle offenbar »ein Bogen zur militanten Antikernkraftbewegung geschlagen werden«.

> Das Bekennerschreiben spreche die gesamte Widerstandbewegung an. Die Täter von Straßlach wollten offenbar die Autonomen versöhnen und integrierend wirken. Auch die Stärkung des marxistisch-leninistischen Elements in dem Schreiben... könne als Zugeständnis und Annäherung an diesen Teil der Kernkraftgegner gewertet werden.[10)]

Manfred Schreiber, der Leiter der Polizeiabteilung im Bundesinnenministerium, zog eine Parallele zu den Gewaltakten an den Baustellen des Kernkraftwerkes Brokdorf und der Wiederaufbereitungsanlage in Wackersdorf.

> Im ZDF-Magazin sagte Schreiber, die »Saat von Brokdorf« gehe jetzt auf. Es bestehe der gleiche geistige Hintergrund zwischen den Stahlkugelschützen von Wackersdorf und den Attentätern von Straßlach bei München.[11)]

»Mit seinem Tod zerbricht auch ein Stück meines eigenen Lebens«, schrieb Karl Wirtz an die Witwe. Eine Woche nach dem Terroranschlag auf Karl Heinz Beckurts erschien dessen Aufsatz über Tschernobyl, den er für »Die Zeit« geschrieben hatte:

> Die in Deutschland betriebenen Kernkraftwerke haben mit dem in Tschernobyl und anderswo in der UdSSR laufenden RBMK-Typ technisch nichts gemeinsam; ein vergleichbarer Unfallablauf in einem deutschen Kernkraftwerk ist nicht denkbar. Alle in der Bundesrepublik in Betrieb befindlichen Kernkraftwerke haben einen negativen Leistungskoeffizienten; eine etwaige nukleare Leistungsexkursion würde sich sofort von selbst auslöschen.[12)]

Das war in den Wind gesprochen. Nach Tschernobyl lehnte die große Mehrheit der deutschen Bevölkerung die Nutzung der Kernenergie ab. Der Deutsche Gewerkschaftsbund forderte eine Energiepolitik, »die es uns ermöglicht, so rasch wie möglich auf den Einsatz der Kernenergie zu verzichten«. Auch die Sozialdemokraten standen nun im gegnerischen Lager. Volker Hauff erklärte: »Die Qualität des Risikos« verbiete das weitere Setzen auf diese Technologie:

> Die äußerst geringe Wahrscheinlichkeit eines Unfalls ist zur Wirklichkeit geworden. Ein einziger Unfall gefährdet einen ganzen Kontinent... Unsere Verantwortung für die Nachwelt verbietet den Ausbau noch risikoreicherer Technologien wie den Schnellen Brüter und die Wiederaufbereitung.[13)]

Bei der Bundestagswahl am 25. Januar 1987 mußten CDU/CSU Verluste hinnehmen. Zusammen mit der gestärkten F.D.P. konnte die Koalition unter Helmut Kohl jedoch ihre Arbeit fortsetzen. Die zunehmende Ablehnung der Kernenergie ließ sich im Anstieg der »Grünen« erkennen. Ihr Anteil bei den Zweitstimmen wuchs von 5,6 % im Jahre 1983 auf nun 8,3 %. Noch lag die F.D.P. mit 9,1 % vor den »Grünen«.

Um die Kritik an der Atomwirtschaft aufzufangen, schuf Bundeskanzler Helmut Kohl ein eigenes Bundesministerium für Umwelt, Naturschutz und Reaktorsicherheit und besetzte es mit Prof. Klaus Töpfer. Kurz nach der Wahl erhielt Wirtz den Brief eines Kollegen aus Münster, eines Sprachwissenschaftlers, der unter Hinweis auf Weizsäckers Sinneswandel die Frage stellte, wie er, Wirtz, »als einer der wirklichen Pioniere« auf dem Atomenergiegebiet über das Risiko einer radioaktiven Verseuchung denke. Wirtz antwortete:

> Zu Ihren Besorgnissen über die Kernenergie möchte ich nur sagen, daß ich sie teile. Andererseits tritt die Frage auf, was an ihre Stelle treten soll. Bisher gibt es keine brauchbare Primärenergiequelle, es sei denn, man beschränkt sich auf fossile Rohstoffe, und die sind endlich.[14)]

Der allgemeine Bewußtseinswandel war also auch an ihm nicht spurlos vorbeigegangen. In der Korrespondenz mit Carl Friedrich von Weizsäcker ging es ebenfalls um dieses Thema. Wirtz gestand, daß er keineswegs euphorisch sei:

> Ich weiß nicht recht, was ich vom Problem der Endlagerung der radioaktiven Rückstände halten soll; manche sehen es sehr einfach. Ich gehöre nicht dazu... Das Gesamtproblem kann man in einfache Worte fassen: Die Verbrennung von Kohle und Öl ist schädlich für die Umwelt und zeitlich begrenzt. Die Kernenergie ist unbegrenzt – jedenfalls vorläufig, aber birgt große Gefahren.[15)]

Dem Schulkameraden Wolfgang Schwarzhaupt berichtete er im April 1989 über sein Leben als Emeritus:

Meine Arbeit als Schriftleiter der Kernkraftzeitschriften habe ich in der letzten Zeit abgegeben. Das Kernforschungszentrum stellt nur noch ein Büro zur Verfügung und die gelegentliche Benutzung einer Sekretärin. Das ist ein unschätzbarer Vorteil, wenn man so schlecht schreibt wie ich. Leider ziehen unsere Kinder von Godesberg nach Bielefeld und sind damit viel weiter weg als bisher.[16)]

Schwiegersohn Peter Clarenbach wirkte seit 1982 als Oberarzt und seit 1984 als Professor an der Universität Bonn. Jetzt wurde er Chefarzt der Neurologie am Evangelischen Johannes-Krankenhaus in Bielefeld. Wenn Karl Wirtz auch keine großen Worte darüber verlor, so war doch offensichtlich, daß er sich herzlich freute.

Den 80. Geburtstag feierte er mit seiner Frau und den Geschwistern einschließlich der Ehepartner bei Tochter, Schwiegersohn und den vier Enkelkindern. Dem Rotary Club Karlsruhe stiftete er ein paar Flaschen Sekt, damit die Freunde auf sein Wohl anstoßen konnten. In den »Badischen Neuesten Nachrichten« erschien eine Würdigung seiner Pionierarbeit für die Kernenergie. »Es ginge mir nicht so relativ gut«, hieß es in einem Brief, »wenn ich nicht durch die Hand meiner lieben Frau so gut betreut würde.«

Die vielen Schüler, Mitarbeiter und Weggefährten erinnerten in ihren Geburtstagsbriefen an die gemeinsamen Lebensstationen. »Ich habe Sie immer noch als sportlichen Faustballspieler auf den Göttinger Institutsausflügen in Erinnerung«, schrieb Klaus Gottstein, der mit seinen 66 Jahren weiter die »Forschungsstelle Gottstein« im Max-Planck-Institut für Physik in München leitete. Auch Reimar Lüst, jetzt Generaldirektor der European Space Agency in Paris, dachte gerne an die fünfziger Jahre in Göttingen zurück: »Dazu gehören auch die Ausflüge nach Lippoldsberg an der Weser.«

Carl Friedrich von Weizsäcker ging in seinem handschriftlichen Geburtstagsbrief vor allem auf die (lange zurückliegenden) Gemeinsamkeiten ein:

> Farm Hall: Du und ich ein halbes Jahr im selben Zimmer. Eigentlich, im Rückblick, eine schöne Zeit, bei allen Sorgen über die Gegenwart, von der wir hermetisch abgeschlossen waren, und über die ungewisse Zukunft. Elf Jahre Göttingen, im selben Haus. Carlinchen: »Muni*, komm mit, wir spielen Vater, Mutter und Kind.«[17)]

Daß sich die Zeiten änderten und eine neue Generation mit anderen Ansichten und anderer Mentalität die Welt prägte, kam auch in dem (ebenfalls handschriftlichen) Brief von Gundi von Weizsäcker zum Ausdruck. Der dort erwähnte Sohn

* Gemeint ist der Sohn Heinrich von Weizsäcker, der Patensohn von Karl Wirtz

Ernst Ulrich (abgekürzt EU) leitete das Wuppertaler Institut für Klima, Umwelt, Energie GmbH und ging später für die SPD in den Bundestag.

> Als kleines Geschenk schicke ich mit gleicher Post ein Buch, das Vorlesungen von Ernst Ulrich zum Thema Ökologie enthält. Du brauchst es nicht zu lesen, aber vielleicht interessiert es die Jungen. – Wegen seiner Ansichten zur Gentechnologie bzw. -manipulation hat EU den erbitterten Zorn des alten Melchers (dessen Frau übrigens vor ein paar Monaten gestorben ist) hervorgerufen.[18)]

»Ich schrieb in den Jahren 1976/77 als Frl. Fritscher meine Diplomarbeit am INR«, meldete sich die frühere Diplomandin Dr. Ulrike Hoffmann aus Wolfsburg. Wirtz mußte gestehen, daß er sich nicht mehr erinnern konnte. Insgesamt waren es mehr als 130 Dissertationen und 110 Diplomarbeiten, die er in seinem Leben betreut hatte. Ein anderer Schüler dankte »für alles, was Sie in Göttingen und später in Karlsruhe für meine berufliche Entwicklung getan haben«. Ein weiterer schrieb:

> Gerne denke ich an die Zeit zurück, als Sie im INR mein Chef waren und mich wie andere junge Physiker und Ingenieure an das »Wunder« heranführten, von dem ich hoffe, daß es doch eines nicht zu fernen Tages verstanden wird.[19)]

Das war eine Anspielung auf das Buch von Winnacker und Wirtz mit dem Titel *Das unverstandene Wunder. Kernenergie in Deutschland.* »An das ‚Wunder'«, antwortete Wirtz, »glaubt heute niemand mehr, aber bald wird seine Realität wieder aktuell werden.« Auch in anderen Dankesbriefen ging Wirtz auf die Kernenergie und ihre Zukunftsaussichten ein. »Sie sind einer der Standhaften in diesen wechselhaften Zeiten; ich meine wechselhaft für die Atomenergie.« So heißt es in seinen Zeilen an Dr. Claus Berke, und in einem anderen Schreiben lesen wir:

> Die Zeit geht vorbei. Die Kernenergie ist noch wenig geschätzt in der Öffentlichkeit. Ich glaube, das wird sich ändern, wenn erst die übrigen Primärenergieträger verbraucht sind.[20)]

In der Tat sah es nach Tschernobyl schlecht aus mit der Akzeptanz der Kernenergie. Die von der SPD unter Johannes Rau gebildete Landesregierung von Nordrhein-Westfalen nahm im Genehmigungsverfahren für den SNR 300 in Kalkar eine außerordentlich restriktive Haltung ein. Am 27. April 1988 hatte deshalb Bundesumweltminister Klaus Töpfer eine Weisung an Reimut Jochimsen ergehen lassen, den Landesminister für Wirtschaft, Mittelstand und Technologie:

> In den bundesaufsichtlichen Äußerungen sind Ihnen bestimmte Rechtsauffassungen im Genehmigungsverfahren für KKW Kalkar mitgeteilt worden. Nachdem hierzu eine Übereinstimmung nicht erzielt werden konnte, sehe ich mich veranlaßt, Sie gemäß Art. 85 Abs. 3 des Grundgesetzes anzuweisen, im weiteren Genehmigungsverfahren folgendes zu beachten: Meine Auffassungen zum vorläufigen positiven Gesamturteil und zum berechtigten Interesse nach § 18 AtVfV sowie zur Bindungswirkung und zum Bestandschutz sind dem Genehmigungsverfahren zugrunde zu legen.[21)]

Die Hoffnung, daß das Verfahren nun weitergehen könne, erfüllte sich jedoch nicht. Stattdessen reichte die Düsseldorfer Landesregierung einen Tag vor Fristablauf Klage beim Bundesverfassungsgericht in Karlsruhe ein: Der Bund habe die Eigenstaatlichkeit des Landes verletzt; die Weisung sei unverhältnismäßig, nicht hinreichend bestimmt und stütze in unzulässiger Weise die Meinung der Reaktorsicherheitskommission.

Am 20. Februar 1990 kam es vor dem 2. Senat des Bundesverfassungsgerichts unter Vizepräsident Ernst Gottfried Mahrenholz* zur mündlichen Verhandlung. Das Urteil erging am 22. Mai.

> Die Klage des Landes wurde in allen Punkten zurückgewiesen; der Bund hatte seine Weisungskompetenz rechtmäßig in Anspruch genommen; die Weisung war klar und hatte einen zulässigen verfahrensleitenden Inhalt; und darüber hinaus hatte der Bund dem Land vorher genügend Gelegenheit zu Stellungnahmen gegeben.[22)]

Trotz des eindeutigen Urteils kam das Genehmigungsverfahren nicht wieder in Gang. Im Kernforschungszentrum konstatierte Willy Marth: Das deutsche Atomrecht billige der Genehmigungsbehörde einen praktisch unbegrenzten Ermessenspielraum zu. Insofern konnte Landesminister Jochimsen immer wieder behaupten, er handle »nach Recht und Gesetz«. Das war, wie Juristen sagten, »ausstiegsorientierter Gesetzesvollzug«. Mit dem Schein der Legalität werde Obstruktion betrieben.

Das große historische Ereignis war damals die »Wende« in der Deutschen Demokratischen Republik und den anderen Ostblockstaaten. In der ersten Phase errangen die Bürger zwischen Elbe und Oder die politische Freiheit; in der zweiten trat der Wunsch nach Wiedervereinigung in den Vordergrund.

Am 18. März fanden die ersten freien Volkskammerwahlen statt, und anschließend konstituierte sich in Ostberlin die erste demokratisch legitimierte Regierung. Am 24. April 1990, am Tag des 80. Geburtstages, trafen Bundeskanzler Helmut Kohl

* Vizepräsident Mahrenholz wohnte übrigens auch in der Siebenmannstraße in Wolfartsweier, nur drei Häuser entfernt.

und der neue DDR-Ministerpräsident Lothar de Maizière zu Gesprächen zusammen. Sie einigten sich auf die Einführung der DM als Zahlungsmittel zum 1. Juli als ersten Schritt zur Wiedervereinigung.

Wenn auch noch niemand ahnte, welche gigantischen Mittel die Wiedervereinigung erfordern würde, waren doch erhebliche Belastungen des Bundeshaushalts absehbar. Damit mußte man davon ausgehen, daß die Weiterfinanzierung des SNR 300 auf erhebliche Schwierigkeiten stoßen würde. Am 20. März 1991 beschlossen Bundesminister Heinz Riesenhuber und die beteiligten Industrieunternehmen, keine weiteren Mittel zur Verfügung zu stellen. Das war das unrühmliche Ende des praktisch fertiggestellten SNR 300 in Kalkar. Und mit welch großen Erwartungen hatte die Planung und der Bau begonnen! »Wahrhaft ein reiches Land«, kommentierte ironisch die *Neue Zürcher Zeitung*, »das sich solch unproduktiven Leerlauf leisten kann.«

In der Korrespondenz von Karl Wirtz spielten (soweit wir feststellen konnten) diese Vorgänge keine Rolle. Aber auch die Wiedervereinigung, die die Deutschen aufwühlte, berührte ihn offenbar nicht. Dabei fehlte es nicht an engagierten Zuschriften. Der zehnjährige Benjamin Birck in Bonn, ein Freund seines Enkels Carl Philipp Clarenbach, schenkte zum Geburtstag einen Stein aus der Berliner Mauer, den er dort selbst herausgebrochen hatte. Freund Hellmut Becker, emeritierter Direktor am Max-Planck-Institut für Bildungsforschung in Westberlin, war glücklich, »daß diese Großstadt sich überraschend ins Grüne öffnet« und er langsam »in die Welt seiner Kindheit« eintreten konnte. Becker war als Sohn des Orientalisten und preußischen Kultusministers Carl Heinrich Becker in Berlin aufgewachsen.

Mit der Wende kam es zum Abbau der Spannungen zwischen West und Ost und dem Ende des Kalten Krieges. Damit begann eine neue Weltepoche. Wirtz empfand jedoch keine Erleichterung. Im Gegenteil: »Es geht uns gut und wir sind zufrieden. Aber ich bin tief beunruhigt über die Zukunft des Menschen.« Auch in seinem Brief an den Freund Georg Melchers heißt es: »Sie be- und verurteilen die Vergangenheit. Ich habe mehr Angst vor der Zukunft, gegen die alles, was wir erlebt haben, harmlos sein wird.« Was konkret hinter dieser Furcht stand, wissen wir nicht. Schwiegersohn Peter Clarenbach vermutet, daß Wirtz die Instabilität fürchtete, die mit dem Zusammenbruch der Sowjetunion in die Welt kam. Wahrscheinlich lag die subjektive Ursache im Gefühl, allem wehrlos ausgeliefert zu sein. »Leider ist es mit achtzig so langsam zu Ende, aber das macht nichts; es muß einmal sein.«

Am 2. Mai 1990 gab es im Vortragssaal des INR aus Anlaß des runden Geburtstages einen kleinen Empfang, an dem auch der Nachfolger Günther Keßler teilnahm. Dr. Werner Eyrich überreichte als Geschenk eine Flasche Uran, die Wirtz seinerzeit von Haigerloch nach Göttingen gebracht und dann mit Zustimmung Heisenbergs dem Kernforschungszentrum übereignet hatte.

Ein paar Tage später feierte Wirtz in Haigerloch bei Bürgermeister Roland Trojan mit einem schönen Mittagessen noch einmal seinen Geburtstag. Kurz darauf er-

Karl Wirtz – Gedächtniskolloquium, 9. März 1995. Von links: Claus Berke, Otto Haxel, Frau Haxel, Hans-Hilger Haunschild

hielt er für sein Engagement um die Wiederherstellung des Felsenkellers und für die wissenschaftliche Betreuung des Atommuseums die Jubiläumsmedaille der Stadt.

Als verspätetes Geburtstagsgeschenk sandte Wolfgang D. Müller eine wertvolle Neuerscheinung, die Geschichte der Kernenergie in der Bundesrepublik. Sie war von ihm in fünf Jahren Ruhestand erarbeitet worden. Wirtz hatte durch zahlreiche Gespräche und Interviews mit dem Verfasser zum Gelingen beigetragen. »Ich empfinde den Widerspruch des Ergebnisses meiner Arbeit«, schrieb er damals: »Eine Möglichkeit und mit ihr verbunden eine große Gefahr.«

Am 3. und 7. April 1991, wenige Wochen vor dem 81. Geburtstag, strahlte die ARD den zweiteiligen Fernsehfilm »Ende der Unschuld« aus. Drehbuchautor war Wolfgang Menge, Fachberater Erich Bagge. Es ging um das deutsche Atomenergieprojekt während des Zweiten Weltkrieges und die Internierung der deutschen Kernphysiker in Farm Hall. Insgesamt hat Wolfgang Menge die deutschen Physiker in ein sehr negatives Licht gerückt.

Die zehn Physiker wurden durch Schauspieler dargestellt, und insbesondere Werner Heisenberg war eine krasse Fehlbesetzung. Auf Ähnlichkeit im Aussehen kommt es natürlich nicht an, wohl aber darauf, das Wesen des Menschen zu erfassen. Im Film war Heisenberg als kalter Intellektueller dargestellt, wo es nötig gewesen wäre, die an einen genialen Künstler erinnernde tiefgründige Persönlichkeit darzustellen.

Gedächtniskolloquium, 9. März 1995. Von links: Ministerialdirektor Eckhard Lübbert, Carl Friedrich von Weizsäcker, Manfred Popp, der Vorstandsvorsitzende des Forschungszentrums, Sigvard Eklund

»Ich war enttäuscht, Sie nicht selbst im TV zu sehen«, scherzte Freund Georg Melchers gegenüber Karl Wirtz. »Aber welch ein Privileg, zu Lebzeiten von einem Schauspieler-Profi dargestellt zu werden.« Wirtz war über den Film alles andere als erfreut. »Ich hätte mir eine bessere Darstellung gewünscht. Gottseidank trete ich in dem Schauspiel nicht hervor.«

Am 4. Mai 1991 war goldene Hochzeit. Ottoni und Karl Wirtz kamen nach Bielefeld und feierten mit Tochter, Schwiegersohn und den vier Enkeln in dem schönen Burghotel in Blomberg in der Nähe von Detmold.

Am 28. Juni 1992 beging Carl Friedrich von Weizsäcker seinen 80. Geburtstag. Dazu lud Richard von Weizsäcker als Bundespräsident und Bruder des Jubilars einen »überschaubaren Kreis« zu einem Abendessen in die Villa Hammerschmidt. Auch Wirtz und seine Frau erhielten eine Einladung. Nur Frau Ottoni konnte kommen; er fühlte sich »durch seine Altersgebrechen« dazu nicht in der Lage. Es versammelte sich eine illustre Runde von Gästen aus Politik, Wirtschaft, Wissenschaft und Kunst. George F. Kennan und Victor Weißkopf waren bis aus den Vereinigten Staaten gekommen. Der Bundespräsident hielt selbst die Laudatio:

> Es ist einfach eine Wohltat, ihn zu fragen, und aus dem unerschöpflichen Born seines Gedächtnisses, seines Denkens und seiner integrierenden Perspektiven zu schöpfen.[23)]

Nach 47 Jahren Geheimhaltung waren Anfang 1992 die sogenannten »Farm Hall-Protokolle« endlich freigegeben worden. Es handelte sich um die ohne Wissen der Beteiligten aufgenommenen Gespräche der internierten deutschen Kernphysiker und zwar in der englischen Übersetzung. Der Text wurde von Sir Charles Frank ediert, dem alten Freund von Karl Wirtz. Die deutsche Fassung, d.h. die Rückübersetzung aus dem Englischen, ist von dem Berliner Wissenschaftshistoriker Dieter Hoffmann betreut worden. Im Januar 1993 bat dieser Karl Wirtz um Mitarbeit. Seine Erinnerungen könnten die deutsche Version »wesentlich bereichern«. Das war richtig, denn Wirtz hatte während der Internierung und kurz danach umfangreiche Notizen zu Papier gebracht. Er fühlte sich zur aktiven Mitwirkung aber nicht mehr in der Lage und sandte durch seine Frau eine bedauernde Absage. Auch an den Meetings des Rotary Clubs Karlsruhe konnte er »seit geraumer Zeit« nicht mehr teilnehmen.

Nachdem bereits der ARD-Film »Ende der Unschuld« zu einer breiten öffentlichen Diskussion über das Verhalten der deutschen Physiker im Kriege geführt hatte, unternahm nun das ZDF eine neue, auf die Abhörprotokolle gestützte Verfilmung. Gedreht wurde im November 1993, aber nicht in Farm Hall, sondern in einem Landhaus in der Nähe von Leeds in Nordengland.

Karl Wirtz hat die Ausstrahlung am 13. April 1994 nicht mehr erlebt. Von den zehn Internierten waren ein knappes halbes Jahrhundert nach Kriegsende nur noch Erich Bagge, Horst Korsching und Carl Friedrich von Weizsäcker am Leben.

Es ist möglich und sogar wahrscheinlich, daß sich die Gedanken von Karl Wirtz in seinen letzten Wochen – angeregt durch die Lektüre der Farm Hall Papers – wieder mit der Internierung beschäftigten. Er war es, der als erster die Radiomeldung vom Abwurf der amerikanischen Uranbombe auf Hiroschima im Büro von Major Rittner gehört hatte und die Kollegen unten im Speisesaal informierte. Die große Hoffnung, die neue Energie auch in Deutschland zum Segen des Menschen zu nutzen, war nach verheißungsvollen Anfängen letztlich doch nicht in Erfüllung gegangen. Vielleicht würden später einmal, in zwanzig Jahren oder mehr, von einer neuen Generation von Physikern und Ingenieuren bessere Lösungen für die noch bestehenden Probleme gefunden werden. Vielleicht käme es dann unter dem Druck der Energieverknappung zu einem Bewusstseinswandel und einer Renaissance der Kernenergie. Seine Lebensarbeit würde sich dann als doch nicht umsonst erweisen.

Er hatte Zeit, sich auf das Ende einzustellen. Nach seinem Willen sollte die Beerdigung nur im engsten Familienkreis stattfinden. Zuletzt aber beschlossen Frau und Tochter, die Mitarbeiter des Instituts zu benachrichtigen.

Karl Wirtz starb am 12. Februar 1994 in seinem Haus in Wolfartsweier. »Es ist, als wär's ein Stück von mir«, schrieb Elisabeth Heisenberg an Ottoni: »Wie gut, daß es Carlinchen gibt und die vier Kinder.« Unter den vielen Briefen an die Witwe war auch die des alten Mitarbeiters Wolf Häfele, der an die Zeit des Aufbaues nach dem Krieg erinnerte:

Es war der Aufbruch einer ganzen Generation. Ihr Mann hat dabei wesentliche Funktionen gehabt; dieser Aufbruch hat mein persönliches Leben sehr bestimmt. Für das alles habe ich Ihrem Mann sehr zu danken. Viel von dem Erreichten geht jetzt verloren, das ist schwer zu bewältigen. Es bleibt die Hoffnung, daß Wesentliches sich auch in Zukunft in vielleicht anderer Weise durchsetzen wird.[24)]

Nachwort und Dank

Die Anregung, die Biographie des Physikers und Heisenberg-Schülers Karl Wirtz zu schreiben, ging von Prof. Dr. Manfred Popp aus, dem Vorstandsvorsitzenden des Forschungszentrums Karlsruhe, und von Prof. Dr. Hellmut Wagner, dem früheren stellvertretenden Vorstandsvorsitzenden. Das Forschungszentrum hat die vorliegende Biographie laufend ideell und materiell gefördert, wofür ich ganz herzlich danke.

Am Ende der Arbeit möchte ich die wertvolle Hilfe hervorheben, die ich von Verwandten, Kollegen, Mitarbeitern und Schülern von Karl Wirtz, sowie von Bibliothekaren und Archivaren erhalten habe. Insbesondere stehe ich in der Schuld bei Frau Christiane Clarenbach, der Tochter von Karl Wirtz. Frau Clarenbach hat mir nicht nur laufend Auskünfte gegeben, sondern auch Beschreibungen von Zeitgenossen und Ereignissen geliefert, die ich unverändert in die Biographie übernommen und entsprechend kenntlich gemacht habe. Von Frau Clarenbach erhielt ich auch Einsicht in die in ihrem Haus liegenden privaten Nachlaßteile.

Von den Kollegen von Karl Wirtz nenne ich an erster Stelle Dr. Willy Marth. Er hat einige Studien über die Geschichte des Kernforschungszentrums vorgelegt, aus denen ich zitieren durfte, und mir mehrere Interviews gewährt. Wertvolle Hinweise zum Verständnis der nicht leicht zu erfassenden Persönlichkeit von Karl Wirtz verdanke ich Prof. Dr. Wolf Häfele, Prof. Dr. Alfred Gierer, Prof. Dr. Klaus Gottstein und Prof. Dr. Günther Keßler, dem Nachfolger im Amt des INR-Direktors. In diese Reihe gehört auch Prof. Dr. Hellmut Wagner, der wohl als erster das Bedürfnis nach einer Wirtz-Biographie empfunden und mir die Briefe Heisenbergs an Wirtz zugänglich gemacht hat.

Nicht unbeträchtlich war die Unterstützung durch meine Kollegen. Der Karlsruher Technikhistoriker Prof. Dr. Rolf-Jürgen Gleitsmann ist ein Kenner der Geschichte des Kernforschungszentrums, dessen Ergebnisse ich resümieren durfte. Wertvolle Hilfestellung, insbesondere zur Geschichte der Schlesischen Friedrich-Wilhelms-Universität Breslau, gewährte der Physiker Dr. Reimund Torge, der sich seit vielen Jahren mit diesem Thema befaßt.

Von den benutzten Bibliotheken war für die vorliegende Biographie die wichtigste die des Forschungszentrums Karlsruhe, die sogar seltene Literatur im auswärtigen Leihverkehr beschafft hat. Besonderen Dank also den dortigen Mitarbeitern (Dr. Jürgen Goebelbecker, Frau Hella Renno und Frau Doris Stern). Oft benutzt habe ich auch die Bibliothek des Deutschen Museums München (Dr. Helmut Hilz, Paul Adelsberger, Frau Wanda Eichel und Frau Eva Reinicke). Ebenfalls hilfreich war die Bibliothek für Zeitgeschichte München und die des Historischen Instituts der Universität Stuttgart, meiner alten Alma mater.

Das mit Abstand wichtigste Archiv war das Generallandesarchiv Karlsruhe, das die Altakten des Kernforschungszentrums verwahrt sowie den weit überwiegenden Teil des Nachlasses Wirtz. Hier danke ich besonders dem Archivdirektor Prof. Dr. Konrad Krimm und der Archivarin Frau Eva Kadermann.

Einschlägige Bestände, insbesondere die Fakultäts- und Personalakten, besitzt auch das Archiv der Universität Karlsruhe (Dr. Klaus Nippert). Benutzt habe ich außerdem das Archiv des Deutschen Museums (Wilhelm Füssl), das Stadtarchiv Bedburg (Uwe Depcik), das Stadtarchiv Bergheim (Heinz Andermahr), das Archiv der Humboldt-Universität zu Berlin (Dr. Winfried Schultze und Frau Auste Wolff), das Archiv zur Geschichte der Max-Planck-Gesellschaft Berlin (Dr. Marion Kazemi und Dirk Ullmann), das Hauptstaatsarchiv Düsseldorf (Personalakten von Carl Wirtz sen.), das Archiv der Martin-Luther-Universität Halle (Frau Regina Haasenbruch), das Historische Archiv der Stadt Köln, das Archiv der Universitäts- und Stadtbibliothek Köln und das Archiv der Universität Wrocław (Frau Dr. Teresa Suleja und Frau Wiesława Głab).

Für die Bildbeschaffung bin ich Herrn Peter Sperling und Frau Barbara Heretsch vom Forschungszentrum Karlsruhe, Frau Susanne Uebele vom Archiv zur Geschichte der Max-Planck-Gesellschaft und Frau Christiane Clarenbach zu Dank verpflichtet. Eine besondere Freude war die Zusammenarbeit mit meinem früheren Mitarbeiter Dr. Klaus Wendel, der die Herstellung des druckfertigen Manuskriptes in elektronischer Form übernommen hat. Ihm und seiner Frau großen Dank für diese Mühe.

Oberstarz, im Februar 2006 **Armin Hermann**

Literaturnachweise und Anmerkungen

Aus den Literaturnachweisen gewinnt der Leser den Überblick über die vom Verfasser benutzte Sekundärliteratur und die Quellen. Bei den Briefen sind Absender und Adressat genannt. Fehlt die Absenderangabe, bedeutet dies »Brief von Karl Wirtz«. Fehlt die Angabe des Adressaten, handelt es sich um einen Brief von Karl Wirtz.

1. Kapitel
»Das haben wir getan«

1) David Irving: Der Traum von der deutschen Atombombe. Gütersloh 1967, S. 10
2) Dieter Hoffmann (Hrsg.): Operation Epsilon. Die Farm-Hall-Protokolle oder die Angst der Alliierten vor der deutschen Atombombe. Berlin 1993, S. 127
3) Karl Wirtz: Im Umkreis der Physik. Karlsruhe 1988, S. 67
4) Dieter Hoffmann (Anm. 2), S.155
5) Werner Heisenberg: Interview mit David Irving am 23. Oktober 1965. Archiv des Deutschen Museums München
6) Karl Wirtz: Erinnerungen an Farm Hall. Generallandesarchiv Karlsruhe. Nachlaß Wirtz. Nr. 27
7) Karl Wirtz (Anm. 3), S. 155
8) Dieter Hoffmann (Anm. 2), S. 152
9) Ebd. S. 154
10) Ebd. S. 160. - Wahrscheinlich hat auch Kurt Diebner einen deutschen Sieg gewünscht.
11) Ebd. S. 156
12) Erich Bagge, Kurt Diebner und Kenneth Jay: Von der Uranspaltung bis Calder Hall. Hamburg 1957, S. 58
13) Dieter Hoffmann (Anm. 2), S. 175f.
14) Werner Heisenberg (Anm. 5)
15) Dieter Hoffmann (Anm. 2), S. 116
16) Ebd. S. 360
17) Ebd. S. 116
18) Brief an Ottoni Wirtz, 6. August 1945. Generallandesarchiv Karlsruhe. Nachlaß Wirtz. Nr. 27
19) Karl Wirtz (Anm. 6)
20) Ebd.
21) Dieter Hoffmann (Anm. 2), S. 59f.
22) Brief von Ottoni Wirtz, 20. August 1945. Generallandesarchiv Karlsruhe. Nachlaß Wirtz. Nr. 27
23) Dieter Hoffmann (Anm. 2), S. 237

24) Brief von Ottoni Wirtz, 20. - 25. September 1945. Generallandesarchiv Karlsruhe. Nachlaß Wirtz. Nr. 27
25) Karl Wirtz (Anm. 3), S. 165
26) Ebd. Wirtz datiert den Ausflug auf den 13. Dezember; der Geburtstag von König Georg VI. war aber am 14. Dezember.
27) Karl Wirtz (Anm. 6)
28) Dieter Hoffmann (Anm. 2), S. 300
29) Ebd. S. 369
30) Karl Wirtz (Anm. 6)
31) Ebd.
32) Brief von Ottoni Wirtz, 18. Dezember 1945. Generallandesarchiv Karlsruhe. Nachlaß Wirtz. Nr. 27
33) Karl Wirtz (Anm. 6)
34) Ebd.

2. Kapitel
»Eine weit überragende physikalische Begabung«

1) Personalakten Carl Wirtz. Landesarchiv Nordrhein-Westfalen, Hauptstaatsarchiv Düsseldorf. BR-PE Nr. 1592
2) Brief an Emil Würz, 27. Mai 1958. Generallandesarchiv Karlsruhe. Nachlaß Wirtz Nr. 7
3) Karl Wirtz: Im Umkreis der Physik. Karlsruhe 1988, S. 5
4) Dieter Hoffmann: Operation Epsilon. Die Farm-Hall-Protokolle oder die Angst der Alliierten vor der deutschen Atombombe. Berlin 1993, S. 130
5) Karl Wirtz (Anm. 3), S. 5 f.
6) Amtliches Kreisblatt für den Kreis Bergheim. 23. März 1926, S. 1
7) Karl Wirtz (Anm. 3), S. 5 f.
8) Staatliches Friedrich-Wilhelm-Gymnasiums und Realgymnasium in Köln am Rhein, Severinstraße 249/251. Bericht über das Schuljahr 1928, erstattet vom Leiter der Anstalt: Oberstudiendirektor Dr. Heinrich Deckelmann. Köln 1929, S. 12
9) Fax von Christiane Clarenbach an den Autor, 23. Mai 2004
10) Karl Wirtz (Anm. 3), S. 6
11) Engelbert Krebs: Eugen Krebs (1848-1912). Freiburg 1912, S. 53
12) Max Born: Mein Leben. Die Erinnerungen des Nobelpreisträgers. München 1975, S. 84
13) Karl Wirtz (Anm. 3), S. 7
14) Rigorosum des Kandidaten Wirtz, 21. Februar 1934. Archiv der Universität Wroclaw
15) Gutachten von Clemens Schaefer über die Dissertation, 21. Februar 1934, Archiv der Universität Wroclaw
16) Archiv der Universität Wroclaw
17) Brief an den Gaudozentenführer. 31. März 1941. Nachlaß Wirtz Nr. 1
18) Karl Wirtz (Anm. 3), S. 9
19) Ebd. S. 18
20) Bescheinigung zu Gunsten von Carl Wirtz, 6. Februar 1947. Generallandesarchiv Karlsruhe. Nachlaß Wirtz Nr. 2
21) Personalakten Carl Wirtz (Anm. 1)
22) Karl Wirtz (Anm. 3), S. 23

23) Gutachten von Paul Günther, ohne Datum. Archiv der Humboldt-Universität Berlin. Bestand UK-W 233. Bd. 2, Bl. 35. Aus stilistischen Gründen sind zwei Halbsätze umgestellt.
24) Gutachten von Max von Laue, 26. Januar 1938. Ebd. Bl. 29 R und 30
25) Protokoll von Dekan Ludwig Bieberbach, 11. Juli 1938. Ebd. Bd. 1, Bl. 23 R
26) Karl Wirtz (Anm. 3), S. 19
27) Thomas Mann: Tagebücher 1937-1939. Herausgegeben von Peter de Mendelssohn. Frankfurt 1980, S. 894
28) Albert Einstein: Über den Frieden. Weltordnung oder Weltuntergang? Herausgegeben von Otto Nathan und Heinz Norden. Bern 1975, S. 31
29) Erich Kuby: Mein Krieg. Aufzeichnungen aus 2.129 Tagen. München 1975, S. 13. Der zitierte Brief wurde von Frau Edith Kuby-Schumacher verfaßt, der Schwägerin Heisenbergs.
30) Karl Wirtz (Anm. 3), S. 30

3. Kapitel
Mit dem Fahrrad ins Atomzeitalter

1) Werner Heisenberg: Die Möglichkeit der technischen Energiegewinnung aus der Kernspaltung. Forschungsbericht. Leipzig, 6. Dezember 1939
2) Karl Wirtz: Im Umkreis der Physik. Karlsruhe 1988, S. 5
3) Ebd. S. 41
4) Protokoll des Dekans Ludwig Bieberbach, 6. Dezember 1940. Archiv der Humboldt-Universität Berlin. Bestand UK - W 233, Bd. 1, Bl. 42
5) Karl Wirtz (Anm. 2), S. 155
6) Ebd. S. 52
7) Christiane Clarenbach: Mitteilung an den Autor, 1. Februar 2006
8) Werner Heisenberg: Interview mit David Irving am 23. Oktober 1965. Archiv des Deutschen Museums
9) David Irving: Der Traum von der Deutschen Atombombe. Gütersloh 1967, S. 108
10) Werner Heisenberg (Anm. 8)
11) Ebd.
12) Jomar Brun: Brennpunkt Vemork 1940 - 1945. Oslo etc 1985, S. 36
13) David Irving (Anm. 9), S. 142
14) Karl Wirtz (Anm. 2), S. 49
15) Gästebuch Haus Waldhüterpfad 9, Berlin-Zehlendorf. Privatbesitz Familie Clarenbach (Bielefeld)
16) Ebd.
17) Karl Wirtz (Anm. 2), S. 59. Wir haben eine sprachliche Ungenauigkeit korrigiert.
18) Elisabeth Heisenberg: Das politische Leben eines Unpolitischen. Erinnerungen an Werner Heisenberg. München 1980, S. 120
19) Karl Wirtz (Anm. 2), S. 67
20) Ebd. S. 61
21) Ebd. S. 62
22) Ebd.
23) Ebd.
24) Rundbrief von Frau Ottoni Wirtz an die Verwandten, Mai 1946. Generallandesarchiv Karlsruhe. Nachlaß Wirtz Nr. 27
25) Ebd.

26) Ebd.
27) Brief von Max von Laue an Paul Rosbaud. In : Charles Frank (Hrsg.): Operation Epsilon. The Farm Hall Transcripts. Bristol 1993, S. 386. - Wir haben eine sprachliche Ungenauigkeit korrigiert.
28) Brief von Ursula Köbe an Karl Wirtz, 17. März 1946. Generallandesarchiv Karlsruhe. Nachlaß Wirtz Nr. 2
29) Rundbrief (Anm. 24)

4. Kapitel
»Der glanzvolle Name Heisenberg«

1) Otto Hahn. Begründer des Atomzeitalters. Eine Biographie in Bildern und Dokumenten. Herausgegeben von Dietrich Hahn. München 1979, S. 189. Hier ist der entsprechende Ausweis für Otto Hahn reproduziert. Wir gehen davon aus, daß jeder der Internierten ein solches Dokument erhalten hat.
2) Karl Wirtz: Politische Eindrücke in England. Manuskript. Generallandesarchiv Karlsruhe. Nachlaß Wirtz Nr. 27
3) Ebd.
4) Brief von Karl Friedrich Bonhoeffer, 10. Februar 1946. Generallandesarchiv Karlsruhe. Nachlaß Wirtz Nr. 2
5) Brief von Walter Steubing, 14. Dezember 1947. Ebd.
6) Brief von Clemens Schaefer, 13. Januar 1948. Ebd.
7) Brief von Fritz Bopp, 7. April 1946. Ebd.
8) Otto Hahn: Mein Leben. München 1968, S. 197
9) Brief von Kurt Diebner, 27. März 1946. Generallandesarchiv Karlsruhe. Nachlaß Wirtz Nr. 2
10) Karl Wirtz: Im Umkreis der Physik. Karlsruhe 1988, S. 75. - Die Vorlesungen wurden später publiziert: Carl Friedrich von Weizsäcker: Die Geschichte der Natur. Zwölf Vorlesungen. Stuttgart und Göttingen 1948
11) Bertie Kennedy Blount: Ursprung der Max-Planck-Gesellschaft. Unveröffentlichtes Manuskript. Archiv der Max-Planck-Gesellschaft Berlin
12) Brief von Rudolf Wirtz, 2. Februar 1947. Generallandesarchiv Karlsruhe. Nachlaß Wirtz Nr. 2
13) Brief an Ugo Fano, 23. Oktober 1946. Ebd.
14) Brief von Julius Hiby, 12. Oktober 1947. Ebd.
15) Werner Heisenberg: Der Teil und das Ganze. Gespräch im Umkreis der Physik. München 1969, S. 274
16) Klaus Gottstein: Die Anfänge der Elementarteilchenphysik am Göttinger Max-Planck-Institut für Physik. Kolloquium zum 90. Geburtstag von Werner Heisenberg am 5. Dezember 1991.
17) Brief von Marion Riethmüller, Oktober 1949. Generallandesarchiv Karlsruhe. Nachlaß Wirtz Nr. 3
18) Brief von Hermann Mau, 2. Juli 1949. Ebd.
19) Brief von Georg Melchers, 3. Juni 1948. Ebd.
20) Karl und Ottoni Wirtz: Vervielfältigter Brief. Generallandesarchiv Karlsruhe. Nachlaß Wirtz Nr. 2
21) Brief an Gernot Bergold, 6. März 1949. Ebd.
22) Die Welt, 18. März 1950. Ausschnittsammlung des Archivs der Max-Planck-Gesellschaft Berlin
23) Brief an Ottoni Wirtz aus Buenos Aires, 29. Oktober 1950. Nachlaß Wirtz. Privater Teil

24) Brief an Ottoni Wirtz aus Buenos Aires, 6. Dezember 1950. Ebd.
25) Juan G. Roederer: Early Cosmic-Ray Research in Argentina. In: Physics Today. Vol. 56 (2003), S. 32-37

5. Kapitel
Zurück zur Reaktorphysik

1) Werner Heisenberg: Die Not der deutschen Wissenschaft. In: Abschlußbericht des Deutschen Forschungsrates (DFR). München 1953, S. 211-213. Ursprünglich in der Wochenschrift »Die Tat«, Zürich, vom 25. August 1950
2) Karl Wirtz: Im Umkreis der Physik. Karlsruhe 1988, S. 77
3) Niederschrift über die 2. Sitzung der Kommission für Atomphysik der Deutschen Forschungsgemeinschaft am 19. November 1952, S. 2
4) Ebd. S. 4
5) Rolf-Jürgen Gleitsmann: Im Wiederstreit der Meinungen: Zur Kontroverse um die Standortfindung für eine deutsche Reaktorstation (1950-1955). Karlsruhe 1987, S. 15f.
6) Ebd. S. 134
7) Ebd. S. 20.
8) Karl Wirtz (Anm. 2), S. 91
9) Brief von Rudolf Schulten, 25. Januar 1978. Generallandesarchiv Karlsruhe. Nachlaß Wirtz Nr. 15
10) Brief von Georg Melchers, 22. April 1954. Generallandesarchiv Karlsruhe. Nachlaß Wirtz Nr. 14
11) Rolf-Jürgen Gleitsmann (Anm. 5), S. 245
12) Franz Josef Strauß: Die Erinnerungen. Berlin 1989, S. 221
13) Rolf-Jürgen Gleitsmann (Anm. 5), S. 92
14) Karl Wirtz (Anm. 2), S. 77
15) Karl Winnacker und Karl Wirtz: Das unverstandene Wunder. Kernenergie in Deutschland. Düsseldorf 1975, S. 66
16) Karl Wirtz (Anm. 2), S. 179
17) Karl Winnacker und Karl Wirtz (Anm. 15), S. 76
18) Brief von Werner Heisenberg an Dr. Ernst Telschow, 12. Dezember 1955. Archiv der Max-Planck-Gesellschaft.
19) Zitiert nach Franz Josef Strauß (Anm. 12), S. 230
20) Wolfgang D. Müller: Geschichte der Kernenergie in der Bundesrepublik Deutschland. Anfänge und Weichenstellungen. Stuttgart 1990, S. 340
21) Brief von Werner Heisenberg an Otto Hahn, 13. März 1956. Archiv der Max-Planck-Gesellschaft.
22) Wolfgang D. Müller (Anm. 20), S. 215f.
23) Brief von Christian Gerthsen an den Rektor der Technischen Hochschule vom 17. Mai 1956. Universitätsarchiv Karlsruhe. Bestandsnummer 21001. Einzelne Forschungsgebiete. Errichtung eines Atommeilers. Signaturnummer noch nicht festgelegt.
24) Brief von Otto Haxel an Ottoni Wirtz, Februar 1994. Privatbesitz
25) Brief an Gernot Bergold, 6. März 1949. Generallandesarchiv Karlsruhe. Nachlaß Wirtz Nr. 2
26) Fakultät für Maschinenwesen. Protokoll der außerordentlichen Fakultätssitzung am 16. Juli 1956. Universitätsarchiv Karlsruhe. Bestandsnummer 22008. Abteilung für Maschinenbau. Signaturnummer 2

27) Ebd. Die Feststellung ist irrtümlich. Die KBB diente keineswegs wirtschaftlichen Interessen.
28) Wolfgang D. Müller (Anm. 20), S. 227 und 229
29) Kernreaktor Bau- und Betriebsgesellschaft mbH. Geschäftsbericht für das erste Geschäftsjahr (6. August 1956 bis 31. Dezember 1956). Generallandesarchiv Karlsruhe. 69 KfK/89
30) Fakultät für Maschinenwesen. Protokoll der Fakultätssitzung am 7. November 1956. Universitätsarchiv Karlsruhe. Bestandsnummer 22008. Fakultät für Maschinenbau. Signaturnummer 2
31) Fakultät für Natur- und Geisteswissenschaften. Protokoll der Fakultätssitzung am 2. Februar 1957. Universitätsarchiv Karlsruhe. Bestandsnummer 22002. Fakultät für Physik. Signaturnummer 2
32) Kernreaktor Bau- und Betriebsgesellschaft mbH (Anm. 29)
33) Karl Wirtz: Rede zur Verabschiedung am 24. Januar 1978. Generallandesarchiv Karlsruhe. Nachlaß Wirtz Nr. 24
34) Einladung zum öffentlichen Probevortrag des Herrn Dr. rer. nat. Klaus Gottstein zur Erlangung der venia legendi für das Fach Physik am 9. November [1960]. Generallandesarchiv Karlsruhe. Nachlaß Wirtz Nr. 9
35) Fax von Christiane Clarenbach an den Autor, 23. Mai 2004

6. Kapitel
Der Aufbau des Kernforschungszentrums

1) Karl Wirtz: Im Umkreis der Physik. Karlsruhe 1988, S. 176
2) Süddeutsche Zeitung, 13./14. April 1957, S. 1
3) Hans Peter Schwarz: Adenauer. Der Staatsmann. 1952-1967. Stuttgart 1991, S. 336
4) Karl Winnacker und Karl Wirtz: Das unverstandene Wunder. Kernenergie in Deutschland. Düsseldorf 1975, S. 127
5) Ebd. S. 153
6) Ebd. S. 154
7) Ebd. S. 156
8) Karl Wirtz (Anm. 1), S. 97
9) Wolfgang D. Müller: Geschichte der Kernenergie in der Bundesrepublik Deutschland. Anfänge und Weichenstellungen. Stuttgart 1990, S. 218
10) Max Borell, der Atomreaktionär. In: Der Stern. Die große Illustrierte. Jg. 10, H. 8, 23. Februar 1957, S. 10f.
11) Karl Wirtz (Anm. 1), S. 101
12) Brief an Werner Heisenberg, 8. November 1957
13) Wolfgang D. Müller (Anm. 9), S. 254
14) Heinz und Elfi Barwich: Das rote Atom. Als deutscher Wissenschaftler im Geheimkreis der russischen Kernphysik. München und Bern 1967, S. 184
15) Brief an Joachim Tiburtius, 3. Oktober 1957. Generallandesarchiv Karlsruhe. Nachlaß Wirtz Nr. 7
16) Burghard Weiss: Großforschung in Berlin. Geschichte des Hahn-Meitner-Instituts. Frankfurt/New York 1994
17) Werner Heisenberg: Schritte über Grenzen. Gesammelte Reden und Aufsätze. München 1971, S. 143
18) Karl Winnacker und Karl Wirtz (Anm. 4), S. 147f
19) Ebd. S. 151f.

20) Siegfried Balke: Neclear Power in the Federal Republic of Germany. In: Proceedings of the Second United Nations International Conference on the Peaceful Uses of Atomic Energy. Vol. 1. Geneva 1958, S. 111-115
21) Karl Wirtz: The Karlsruhe Research Reactor FR 2. In: Ebd. Vol. 10. Geneva 1958, S. 140-156
22) Heinz und Elfi Barwich (Anm. 14), S. 187
23) Karl Wirtz (Anm. 1), S. 88
24) Brief des Dekans der Fakultät für Maschinenwesen Karl Kollmann an das Kultusministerium Stuttgart, 13. September 1960. Universitätsarchiv Karlsruhe. Personalakte Wirtz
25) Brief des Dekans Karl Kollmann an das Kultusministerium Stuttgart, 29. September 1960. Ebd.
26) Brief des Ministeriums für Atomkernenergie und Wasserwirtschaft an die Geschäftsführung der KBB, Generallandesarchiv Karlsruhe. 69 KfK/173
27) Brief an den Geschäftsführer Rudolf Greifeld, 8. November 1960, Generallandesarchiv Karlsruhe. 69 KfK/173
28) Brief an Clemens Schaefer, 11. Mai 1959. Generallandesarchiv Karlsruhe. Nachlaß Wirtz Nr. 10
29) Die Fridericiana 1963. Gedanken und Bilder aus einer Technischen Hochschule. Köln 1963, S. 90. - Der zitierte Text stammt von Werner Buckel.
30) Willy Marth: Der Schnelle Brüter SNR 300 im Auf und Ab seiner Geschichte. KfK 4666. Karlsruhe 1991, S. 9
31) Wolfgang D. Müller: Geschichte der Kernenergie in der Bundesrepublik Deutschland. Bd. II: Auf der Suche nach dem Erfolg - Die sechziger Jahre. Stuttgart 1996, S. 130

7. Kapitel
Der Reaktor wird kritisch

1) Brief der Geschäftsführung an alle Mitarbeiter, 2. Januar 1961. Generallandesarchiv Karlsruhe. 69 KfK/159
2) Brief des Bundesministeriums für Atomkernenergie und Wasserwirtschaft an die Geschäftsführung, 22. April 1960. Generallandesarchiv Karlsruhe. 69 KfK/161
3) Memorandum von Karl Wirtz an die Geschäftsleitung, 21. April 1960.
4) Willy Marth: 70 Jahre lang. Erlebnisse und Beobachtungen. Karlsruhe 2003, S. 87
5) Ebd.
6) Brief der Geschäftsführung (Anm. 1)
7) Karl Wirtz: Ansprache auf der Weihnachtsfeier des Instituts für Neutronenphysik und Reaktortechnik des Kernforschungszentrums am 8. Dezember 1961
8) Brief der Kernreaktor Bau- und Betriebsgesellschaft an die Mitglieder des Aufsichtsrates, 13. November 1962. Generallandesarchiv Karlsruhe 69/KfK/565
9) Hausmitteilungen. Kernreaktor Bau- und Betriebs-Gesellschaft mbH Karlsruhe. 4-1962, S. 13
10) Frankfurter Allgemeine Zeitung, 13. Dezember 1962. Zitiert nach den Physikalischen Blättern. Jg. 19, 1963, S. 33
11) Physikalische Blätter. Jg. 19, 1963, S. 34
12) Hausmitteilungen. Kernreaktor Bau- und Betriebs-Gesellschaft mbH Karlsruhe 4-1962, ohne Seitenangabe
13) Karl Wirtz: Ansprache auf der Weihnachtsfeier des Instituts für Neutronenphysik und Reaktortechnik des Kernforschungszentrums Karlsruhe am 14. Dezember 1962
14) Karl Wirtz: Ansprache auf der Weihnachtsfeier (Anm. 7)

15) Karl Wirtz: Vom FR 2 zum Schnellen Brüter. In: Eine Beilage [zur BNN] anläßlich der Zusammenlegung der beiden Trägergesellschaften am 2. Mai 1963, S. 1
16) Karl Wirtz: Im Umkreis der Physik. Karlsruhe 1988, S. 115
17) Reisebericht von Karl Wirtz. Generallandesarchiv Karlsruhe. 69/KfK/124
18) Ebd.
19) Karl Wirtz: Gespräch mit Hans Suess, La Jolla, 12. Juni 1976. Nachlaß Wirtz. Privater Teil
20) Karl Wirtz: Ansprache auf der Weihnachtsfeier des Instituts für Neutronenphysik und Reaktortechnik des Kernforschungszentrums Karlsruhe am 19. Dezember 1963, S. 1
21) Ebd. S. 3
22) Ebd. S. 9
23) Karl Wirtz: Einführung in den Vortragszyklus »Moderne Reaktortechnik« der Bezirksgruppe Karlsruhe VDI und des Deutschen Atomforums am 8. Dezember 1962. Generallandesarchiv Karlsruhe. 69/KfK/124
24) Fax von Christiane Clarenbach an den Autor, 14. August 2004
25) Fax von Christiane Clarenbach an den Autor, 5. Oktober 2004
26) Fax (Anm. 24)
27) Aufzeichnung von Frau Hildegard Wirtz. Nachlaß Wirtz. Privater Teil
28) Fax (Anm. 24)
29) Karl Heinz Beckurts und Karl Wirtz: Neutron Physics. Berlin etc. 1964. Hier Vorwort

8. Kapitel
Der Atomwaffensperrvertrag

1) Karl Winnacker und Karl Wirtz: Das unverstandene Wunder. Kernenergie in Deutschland. Düsseldorf und Wien. 1975, S. 142
2) Karl Wirtz: Im Umkreis der Physik. Karlsruhe 1988, S. 203
3) Zehn Jahre Kernforschungszentrum Karlsruhe. Herausgegeben von der Gesellschaft für Kernforschung mbH Karlsruhe. Karlsruhe 1966, S. 39
4) Bericht des Projekts Schneller Brüter. Kernforschungszentrum Karlsruhe. Dezember 1965 (Unveröffentlicht).
5) Karl Wirtz: Ansprache auf der Weihnachtsfeier des Instituts für Neutronenphysik und Reaktortechnik des Kernforschungszentrums Karlsruhe am 16. Dezember 1966
6) Ebd. Stilistisch leicht verändert.
7) Karl Wirtz (Anm. 2), S. 110
8) Ebd. S. 200
9) Willy Brandt: Erinnerungen. Zürich etc. 1989, S. 269
10) Karl Winnacker und Karl Wirtz (Anm. 1) S. 244
11) Ebd. S. 244f.
12) Ebd. S. 245
13) Karl Wirtz (Anm. 5)
14) Rolf Lahr: Zeuge von Fall und Aufstieg. Private Briefe 1934-1974. Hamburg 1981, S. 461 (Brief vom 20. April 1967)
15) Carl Friedrich von Weizsäcker: Ein kreativer Pessimist wie Adenauer. In: Forschungszentrum Karlsruhe. Jg. 27. Sonderausgabe zum Gedenken an Karl Wirtz. S. 25-34. Hier S. 32 (Festrede zur Verabschiedung)
16) Karl Wirtz: Tendenzen der Kernenergieentwicklung. In: Atom & Strom. Jg. 13 (1967), S. 85-93. Hier S. 85

17) Robert Gerwin: Exodus der Wissenschaftler? Süddeutsche Zeitung. SZ am Wochenende. 20./21. Januar 1968
18) Brief an Robert Gerwin. Entwurf im Nachlaß. Frühjahr 1968. Generallandesarchiv Karlsruhe. Nachlaß Wirtz Nr. 23
19) Ebd.
20) Atomwirtschaft. Jg. 14, 1969, S. 187
21) Brief an Hans Reuter, 25. Juli 1965. Generallandesarchiv Karlsruhe. Nachlaß Wirtz Nr. 14

9. Kapitel
»Langsam an die Abwicklung der Geschäfte denken«

1) Fax von Christiane Clarenbach an den Autor, 4. Oktober 2004
2) Brief an Karl Winnacker, 19. Februar 1970. Generallandesarchiv Karlsruhe. Nachlaß Wirtz. Nr. 14. Wir haben uns eine kleine stilistische Korrektur gestattet.
3) Anm. 1
4) Nachlaß Wirtz. Privater Teil
5) Brief an Werner Heisenberg, 11. August 1970
6) Willy Marth: 70 Jahre lang. Erlebnisse und Beobachtungen. Karlsruhe 2003, S.111
7) Brief an Werner Heisenberg (Anm. 5)
8) Elisabeth Heisenberg: Das politische Leben eines Unpolitischen. Erinnerungen an Werner Heisenberg. München und Zürich 1980, S. 109 f.
9) Jomar Brun: Brennpunkt Vemork 1940-1945. Oslo etc. 1985, S. 59. - Rückübersetzung aus dem Norwegischen
10) Brief des Dekans Fritz Weidenhammer an das Kultusministerium Stuttgart, 15. September 1970. Universitätsarchiv Karlsruhe. Personalakte Wirtz
11) Karl Wirtz: Erste Bilanz von Genf. In: Atomwirtschaft - Atomtechnik. Jg. XVI (1971), S. 511
12) Karl Heinz Beckurts: »Kernenergie in Deutschland« - Bilanz und Perspektiven. In: Forschungszentrum Karlsruhe. Nachrichten. Jg. 27, 1985, S. 44-52. Hier S. 49
13) Karl Wirtz: Im Umkreis der Physik. Karlsruhe 1988, S. 133
14) Brief von Ottoni Wirtz, 10. Mai 1974. Generallandesarchiv Karlsruhe. Nachlaß Wirtz Nr. 15
15) Brief von Wolf Häfele, 24. Juli 1975. Generallandesarchiv Karlsruhe. Ebd.
16) Karl Wirtz (Anm. 13), S. 236
17) David Cassidy: Werner Heisenberg. Leben und Werk. Heidelberg und Berlin 2001, S. 662
18) Fax (Anm. 1), S. 2
19) Ebd.
20) Robert Jungk: Der Atom-Staat. Fortschritt in die Unmenschlichkeit. München 1977, S. 45f.
21) Carl Friedrich von Weizsäcker: Der bedrohte Friede. Polititsche Aufsätze 1945-1981, S. 434
22) Brief von Willy Marth, Ende Januar 1978. Generallandesarchiv Karlsruhe. Nachlaß Wirtz Nr. 15
23) Brief von Julius Hiby, 10. Juni 1979. Generallandesarchiv Karlsruhe. Ebd.
24) Karl Wirtz: Rede bei der Abschiedsfeier am 24. Januar 1978. Ebd. Nr. 24
25) Hans Michaelis: Handbuch der Kernenergie. 2. Auflage München 1982, S. 651
26) Brief an Oclave J. Du Temple, 26. November 1980. Generallandesarchiv Karlsruhe Nr. 16
27) Brief von Ottoni Wirtz, 10. Juni 1979. Ebd. Nr. 15
28) Fax von Christiane Clarenbach an den Autor, 23. Mai 2004
29) Brief von Elisabeth Heisenberg, 24. Oktober 1980. Generallandesarchiv Karlsruhe Nr. 15

30) Ansprache zur Eröffnung des Atommuseums in Haigerloch am 16. Mai 1980. In: Stadtverwaltung Haigerloch (Hrsg.): Atom-Museum Haigerloch. Haigerloch 1982. Hier S. 10
31) KfK-Hausmitteilungen 1/82, S. 3
32) Brief an Carl Friedrich von Weizsäcker, 26. Juni 1982. Generallandesarchiv Karlsruhe Nr. 16

10. Kapitel
»Ein echtes Stück Nachkriegsgeschichte«

1) Willy Marth: 70 Jahre lang. Erlebnisse und Beobachtungen. Karlsruhe 2003, S. 130
2) Fax von Christiane Clarenbach an den Autor, 14. August 2004
3) Albert Einstein: Über den Frieden. Weltordnung oder Weltuntergang. Hrsg. von Otto Nathan und Heinz Norden. Bern 1975, S. 386. - In diesem Sammelband findet sich die deutsche Originalfassung. Die »Grünen« verwendeten die von uns zitierte Rückübersetzung aus dem Englischen.
4) Ebd.
5) Carl Friedrich von Weizsäcker: Einleitung. In: Klaus Michael Meyer-Abich und Betram Schefold (Hrsg.): Die Grenzen der Atomwirtschaft. Die Zukunft von Energie, Wirtschaft und Gesellschaft. München 1986, S. 9-15. Hier S. 14
6) Brief an Carl Friedrich von Weizsäcker, 3. Juni 1987. Generallandesarchiv Karlsruhe. Nachlaß Wirtz Nr. 18
7) Karl Heinz Beckurts: »Kernenergie in Deutschland« - Bilanz und Perspektiven. In: Forschungszentrum Karlsruhe. Nachrichten. Jg. 27, 1986, S. 44 - 52. Hier S. 52
8) Michael Biller: Die Rechtssprechung zum Atomgesetz: Bringt Tschernobyl die Wende? In: Armin Hermann/Rolf Schumacher (Hrsg.): Das Ende des Atomzeitalters? Eine sachlich-kritische Dokumentation. München 1987, S. 167 - 171. Hier S. 167
9) Süddeutsche Zeitung, 10. Juli 1986, S. 3
10) Ebd. S. 2
11) Ebd.
12) Karl Heinz Beckurts: Nach Tschernobyl weiter? Eine umsichtige Nutzung der Kernenergie bleibt notwendig. In: Ders.: Technischer Fortschritt. Herausforderung und Erwartung. Vorträge - Aufsätze - Interviews 1980 - 1986. Berlin und München 1987, S. 165 - 176. Hier S. 169
13) Volker Hauff: Energiepolitik nach Tschernobyl. In: Armin Hermann/Rolf Schumacher (Hrsg.): Das Ende des Atomzeitalters? Eine sachlich-kritische Dokumentation. München 1987, S. 351 - 353. Hier S. 351
14) Brief an Helmut Gripper, 11. Februar 1987. Nachlaß Wirtz Nr. 17
15) Brief an Carl Friedrich von Weizsäcker, 22. Februar 1988. Generallandesarchiv Karlsruhe. Nachlaß Wirtz Nr. 18
16) Brief an Wolfgang Schwarzhaupt, 27. April 1989. Ebd.
17) Brief von Carl Friedrich von Weizsäcker, 22. April 1990. Ebd.
18) Brief von Gundalena von Weizsäcker, 22. April 1990. Ebd.
19) Brief von Klaus Maubach, April 1990. Ebd.
20) Brief an Hans Frewer, 9. Mai 1990. Ebd.
21) Willy Marth: Der Schnelle Brüter SNR 300 im Auf und Ab seiner Geschichte. KfK 4666. Karlsruhe 1992, S. 107
22) Ebd. S. 108
23) Rede von Richard von Weizsäcker am 6. Juli 1992. Generallandesarchiv Karlsruhe. Nachlaß Wirtz Nr. 19
24) Brief von Wolf Häfele an Ottoni Wirtz, Februar 1994. Nachlaß Wirtz. Privater Teil

Bildnachweise

Das Bildmaterial wurde freundlicherweise von den nachfolgend aufgeführten Personen und Archiven zur Verfügung gestellt.

Archiv zur Geschichte der Max-Planck-Gesellschaft, Boltzmannstr. 14, 14195 Berlin-Dahlem
Forschungszentrum Karlsruhe, Abteilung Öffentlichkeitsarbeit, Hermann-von-Helmholtz-Platz 1, 73644 Eggenstein-Leopoldshafen
Generallandesarchiv Karlsruhe, Nördliche Hildapromenade 2, 76133 Karlsruhe
Privatbesitz Frau Christiane Clarenbach, Lina-Oetker-Str. 2, 33615 Bielefeld

Personenregister

I

J

K

L

M